社会主义核心价值观与生态文明：辩证统一与协同发展

张金鹏　张逸霄　著

吉林大学出版社

·长春·

图书在版编目（CIP）数据

社会主义核心价值观与生态文明：辩证统一与协同
发展 / 张金鹏, 张逸霄著. —长春：吉林大学出版社，
2022.11

ISBN 978-7-5768-1223-7

Ⅰ. ①社… Ⅱ. ①张… ②张… Ⅲ. ①社会主义核心
价值观–研究–中国②生态文明–研究–中国 Ⅳ.
①D616②X24

中国版本图书馆 CIP 数据核字（2022）第 228176 号

书　　名：社会主义核心价值观与生态文明：辩证统一与协同发展
SHEHUI ZHUYI HEXIN JIAZHIGUAN YU SHENGTAI WENMING：
BIANZHENG TONGYI YU XIETONG FAZHAN

作　　者：张金鹏　张逸霄
策划编辑：黄国彬
责任编辑：张鸿鹤
责任校对：田茂生
装帧设计：姜　文
出版发行：吉林大学出版社
社　　址：长春市人民大街 4059 号
邮政编码：130021
发行电话：0431–89580028/29/21
网　　址：http：// www. jlup. com. cn
电子邮箱：jldxcbs@ sina. com
印　　刷：天津和萱印刷有限公司
开　　本：787mm×1092mm　1/16
印　　张：18
字　　数：280 千字
版　　次：2023 年 3 月　第 1 版
印　　次：2023 年 3 月　第 1 次
书　　号：ISBN 978-7-5768-1223-7
定　　价：88. 00 元

目　录

导论　社会主义核心价值观与生态文明协同发展的理论与现实

伟大的中国共产党已走过了一百年波澜壮阔的历史征程，伟大的祖国也已经实现了她的第一个百年奋斗目标，全面建成了社会主义小康社会，创造了人类减贫史上的奇迹，并坚定而阔步地迈向更新的历史阶段，开启中国特色社会主义建设与发展的新征程，前所未有地接近了中华民族伟大复兴中国梦的实现。这其中，无论是社会主义核心价值观的建设与发展，还是生态文明的建设与发展，都取得了令人瞩目的历史性成就，并开始发挥其对中国特色社会主义伟大事业的精神引领和环境优化作用。同时，随着新时代中国特色社会主义的发展进入新阶段，社会主义核心价值观和生态文明之间的关系更加密切，相互作用与相互影响也日益明显，这必然要求我们以更高远的立场、更深广的视野去谋求二者的协同发展，以期二者相互融合形成合力，为把我国建设成为"富强民主文明和谐美丽的社会主义现代化强国"做出更大的历史贡献。在助推中华民族伟大复兴中国梦实现的同时，彰显中国式现代化的新道路，并为人类文明新形态的构建提供独到的思路和实践经验。

值此实现中华民族伟大复兴中国梦的关键时期，人类历史也在经历百年未有之大变局。世界进入了动荡期、转型期，世纪疫情的大爆发使得这一局势变得更加复杂和不可预测。处在国内、国际这两个大局交汇的历史节点，中国特色社会主义的成功实践及其所取得的伟大成就，不仅对中华民族的发展具有历史性的意义和价值，而且是人类历史发展的重要组成部分，必将为人类发展做出自己独特的贡献。由是观之，社会主义核心价值观和生态文明的建设成果不仅具有中国意义，而且具有国际价值。因此，探索和研究二者的协同发展也具有世界观、历史观和人类学的意义，会为人类命运共同体的构建提供中国智慧、中国方案和中国示范。国内实践所取得的伟大成就与人类实践所面临的问题，都要求我们深刻全面地理解社会主义核心价值观和生态文明的人类学价值，发现二者协同发展对中国社会发展和国际社会发展，乃至整个人类发展和前途的实践与理论价值。

一、社会主义核心价值观与生态文明的发展及其"同频共振"

社会主义核心价值观和生态文明建设是进入 21 世纪中国特色社会主义建设和发展中的两个重要战略部署和重要内容。在中国特色社会主义走向新时代的过程中，无论是社会主义核心价值观还是生态文明建设都在酝酿、提出、深化发展中取得了显著的成果，已经成为新时代中国特色社会主义建设的重要领域、内容和环节，并在新时代开启了新的历程。随着"十三五"规划的顺利完成，我国已经全面建成小康社会，实现了第一个百年奋斗目标；随着"十四五"规划和 2035 年远景目标的实施，新时代中国特色社会主义进入了新阶段，开启了新征程，社会主义核心价值观和生态文明建设也随之进入了新的发展阶段，并将取得更大更多的成绩。

中国共产党始终重视核心价值观建设。改革开放后，中国共产党更是在物质文明建设和精神文明建设"两手抓，两手都要硬"的要求下，不断加强精神文明建设，并根据改革开放发展的新情况、新问题适时开展了公民道德建设工程。2001 年，中共中央颁发的《公民道德建设实施纲要》中提出，要在全社会倡导"爱国守法、明礼诚信、团结友爱、勤俭自强、敬业奉献"的基本道德规范。在此基础上，2006 年 3 月 4 日，胡锦涛总书记在参加全国政协十届四次会议民盟、民进界委员联组讨论时提出，要引导广大干部群众特别是青少年树立"坚持以热爱祖国为荣、以危害祖国为耻，以服务人民为荣、以背离人民为耻，以崇尚科学为荣、以愚昧无知为耻，以辛勤劳动为荣、以好逸恶劳为耻，以团结互助为荣、以损人利己为耻，以诚实守信为荣、以见利忘义为耻，以遵纪守法为荣、以违法乱纪为耻，以艰苦奋斗为荣、以骄奢淫逸为耻"为主要内容的社会主义荣辱观。由此开启了社会主义核心价值观建设的新阶段。2006 年 10 月，党的十六届六中全会通过的《中共中央关于构建社会主义和谐社会若干重大问题的决定》，第一次明确提出了"建设社会主义核心价值体系"这个重大命题和战略任务，并科学规定了社会主义核心价值体系的主要内容，即"马克思主义指导思想、中国特色社会主义共同理想、以爱国主义为核心的民族精神和以改革创新为核心的时代精神、社会主义荣辱观"。这次会议还明确了社会主义核心价值观的体系要求和建设目标，也由此开启了对社会主义核心价值观凝练、提出和深化的进程。

2012 年 11 月，党的十八大报告明确提出了"三个倡导"，即"倡导富强、民主、文明、和谐，倡导自由、平等、公正、法治，倡导爱国、敬业、诚信、友善，积极培育社会主义核心价值观"。由此，社会主义核心价值观正式提出，社会主义核心价值观的基本内容也得以呈现。在此基础上，社会主义核心价值观建设进入了以 12 个词为主要内容的全面建设阶段。2013 年 12 月，中共中央办公厅印发了《关于培育和践行社会主义核心价值观的意见》，在科学阐释社会主义核心价值观与社会主义核心价值体系关系的基础上，明确和详尽地阐述了社会主义核心价值观的重大意义、基本内容，以及培育和践行社会主义核心价值观的指导思想、基本原则和实践要求，开始在全社会范围内开展社会主义核心价值观培育与践行的伟大工程。与此同时，国内学界开始了对社会主义核心价值观各部分内容的解读和阐释工作，出版了一系列关于社会主义核心价值观的内容讲解、培育路径和践行方式等的著作；各级党委和政府也开始探索形式多样、内容丰富的社会主义核心价值观的培育和践行活动，使得社会主义核心价值观开始进入人们的日常生活，日益成为人们生产与生活的价值引领与追求。党的十九大报告指出，从党的十八大到党的十九大的五年间，"马克思主义在意识形态领域的指导地位更加鲜明，中国特色社会主义和中国梦深入人心，社会主义核心价值观和中华优秀传统文化广泛弘扬，群众性精神文明创建活动扎实开展"[①]，社会主义核心价值观建设取得了重大进展。

---

① 习近平：《决胜全面建成小康社会夺取新时代中国特色社会主义伟大胜利——在中国共产党第十九次全国代表大会上的报告》，北京：人民出版社，2017 年，第 4 页。

十九大指出，社会主义核心价值观建设"要以培养担当民族复兴大任的时代新人为着眼点，强化教育引导、实践养成、制度保障，发挥社会主义核心价值观对国民教育、精神文明创建、精神文化产品创作生产传播的引领作用，把社会主义核心价值观融入社会发展各方面，转化为人们的情感认同和行为习惯"①。培育与践行社会主义核心价值观，要"坚持全民行动、干部带头，从家庭做起，从娃娃抓起。深入挖掘中华优秀传统文化蕴含的思想观念、人文精神、道德规范，结合时代要求继承创新，让中华文化展现出永久魅力和时代风采"②。这标志着社会主义核心价值观建设进入一个新的时代。在新时代，社会主义核心价值观作为"当代中国精神的集中体现，凝结着全体人民共同的价值追求"，必须发挥更加全面和系统性的作用，要在与其他中国特色社会主义建设领域、环节和因素的相互协同中成为中国人民进行社会主义各项建设事业的价值指导、引领和规范，成为中华文化在新时代继承与创新的重要领域和路径。党的十九大以来，随着整体国家安全观的提出，随着社会治理体系和治理能力现代化的不断提升，我国在意识形态领域的治理也日益获得了主动权，取得了重大成就，其中社会主义核心价值观的培育和践行及社会主义核心价值观的建设成就不仅是最大的亮点，而且是主要成就之一。社会主义核心价值观在新时代取得的新成就，一方面证明了社会主义核心价值观建设的必要性、重要性，另一方面也为社会主义核心价值观的进一步建设和发展提出了更高的要求。

生态文明及其建设是中国共产党领导中国人民在建设中国特色社会主义伟大实践中的一次划时代的探索和创新，不仅体现了社会主义制度的优越性，而且体现了社会主义文化的先进性，是中国在 21 世纪为人类可持续发展做出的新贡献。生态文明建设最初源自我国在探索经济可持续发展过程中为解决日益严重的环境和生态危机问题的需要而逐步明确和提出的。20 世纪 90 年代，随着社会主义市场经济体制的确立、发展和完善，环境和资源瓶颈开始

---

① 习近平：《决胜全面建成小康社会夺取新时代中国特色社会主义伟大胜利——在中国共产党第十九次全国代表大会上的报告》，北京：人民出版社，2017 年，第 42 页。
② 习近平：《决胜全面建成小康社会夺取新时代中国特色社会主义伟大胜利——在中国共产党第十九次全国代表大会上的报告》，北京：人民出版社，2017 年，第 42 页。

显现出来并构成我国经济发展的重要制约性因素，于是，中国共产党在探索如何通过转变经济发展方式来解决环境危机的过程中提出了可持续发展的理念。在此基础上，党的十六届三中全会提出了"五个统筹"。第一次明确了"统筹人与自然和谐发展"，构成经济、政治、文化整体发展和物质文明、政治文明和精神文明协调发展的重要组成部分。至此，"人与自然和谐发展"的生态文明建设基本理念得以确立，其目标就是建设资源节约型、环境友好型社会。2005年3月，胡锦涛总书记在人口资源环境工作座谈会上第一次使用"生态文明"一词；2007年党的十七大明确提出了"生态文明"概念，并确立了生态文明的主要目标——即"循环经济形成较大规模，可再生能源比重显著上升。主要污染物排放得到有效控制，生态环境质量明显改善。生态文明观念在全社会牢固树立"①。从此，生态文明建设的大幕在中华大地上正式拉开了。接下来，党在生态文明的地位、作用和建设路径等方面做出了进一步的思考和部署，生态文明建设的步伐进一步加快。

2009年9月，党的十七届四中全会开始把生态文明建设与经济建设、政治建设、社会建设、文化建设相并列，在原来"四位一体"布局的基础上，初步形成了中国特色社会主义事业"五位一体"总体布局。2012年11月，党的十八大正式提出"五位一体"的中国特色社会主义事业总体布局，并提出要将生态文明建设贯穿到中国特色社会主义建设全过程、全领域。2015年9月21日，中共中央、国务院发布《生态文明体制改革总体方案》，在确立了生态文明六大理念的基础上，确立了生态文明的八大制度。由此，生态文明的"四梁八柱"得以建立，生态文明建设也在全社会得以展开和推进，并取得了举世瞩目的成就。党的十九大总结了自党的十八大以来生态文明建设所取得的伟大成就，即"全党全国贯彻绿色发展理念的自觉性和主动性显著增强，忽视生态环境保护的状况明显改变。生态文明制度体系加快形成，主体功能区制度逐步健全，国家公园体制试点积极推进。全面节约资源有效推进，能源资源消耗强度大幅下降。重大生态保护和修复工程进展顺利，森林覆盖率持续提高。

① 胡锦涛：《高举中国特色社会主义伟大旗帜为夺取全面建设小康社会新胜利而奋斗》，道客巴巴网（http://www.doc88.com/p-3478569390967.html）。

生态环境治理明显加强，环境状况得到改善。引导应对气候变化国际合作，成为全球生态文明建设的重要参与者、贡献者、引领者"①。通过这五年的建设，生态理念和生态价值开始深入人心，绿色生产、绿色发展和低碳生活开始成为人们的基本生产和生活方式。

随着中国特色社会主义进入新时代，生态文明建设也进入了一个巩固、深化、提高的新时代。党的十九大对中国特色社会主义新时代的生态文明建设做出了战略谋划和部署。这一谋划和部署，首先明确了生态文明建设在社会主义现代化中的地位与作用，指出"我们要建设的现代化是人与自然和谐共生的现代化，既要创造更多物质财富和精神财富以满足人民日益增长的美好生活需要，也要提供更多优质生态产品以满足人民日益增长的优美生态环境需要"②；其次确立了新时代生态文明建设的基本方针，即"必须坚持节约优先、保护优先、自然恢复为主的方针，形成节约资源和保护环境的空间格局、产业结构、生产方式、生活方式，还自然以宁静、和谐、美丽"③；最后进行了四个方面的战略部署，即"推进绿色发展"、"着力解决突出环境问题"、"加大生态系统保护力度"和"改革生态环境监管体制"。党的十九大的战略谋划和部署，进一步明确了生态文明建设的中国特色社会主义事业的全局性地位和作用，也对生态文明建设提出了更高的要求，即生态文明建设必须和中国特色社会主义建设的其他领域、环节和要素相互配合、相互协同，形成实现中华民族伟大复兴中国梦这一伟大梦想的合力，成为把我国建设成为富强民主文明和谐美丽的社会主义现代化强国的生力军。

在新阶段，随着全面建成小康社会历史任务的完成，随着"创新、协调、绿色、开放、共享"新发展理念的普及和贯彻，随着国际国内双循环新发展格局的构建，生态理念也更加深入人心，生态文明也正在超越经济的狭隘领域而日益具有全局性的系统价值，越来越成为世界观和历史观上代表着人类发

---

① 习近平：《决胜全面建成小康社会夺取新时代中国特色社会主义伟大胜利——在中国共产党第十九次全国代表大会上的报告》，北京：人民出版社，2017年，第5-6页。

② 习近平：《决胜全面建成小康社会夺取新时代中国特色社会主义伟大胜利——在中国共产党第十九次全国代表大会上的报告》，北京：人民出版社，2017年，第50页。

③ 习近平：《决胜全面建成小康社会夺取新时代中国特色社会主义伟大胜利——在中国共产党第十九次全国代表大会上的报告》，北京：人民出版社，2017年，第50页。

展新可能、新趋势的新文明形态。在全面建成小康社会和实施乡村振兴战略的过程中，党和国家一直坚持生态扶贫、生态发展，在历史性地解决了人类发展中的绝对贫困难题的同时，实现了人与自然的和谐发展。环境改善的效应日益凸显，"绿水青山就是金山银山"不仅在经济上显现其强大的效应，而且在社会整体发展上发挥其历史性作用。这里的"金山银山"不仅是一个经济效益的比喻，更是人类健康、可持续发展以及人类世界有机体和谐发展和人类解放意义上的比喻。

社会主义核心价值观与生态文明在新时代都得到了长足的发展，各自的建设也都取得了丰硕的成果，其在中国特色社会主义伟大事业中的作用和意义也都不断加强和提升。正是在二者的各自建设和发展中，人们开始发现社会主义核心价值观和生态文明在中国特色社会主义建设实践中具有某些共同的基础，在理念、价值、效用上具有交叉、重叠、互融的方面，在实际中也产生了相互影响和相互促进的现象和结果，从而发现二者之间存在着可以协调发展的可能性和内在机理，并在此基础上开始思考和探索二者协调发展的体制机制和实现路径。可以说，正是由于社会主义核心价值观和生态文明的实践中的"同频共振"现象的出现，促使我们开始关注并探索二者协同发展的现实基础、现实可能和内在机理，进而探索和讨论二者在协同发展中实现合力，共同助推中国特色社会主义伟大事业的发展，共同促进中华民族伟大复兴中国梦的实现，共同为构建人与自然生命共同体提供中国方案、中国智慧、中国示范和中国力量。

二、社会主义核心价值观与生态文明协同发展的实践探索与研究综述

中国特色社会主义是一项前无古人的伟大实践，是中国共产党带领中国人民对马克思主义的继承与创新，是中华民族不断走向繁荣富强的伟大尝试，是中华民族伟大复兴中国梦的必由之路。中国特色社会主义不仅具有理论科学性、历史正当性，而且具有现实可行性。中国特色社会主义的理论、制度、道路和文化既是中国人民的历史选择，也是中国人民的现实实践，更是中国人民的理想信念。作为中国特色社会主义伟大事业的组成部分，社会主义核

心价值观培育与生态文明建设在精神与物质、社会与自然的协调、综合发展中，发挥着越来越重要的作用，二者的协同发展既具有理论上的可能性，更是中国特色社会主义实践的现实需要。

社会主义核心价值观与生态文明在各自的酝酿、提出和深化的过程中，在各自取得实践成果的过程中，各级政府和人民在实施相关制度，进行相关实践的过程中，不断发现二者之间具有某种"共振"效应。在社会主义核心价值观培育与践行的过程中，人们发现，随着社会主义核心价值观深入人心，其在端正人们的价值观、提升人们的道德素质的同时，正在越来越明显地改变着人们对生态文明及其建设的认识，人们越来越深刻地认识到生态文明建设在整个中国特色社会主义事业中的协调发展、共享发展、和谐发展的作用，开始自觉践行生态理念和生态价值，运用社会主义核心价值观指导、引领和规范生态文明建设。在生态文明建设推进的过程中，人们发现，随着生态文明建设成果不断出现，其在自然环境不断改善的同时，正越来越明显地影响着人们对社会主义核心价值观的认识，人们越来越深刻和全面地认识到社会主义核心价值观在整个中国特色社会主义事业中的价值引领、价值矫正和价值规范的作用，从而在生态文明建设中更加自觉自愿地学习、领会、培育和践行社会主义核心价值观。随着这种共振效应的不断放大，各级地方政府开始积极探索二者协同发展的、方法和模式，以期通过二者的协同发展发挥更加系统性的作用，从而构成推进中国特色社会主义事业、实现中华民族伟大复兴中国梦的合力。

在这一实践探索中，不同的地方根据自身的特点采取了不同的做法，并取得了相应的经验，为二者的协同发展提供了最初的实践基础、实践经验和理论探索的素材。福建厦门市以与时俱进的战略规划探索社会主义核心价值观与生态文明协同发展。厦门在制定和修改《美丽厦门战略规划》的过程中不断凸显"人的发展战略"在建设美丽厦门中的地位和作用，在追求环境友好型城市的同时，打造社会和美的平安城市，建设友善包容的幸福生活。浙江省湖州市以整体性治理的理念和要求为指引，探索社会主义核心价值观与生态文明协同发展。湖州在整合治理资源、进行"四城联创"的同时，全面发展各类公益志愿组织，多渠道提升公民素质，树立了绿色生活方式。贵州省贵阳市则是通过不断完善机制设计，探索社会主义核心价值观与生态文明协同发展。贵阳在不断健全组织领导机制与不断完善监督考核评价机制的同时，严格准入管理及法律保障机制，推进诚信文化机制建设。这些探索虽然各有侧重，但都从社会主义核心价值观与生态文明建设的联结点和关节点上寻找实现二者协同发展的可能性与可行性，并取得了一定的成效。随着我国社会主义现代化强国建设的全面推进，各级地方政府的相关探索和实践也越来越多。

镇江作为一座有着三千年积淀的历史文化名城，拥有深厚的山水文化底蕴和深沉的人文情怀，从 21 世纪初就开始了社会主义核心价值观与生态文明协同发展的实践探索。这一探索从自发到自觉、从局部到全局，日益彰显出镇江协同发展的特点，并取得了一系列实实在在的、可触可感的成果。镇江的探索总体上可以分为三个不断递进的阶段。初步探索阶段（2002—2007年）：镇江以启动生态市创建工作为牵引，积极发展循环经济；以争创全国文明城市为龙头，深入推进精神文明建设。自发探索阶段（2007—2012 年）：镇江以"大爱镇江"为主题，提升公民思想道德素质、彰显城市特色，提升城市形象，建设温馨和谐家园；以"山水花园城市"为战略定位，全面修复和优化自然环境，继承创新发展山水人文文化，提升公民素质。自觉探索阶段（2012年至今）：确立生态领先、特色发展的战略，建设"强富美高"的现代山水花园城市，提升城市品质；以镇江历史文化为依托，培育特色生态文化，引导公众自觉爱护生态环境；倡导绿色生产和生活方式，促进生态文明建设，培育与践行社会主义核心价值观。镇江在社会主义核心价值观与生态文明协同发展方面的实践探索，是本研究的出发点、依托点。换言之，镇江的探索及其经验，是本研究的最初的触发点。在一定意义上讲，本研究是对镇江实践及其经验的理论探索和论证，以镇江实践为基础，从理论上论述社会主义核心价值观与生态文明协同发展的必然性、必要性和可能性、现实性。

在各地进行实践探索的同时，甚至更早，国内外就已经开始了核心价值观与生态文明协同发展的理论思考与分析。需要注意的是，社会主义核心价值观是中国特色社会主义特有的价值观，故国外有关协同发展的理论思考大多是从一般价值观①与生态文明②的关系展开的。

在国外，20世纪60年代以来，伴随着生态环境的恶化，生态文明逐渐成为西方社会的一个热点话题，相关研究者对此提出了一些有益的思想和观点。一般认为，生态文明问题是由美国的海洋生物学家蕾切尔·卡逊于1962年所著的《寂静的春天》③一书引起的。西方学者的理论反思主要聚焦于如何确立生态理性、生态优先观念、发展循环经济、稳态经济，实现生态现代化、生态自治，构建生态国家等问题，这些形成了西方的生态主义运动。④

戴利（H. E. Daly）⑤等经济学家提出了"稳态经济"理论，该理论批评了不考虑生态影响的传统的经济模式，该理论试图把根据生态环境和社会相结合的观念而形成的经济称为"稳态经济"，主张在必要时应该不惜放弃短期经济增长和资源消耗，以维持整个社会的长期生存稳定，能够为全社会提供一个无限期保持下去的较高的生活水平。同时，倡导"绿化"工作道德，强调劳动所得应符合绿色运动所提出的道德规范，使劳动成为促进人的全面发展的活动。德国"马克斯·普朗克人类发展研究所"的格尔德·吉仁泽（Gerd

---

① 这里所谓的"一般价值观"从本质上讲是西方的价值观，原因在于国外相关理论所言说的价值观是从西方社会语境出发，并为其制度服务的价值观。但由于价值观在抽象的意义上讲是具有普遍性的，因此也可以说是一般价值观。根据马克思抽象与具体的辩证法，理论范畴或概念如果只是停留在一般的或抽象的层面上，其实是不能真正反映现实的，也不可能凭借这些抽象概念去理解和解决一定的历史和社会中的问题。

② 严格讲，"生态文明"是中国共产党的首创。生态文明作为术语和概念首先是由中国共产党提出的，随后成为人们改善人与自然关系，保护和修复自然的目标指称，而后又在更高层次和更广视野中被理解为取代工业文明的新人类文明形态。为了行文的统一性，我们在讨论西方的相关理论探索时，也直接使用生态文明一词。生态文明提出的过程在后文会有较为详细的说明。

③ 《寂静的春天》描述了人类可能将面临一个没有蜜蜂、鸟和蝴蝶的世界。这本书在世界范围内引起了人们对野生动物的关注，并引发了公众对环境问题的关注，将环境保护问题推到了各国政府的面前。由此，各种环境保护组织纷纷成立，生态主义和绿色和平运动纷纷开展，最终促使联合国于1972年6月12日在斯德哥尔摩召开了"人类环境大会"，并签署了《人类环境宣言》。参见［美］蕾切尔·卡逊：《寂静的春天》，恽如强、曹一林译，中国青年出版社，2017年。

④ 西方生态主义的产生、发展及其主要观点，我们在后文会展开论述，在此只是做一个极为简要的概述，主要概括提出他们的核心观点和结论。

⑤ 戴利（H. E. Daly），美国马里兰大学公共事务学院教授，是生态经济学的主要代表人物之一。1988—1994年任世界银行环境部高级经济学家，1988年之前任路易斯安那州大学的讲座教授。

Gigerenzer)①与诺贝尔经济学奖获得者莱因哈德·泽尔腾(Reinhard Selten)②在《有限理性——适应性工具箱》一书中探讨了生态理性问题。生态理性强调把生态环境因素纳入决策行为，我们可以在凭借有限的种种外界资源和内在的认知能力作出事关个体生存成败与否的决策。

西方的生态主义运动中，生态学马克思主义是一个不可轻视的理论力量，它是红绿生态主义的主要代表。生态学马克思主义不仅批判资本主义价值观与生态文明的冲突和背离，而且将分析延伸到对资本主义生产方式和制度的批判。它认为，如果不克服资本主义生产方式，就不可能超越资本逻辑。生态学马克思主义认为，以资本逻辑为基础的经济理性的狭隘眼光，是导致资本主义价值观与生态文明建设之间出现矛盾甚至背离的根本原因。相对于资本主义的经济危机，生态危机是更为深刻的危机，因为它不仅是经济意义上的危机，而且是社会意义上的危机，更是价值观上的危机。因此，生态学马克思主义认为，解决资本主义的生态危机，要在制度变革的基础上重建生态理性的价值观，从而在新的基础上重建人类价值与自然价值的统一。

国外生态主义理论从不同方面探索了人与自然和谐相处的路径，设计了当前及未来经济发展的模式。相关研究更多地侧重于生态文明的建设实践与理论反思，对生态文明与社会价值观的关系缺乏清晰自觉的研究。

国内理论界，在社会主义核心价值观与生态文明建设两个方面都展开了广泛的研究并取得了丰硕的成果。③ 自党的十六届六中全会第一次明确提出了"建设社会主义核心价值体系"直到 2013 年 12 月中共中央办公厅印发《关于培育和践行社会主义核心价值观的意见》，对社会主义核心价值观建设的可行性、必要性及其操作性的研究成果层出不穷。自党的十八大做出"大力推进生

---

① 格尔德·吉仁泽(Gerd Gigerenzer)，社会心理学家，德国柏林马普所(Max Planck Institute)人类发展研究中心主任，曾任美国芝加哥大学心理学教授和弗吉尼亚大学法学院客座教授。获得包括1991 年的"美国科学促进会行为科学研究奖"和德国 2002 年度"科学书籍奖"在内的多个奖项。

② 莱因哈德·泽尔腾(Reinhard Selten, 1930 年 10 月 10 日—)，德国波恩大学教授，德国科学院院士，欧洲经济学会主席，美国经济学会名誉委员，1994 年诺贝尔经济学奖获得者。主要学术研究领域为博弈论及其应用、实验经济学等。

③ 涉及的相关研究成果，我们在后文的论述中会不断提到，在这里不做详细介绍，只是做一个概要性的描述。

态文明建设"的战略决策开始，学界就生态文明建设与中国特色社会主义事业的关系，与人民福祉、民族未来、"两个一百年"奋斗目标及中华民族伟大复兴中国梦的关系都进行了深入的研究。

对于社会主义核心价值观问题，学者们普遍认为，社会成员认同是社会主义核心价值观得以确立的基本前提。积极培育和践行社会主义核心价值观，不仅要使社会主义最基本、最核心的价值理念能为广大人民群众所知晓，而且还需融入广大民众的生活和精神世界，成为其工作、生活的价值指向，并指出了社会主义核心价值观建设进程中面临着一系列突出的难点。对于生态文明建设，学者对其思想根源、指导思想、现实问题、政策措施和制度建设等方面进行广泛深入有效的研究，研究成果也层出不穷。

对于社会主义核心价值观和生态文明的关系问题，国内学界有两种基本观点：一种强调"把生态文明纳入社会主义核心价值体系"，生态文明及其建设是从属于价值观建设的二级领域，主要还是从"贯穿"的意义上展开研究；另一种观点则认为，要把社会主义核心价值观"融入"生态文明建设之中，生态文明建设是社会主义核心价值观培育的抓手与切入点，基本停留在生态文明建设对社会主义核心价值观的践行上，把生态文明建设看成是社会主义核心价值观培育与践行的手段。

国内相关研究显示，如何理顺社会主义核心价值观和生态文明建设两者之间的理论关系，是事关社会主义发展创新的一个重要理论创新议题。而社会主义核心价值观和生态文明若要在协同发展中实现完美结合，则需要在现实中进行深入实践和积极有效的探索。而能够找到一个可复制、可推广的成功经验或实践模式，则是今后相当长时间内理论工作者与社会治理实践的重大议题。① 在这个意义上，我们的工作其实具有抛砖引玉的作用。

三、本研究的现实意义与文本结构

中国特色社会主义是中国共产党带领中国人民进行的一场伟大的历史事

---

① 江苏镇江在社会主义核心价值观与生态文明协同发展方面的有益探索及其经验总结，参见夏锦文主编的《社会主义核心价值观与生态文明建设统筹推进研究》。该文本对"镇江经验"进行了较为全面和系统的梳理总结，并从理论高度对之进行了概括和提升。（夏锦文：《社会主义核心价值观与生态文明建设统筹推进研究》，江苏人民出版社，2019年。）

业，社会主义核心价值观和生态文明是 21 世纪中国特色社会主义伟大事业中举足轻重的两项重大战略和实践。在已经全面建成小康社会的百年梦想的交汇点上，在新时代中国特色社会主义进入新阶段、开启新征程的今天，在社会主义核心价值观和生态文明各自取得巨大成绩的条件下，在社会主义核心价值观与生态文明协同发展已经具有初步实践经验的基础上，从理论上解决二者之间协同发展的理论依据、内在机理和建设目标，为二者的协同发展提供理论论证和理论指导，就成为一件亟待解决的具有重要意义的事情。社会主义核心价值观与生态文明协同发展的理论基础、历史线索、内在机理和发展目标研究，至少具有如下方面的理论与实践意义。

第一，能够帮助我们站在更高的历史起点上理解、继承和发展马克思主义的世界观、历史观、自然观和价值观。马克思主义的世界观告诉我们，世界是一个以实践为联结点的物质世界的统一体，自然人化的过程同时是社会产生与发展的过程，由此造就了自然与社会的双向中介和协同发展，展开了人类世界历史的进程。马克思主义的历史观因此认为，历史是以物质生活的生产与再生产为基础的社会对自然的超拔与深入的双向运动过程。马克思主义自然观所理解的自然不再是脱离人的那个亘古不变的、与人无关的自在自然，而是在人类的实践中日益进入人类历史的人化自然，即"历史的自然"。这个自然在保持其对人类实践的先在性的同时，正日益成为人类历史的内在构成要素。因此，马克思主义的历史观是包括自然观在内的整体人类世界的历史观(这也是马克思主义世界观的独特之处)，并决定了马克思主义价值观是人的自由全面发展和人类的彻底解放。社会主义核心价值观与生态文明协同发展研究，使得我们能够在中国特色社会主义事业发展过程中深刻领会社会与自然的辩证统一、和谐共生，深刻领会客观世界与主观世界的辩证统一、相互促进、相辅相成。这必然要求我们在生态文明语境中更加深刻地理解马克思主义的价值观，在社会主义核心价值观语境中深刻理解马克思主义的世界观、历史观与自然观的内在统一性，从而提升理解生态文明的高度，拓展理解生态文明的宽度。

第二，能够使我们更加全面深刻地理解中国特色社会主义的丰富内涵，增强中国特色社会主义的道路自信、理论自信、制度自信和文化自信。中国特色社会主义是中国共产党在马克思主义科学理论指导下根据中国实际而进行的历史性选择，是中华民族走向伟大复兴的现实选择，是人类通过社会主义建设最终进入共产主义社会的伟大实践。因此，不仅具有理论上的科学性，而且具有历史上的合理性以及现实上的可行性。中国特色社会主义的理论、制度和道路既是对科学社会主义理论的继承与创新，也是对科学社会主义实践的丰富与发展，其所取得的伟大成就正在日益发挥着示范效应，不断彰显着马克思主义的科学性和科学社会主义的强大生命力，成为人类发展模式的一个具有吸引力的现实选择和理想模型。在资本主义世界遭遇重重困难的今天，中国特色社会主义正在得到世界的认可，并被越来越多的学者看成是人类发展的一种有效选择，至少是最有希望的选择。① 社会主义核心价值观与生态文明协同发展研究，在证明社会主义核心价值观与生态文明的协同发展将更加有效地发挥社会主义核心价值观在中国特色社会主义理论、道路和制度发展上的统领与指导作用，证明社会主义核心价值观是中国特色社会主义事业整体推进的价值追求、价值目标和价值规范的同时，能够提升我国生态文明建设的层次、高度，使得我国的生态文明建设超越西方环境保护中资本逻辑的狭隘眼界，直接与人类世界的整体发展和人类的自由全面发展相衔接。这就必然从理论与实践两个方面证明中国特色社会主义不仅是中华民族永续发展的必由之路，而且是人类文明发展的现实路径，从而树立起中国特色社会主义的道路自信、理论自信、制度自信，并最终树立中国特色社会主义文化自信。

第三，有助于我们更加深刻全面地领会与理解习近平新时代中国特色社会主义思想的深刻内涵和时代意义，书写中国特色社会主义事业的新篇章。习近平新时代中国特色社会主义思想是马克思主义和科学社会主义在中国的继承与创新发展，是马克思主义中国化的最新理论成果；是对中国社会主义建设实践经验的总结和提升，是中国特色社会主义发展的最新指导思想；是

---

① 美国学者弗朗西斯·福山在《历史的终结：资本主义和最后的人》（德里达曾经在《马克思的幽灵》一书中将之称为"资本主义的福音书"）中信誓旦旦地认为，资本主义及其民主模式是人类发展的不二选择，虽然资本主义存在种种问题，但历史已经证明没有替代资本主义的其他发展模式。就是这个人，也在党的十九大召开前夕动摇了自己的立场，提出"中国模式"将成为资本主义模式之外的可供选择的模式。这再次说明中国特色社会主义不仅具有中国价值，而且具有世界意义。

对中华民族优秀文化传统的继承与创新发展，是中华文化在新时代发展与创新的理论指针；是对人类历史发展的科学认识，是对人类的先进文明成果的吸收、融合与发展，具有世界历史发展和人类整体发展的指导性意义。习近平新时代中国特色社会主义思想既是马克思主义中国化的最新理论成果，也是 21 世纪的马克思主义。习近平新时代中国特色社会主义思想科学规定和分析了中国特色社会主义新时代的主要矛盾，并在科学分析新时代的主要特征的基础上，明确了中国特色社会主义新时代的历史使命、基本方略和历史目标，并对此进行了科学而全面的战略谋划与部署，从而从总体上擘画了中国特色社会主义新时代的宏伟蓝图，为中国特色社会主义事业指明了方向。其中，社会主义核心价值观和生态文明构成了习近平新时代中国特色社会主义思想的重要组成部分。社会主义核心价值观与生态文明的协同发展正是从中国特色社会主义发展的两大基本领域、环节和要素的联结点上展开对习近平新时代中国特色社会主义思想的理解，并以习近平新时代中国特色社会主义思想为指导着力于将二者进行融合发展，共同助力新时代中国特色社会主义的历史使命和历史任务的实现，在新时代中国特色社会主义的历史画卷上写下浓墨重彩的一笔。

第四，有利于更好地巩固社会主义意识形态领导权，发挥社会主义文化的引领作用，为构建人类命运共同体与和谐美丽的人类世界做出贡献。社会主义意识形态领导权的巩固，离不开社会主义意识形态建设，而社会主义意识形态建设的核心是社会主义核心价值观建设，社会主义核心价值观同时是社会主义文化的核心所在。由是观之，社会主义核心价值观建设不仅有利于社会主义意识形态的建设和发展，也是发挥社会主义文化引领作用的关键所在。生态文明是一种现实的系统的文明形态，其中所包含的生态理念和生态价值又构成社会意识形态的组成部分，当然也包含在社会主义核心价值观之中，成为社会主义核心价值观的一个重要方面和内容。社会主义核心价值观与生态文明协同发展的结果之一就是理念上的融合，共同构成社会主义先进文化的核心内容。融合了生态理念和价值的社会主义核心价值观（反之，生态文明也融合了社会主义核心价值观），不仅成为社会领域内人类活动的核心价值追求和引领，而且成为人们处理人与自然关系的价值规范和标准。这就不仅使之成为中国人民社会生活的核心价值观，而且巩固了社会主义意识形态的领导权，使之成为我国主导和主流的意识形态，从而发挥社会主义先进文化对人们思想意识的引领作用。社会主义核心价值观与生态文明协同发展的另一个结果是实践上的耦合，一方面通过人们行为方式和精神面貌的改变彰显社会主义文化的先进性和高尚性，另一方面通过自然环境的优化显现社会主义文化的生态性与和谐性。这就为巩固社会主义意识形态话语权、领导权和社会主义文化的主导性与主流性的统一提供了坚实的实践基础和感性体验。在全球一体化的今天，我国社会主义核心价值观与生态文明协同发展的成果，必然会通过日益密切的国际交往和交流产生示范效应，为世界人民指引前进的方向，为人类的解放和自由全面发展提供中国智慧。换言之，社会主义核心价值观与生态文明协同发展的成果将为人类在国际团结合作和社会与自然和谐发展的过程中构建人类命运共同体、人与自然生命共同体，建设和谐美丽的人类世界提供精神支持和价值引领，并且为之提供鲜活有力的实践模式和制度示范。

鉴于此，社会主义核心价值观与生态文明协同发展的研究必须遵循逻辑与历史相统一的原则。也就是说，要在习近平新时代中国特色社会主义思想的指导下，理论联系实际，从历史与现实、理论与实践、现在与未来的交互点上研究社会主义核心价值观与生态文明协同发展的理论前提、历史经验、实践基础和内在机理。因此，本研究大体包括四个不同又相互联系的部分，其中第一部分可以看作是理论基础与理念基础的探索；第二部分是实践历史的回顾；第三部分揭示了社会主义核心价值观与生态文明之间互为语境和条件的关系；第四部分分析与探讨了社会主义核心价值观与生态文明协同发展的内在机理和目标取向。

第一部分包括第一章至第三章的内容。在这一部分里，我们分别从马克思主义、"天人合一"理念和西方生态主义运动三个方面梳理、总结、揭示了社会主义核心价值观与生态文明协同发展的思想源泉、文化渊源和理论参考。第一章是对马克思主义理论的梳理和整理。从马克思主义的本体论、实践观、唯物辩证法和历史辩证法等方面梳理和论述了马克思主义关于社会主义核心价值观与生态文明内在统一的思想和原理，论证了社会主义核心价值观与生态文明协同发展的思想源泉和理论基础。不仅揭示了社会主义核心价值观与生态文明协同发展是对经典马克思主义的继承，而且揭示了二者协同发展是从当代实际出发的对马克思主义的最新发展。第二章是对中国"天人合一"理念的梳理和论述。作为中国文化核心理念之一的"天人合一"，在其萌芽、提出和发展的过程中始终秉承人与自然和谐相处的思想，并在和谐相处中实现人的道德修养的提高的基本理念和价值追求。虽然不同的流派之间略有差异，但它们的基本点是高度统一的。在当今世界语境中，中国文化中对人与自然和谐关系的追求不仅具有生态文明及其建设的意义，而且对社会主义核心价值观与生态文明协同发展同样具有不可忽视的价值。这也是"天人合一"这一古老的理念在当代世界重新焕发生命力的原因所在，构成社会主义核心价值观与生态文明协同发展的文化渊源。第三章是对西方生态主义运动及其理论的梳理与概述。西方生态主义是西方社会应对环境危机的产物，其理论在一定程度上揭示了西方生态危机出现的原因，并提出了相应的有针对性的政策和措施。西方生态主义还在一定程度上发现了环境危机与西方价值观之间的关系，其中的生态学马克思主义甚至猜到了西方社会制度是环境危机之所以发生的基础。但西方生态主义始终没有突破资本主义来认识、分析和探索解决环境危机的路径和措施，具有严重的片面性。这三章可以看作是社会主义核心价值观与生态文明协同发展的前期理论准备，从马克思主义、中国文化和西方理论三个方面为社会主义核心价值观与生态文明协同发展提供思想指导、文化渊源和理论参考，找到社会主义核心价值观与生态文明协同发展的理论基础、理念源头和他山之石。同时，我们也希望通过这些梳理，尤其是对西方生态主义基本理论和观点的梳理，为我们的研究提供理论研究背景和研究动态上的考察，从而实现研究的先进性、前沿性和实效性。

第二部分包括第四章的内容。这一章主要是对新中国成立以来党领导人民建设社会主义核心价值观和生态文明的历史回顾和经验总结。社会主义核心价值观建设与生态文明建设是中国特色社会主义伟大事业的组成部分，是中国共产党领导中国人民所进行的具有时代特征的精神文明和物质文明建设实践，具有鲜明的中国特色和中国气派。同时，社会主义核心价值观建设与生态文明建设的提出和推进虽然是从 21 世纪才开始的，但它们不是一夜之间出现的，而是有一个长期发展和积累的过程，是党领导人民进行社会主义意识形态建设和经济社会建设的历史性积淀和厚积薄发的结果。新中国成立以来，党的意识形态尤其是价值观建设的历史、保护与改善环境的历史，以及这一历史中存在的二者之间关系的历史性演进，并在新时代中国特色社会主义中成为社会主义核心价值观建设和生态文明建设的内在历史逻辑，应该成为我们探索社会主义核心价值观与生态文明协同发展的历史前提和基础。因此，在梳理和论述了相关理论、文化前提或基础之后，我们对新中国成立以来我国的价值观建设和环境保护的历史进行了梳理，由此发现社会主义核心价值观建设和生态文明建设是党的一贯政策和实践，只是由于历史和现实的原因，直到 21 世纪才以社会主义核心价值观和生态文明的方式被提出和部署。习近平新时代中国特色社会主义思想是马克思主义理论及其中国化的最新理论成果，是新时代中国共产党和中国人民协同发展社会主义核心价值观与生态文明的理论基础。这也从另一个方面，说明了社会主义核心价值观建设与生态文明建设以及二者的协同发展是一个历史性的发展、明确、丰富和完善的过程，是党领导人民长期探索、实践的必然结果。新中国成立以来 70 多年的实践证明，社会主义核心价值观与生态文明协同发展拥有其内在的、历史的和现实的基础和机理，二者之间的协同发展不仅是可能的，而且是可行的。

第三部分包括第五、第六章的内容。在这一部分，我们首先分别论述了社会主义核心价值观与生态文明各自的历史、内涵，然后分析了二者之间的互为语境的关系以及在这一关系中各自内容的丰富和发展。理论源于实践，文化源于生活，而又都为实践和生活服务。无论是对马克思主义的梳理，还是对中华文化理念的梳理，抑或是对西方生态主义的梳理，其目的都是找到社会主义核心价值观与生态文明协同发展的理论基础、文化底蕴和他山之石。因此，在理论和历史梳理、论述的基础上，我们分别对社会主义核心价值观和生态文明进行了有针对性的概述，并揭示二者互为语境中各自含义的丰富与提升。具体来说，在第五章，我们论述了社会主义核心价值观的提出、凝练、发展与深化的过程。我们认为，社会主义核心价值观经历了从社会主义荣辱观、社会主义核心价值体系到社会主义核心价值观的凝练、提出和深化的过程。在展现了社会主义核心价值观逐步明晰和培育践行的历史脉络后，进而分析了社会主义三个层面核心价值观的主要内容。最后，我们揭示了社会主义核心价值观的生态文明语境，提出在生态文明语境中，社会主义核心价值观的各项内容都得到了拓展、丰富和全面化。在第六章，我们从人类文明发展的角度揭示了生态文明的历史地位，指出生态文明是对工业文明的超越，是一种全新的人类文明形态，将生态文明进行了广义的理解和界定。以此为基础，揭示了生态文明与生态文明建设之间的关系。我们认为，生态文明建设就是生态文明形成和实现的实践过程，是生态理念的外化，生态价值的实现过程，是人与自然关系的修复和生态系统的重建过程。然后，我们揭示了生态文明的社会主义核心价值观语境，认为我国的生态文明建设是社会主义条件下的生态文明建设，因此必然以社会主义核心价值观为指导、引领和规范，是社会主义核心价值观各项内容在人与自然关系中的外化和实现过程。

第四部分包括第七、第八章的内容。在新时代中国特色社会主义建设和发展中，社会主义核心价值观和生态文明已经形成了互为语境和相互渗透的关系，这就为二者之间的协同发展提供了最为基础的条件和可能。也正是依据这一点，结合现实中已有的二者协同发展的具体探索和实践，我们认为，社会主义核心价值观与生态文明存在协同发展的内在机理。同时，我们认为要实现二者之间的协同发展，还必须明确二者协同发展的基本目标，以共同的目标为指引，实现二者之间的协同发展和融合发展，形成助推中华民族伟大复兴中国梦实现的合力。其中，第七章是对社会主义核心价值观与生态文明协同发展的内在机理的理论分析。我们认为，社会主义核心价值观和生态文明不仅在内容上相互涵养、在功能上相互强化，而且在建设机制上相互协同，因此具有可以协同发展的内在机制，由此证明社会主义核心价值观与生态文明协同发展不仅是必要的，而且是可能的，更是可行的。第八章是探索和论述社会主义核心价值观与生态文明协同发展的目标选择。我们认为社会主义核心价值观与生态文明协同发展具有三个既相互联系又相互区别的目标，其中最为基础性的目标是实践目标，即协同发展应该以实现中国特色社会主义现代化和中华民族伟大复兴为实践目标。以实践目标为基础，社会主义核心价值观与生态文明协同发展及其自身的价值目标，从而构建二者协同发展的内在价值引领。由于社会主义核心价值观与生态文明协同发展必须要有制度上的保障，因此最后一个目标选择是制度目标，即在制度上如何创新并构建起能够保障二者协同发展的制度体系和机制保障。

至此，我们的研究目的和思路均得以呈现。本研究的基本目的是探索社会主义核心价值观与生态文明协同发展的理论基础、内在机理和基本目标，实现二者的协同发展，在协同发展中融合成助推新时代中国特色社会主义伟大事业和中华民族伟大复兴、伟大梦想得以实现的精神与物质合力。在这一目的的指引下，本研究的基本思路是面向新时代中国特色社会主义伟大实践的需要，以社会主义核心价值观与生态文明建设和发展的实践经验为立足点，梳理其世界观、方法论、历史观、价值观等理论基础、文化底蕴，并从理论与历史相统一的角度，通过历史回顾揭示二者之间的事实与逻辑联系，最终落脚于对二者协同发展的内在机理和目标选择的研究和讨论。由此可见，本研究紧紧围绕社会主义核心价值观与生态文明协同发展这个实践问题，从历史与现实、理论与实践、国际与国内相结合、相统一中探索和论述二者协同发展的理论可能性、历史可能性、现实可能性，以及二者协同发展的内在可能性和目标可行性，最终形成能够为社会主义核心价值观与生态文明协同发展提供理论指导、文化启示、机理机制和制度保障的研究成果，为社会主义核心价值观和生态文明的发展，尤其是二者的协同发展提供理论支撑和政策启示。

第一章　马克思主义：价值观与生态文明的辩证统一

　　马克思主义经典中虽然没有对价值观与生态文明关系的直接论述，但其中蕴含着丰富的价值观与生态文明内在统一的思想。这是因为，马克思主义是科学实践观基础上的科学世界观和方法论，其目的是在改造世界过程中"实现人的自由、解放和全面发展"。世界是由自然和社会组成的有机统一体，是在社会与自然的物质能量变换过程中实现其发展的，由是观之，社会发展与自然发展是在相互作用中实现共同发展的过程。虽然人类发展的历史表现为人类对自然的超拔，但其又是在对自然的依赖和深度改造中获得这种超拔的。因此，历史是社会对自然的超拔与深入的双向中介和双向互动的过程。这就决定了人的解放、自由和全面发展，既包括社会维度的人的解放、自由和全面发展，也包括自然维度的人的解放、自由和全面发展，是二者的历史的具体的统一。一方面，人类的社会解放是以生产力高度发展为前提的、以生产关系解放为基础的社会关系的解放，构建"每个人的自由发展是其他人的自由发展的条件"的社会关系，由此实现人的自由与全面发展，其中包含着人与自然关系的自由和全面发展；另一方面人的自然解放就是以人的自由联合为基础的人对自然改造的自觉与自由，从而实现人与自然的和谐共生与共荣发展，内含人的社会解放于自身之内。由此可见，人类的自由、解放和全面发展是人的自由价值的实现和人与自然的和谐统一。生态文明是人类解放价值观实现的内涵之一，而人类解放价值观的实现同时就是生态文明的实现。

第一节　马克思主义本体论：人类世界的辩证发展

旧唯物主义和唯心主义由于没有从革命实践出发去理解世界，因此都没有科学地理解世界的本质，在本体论上都不能从物质与意识的内在辩证统一中达到科学的高度。因此，在理解世界时，要么从消极直观的角度消解了人的主体性，要么以抽象的人的主体性消解了世界的客观性。马克思主义之所以是不同于旧唯物主义的新世界观，正是因为在本体论上超越了传统的物质与意识的外在对立和形而上学决定论，从实践的角度重新理解世界的本质，从而实现了在本体论上对物质世界的全新理解，提出了"人类世界"的概念——社会与自然"双向中介"所形成的统一体。因此，人类世界是在历史与自然的双向中介中获得生成与发展的，而历史的发展则表现为社会对自然的"超拔"与"深入"的辩证法。这一本体论，本质上内含着价值观与生态文明的辩证统一。

一、人类世界是实践基础上社会与人化自然的辩证统一

马克思主义的本体论是以实践为基础的唯物主义本体论，认为人类的现实世界或感性世界是长期实践的结果，是在实践基础上的生成，既是自然在实践中的历史性展开过程，也是社会在实践中不断生成的过程。我们"周围的感性世界决不是某种开天辟地以来就直接存在的、始终如一的东西，而是工业和社会状况的产物，是历史的产物，是世世代代活动的结果"。[①] 因此，世界的存在是"人—社会—自然"复合生态系统，感性世界的本原既不是纯客观的自然界，也不是抽象的人，而是"人—社会—自然"复合系统所构成的有机整体。人类世界或者说人类的世界就是以实践为基础的自然与社会的统一，人的发展同时就是包括自然在内的人类世界的发展。人的发展、社会发展与自然发展，在本体论上是辩证统一的。

---

① 《马克思恩格斯文集》第 1 卷，北京：人民出版社，2009 年，第 528 页。

人是在环境中并通过对环境的改造发展起来的，马克思指出，"环境的改变和人的活动的一致，只能被看做并合理地理解为革命的实践"①。这里的环境既指社会文化环境，也指自然环境。就自然环境而言，人类是在对自然的改造中实现人的解放的，这就使得马克思主义本体论中必然包含着价值观与生态文明相统一的内在逻辑线索，这一线索不仅与当代生态文明思想不谋而合，而且与当代人类学关于人的发展的思想相一致，这进一步说明了马克思主义本体论对当代人类发展议题和实践的指导意义。恩格斯在《自然辩证法》中指出，人类的进化是通过与自然界的相互作用即劳动来实现的。这种相互作用"不仅制约着人们最初的、自然产生的肉体组织，特别是他们之间的种族差别，而且直到如今还制约着肉体组织的整个进一步发达或不发达"②。

马克思主义同样认为，人是在劳动中并随着劳动的发展而获得其人性的丰富性的。青年马克思就指出，"自然界，就它自身不是人的身体而言，是人的无机的身体"③。所谓人的肉体生活和精神生活同自然界相联系，也就是自然界同自身相联系，人的发展既是自然本身的发展，又是对自然的提升——人类存在于自然界"之内"，而不是在自然界"之外"，更不是凌驾于自然界"之上"；人类与自然界的关系，不是征服与被征服的关系，不是纯消费与被消费的关系，而是休戚相关、生死与共、互利共生、和谐共存的有机整体。虽然此时马克思的思想仍然处于人本主义的逻辑之中，但他已经敏锐地发现了自然与人之间的内在的辩证关系，从而以劳动对象性为基础，展开对人与自然关系的全新理解。这也是马克思在《1844年经济学哲学手稿》中复调逻辑的表现之一。因此，马克思才鲜明地指出，"只是由于人的本质客观地展开的丰富性，主体的、人的感性的丰富性，如有音乐感的耳朵、能感受形式美的眼睛，总之，那些能成为人的享受的感觉，即确证自己是人的本质力量的感觉，才一部分发展起来，一部分产生出来。因为，不仅五官感觉，而且所谓精神感觉、实践感觉(意志、爱等等)，一句话，人的感觉、感觉的人性，都只是由于它的对象的存在，由于人化的自然界，才产生出来的。五官感觉的

---

① 《马克思恩格斯文集》第1卷，北京：人民出版社，2009年，第504页。
② 《马克思恩格斯文集》第1卷，北京：人民出版社，2009年，第519页。
③ 《马克思恩格斯文集》第1卷，北京：人民出版社，2009年，第161页。

形成是迄今为止全部世界历史的产物。"①由此可见，人的丰富性的形成，人的发展与解放都是在对象化劳动中实现的，都是在对自然的改造中实现的。因此，人的价值的实现同时也是自然的为人的价值的实现，二者存在内在的统一性。

人类世界是在人类改造自然的过程中生成的，内在地包括社会与自然的统一。马克思主义本体论的一个鲜明特征，就是在确认自然对人的先在性的基础上，从人类世界出发理解社会、自然与历史，从而实现了人的发展与自然发展的辩证统一。这足以说明，生态文明是一个人性与生态性全面统一的历史形态，这种统一既非人性服从于生态性，也非生态性服从于人性，毋宁说，以人为本的生态和谐原则是每个人全面发展的前提。人类连同人类世界的发展在一定意义上讲就是生态系统的发展，因此生态文明既是人类发展的需要，也是人类发展的价值追求，是人类发展的一体两面，马克思主义价值观本身就包含着对生态文明的追求。

二、历史与自然的"双向中介"生成人类世界统一体②

在马克思主义看来，人类世界是在社会与自然的双向中介中生成和发展的，由此展开人类的历史进程，这一进程包括人类社会的发展与人对自然的改造的统一。因此，社会与自然之间的关系是一种"双向中介"的关系，即：自然被社会所"中介"，从而使自然具有了"历史的"意义；社会被自然所"中介"，从而使历史具有了"自然的"意蕴。二者"双向中介"的基础是人类物质资料生产与再生产的生产方式。

当马克思主义谈论自然的历史与人类的历史相统一的时候，并非说自然本身没有历史，而是说只有在把自然放入人类实践中的时候，自然的历史才与人类的历史达到统一。也就是说，对马克思主义而言，人类所理解的自然的历史实际上是通过实践对其改造而呈现出来的。正是从这个意义上讲，历

---

① 《马克思恩格斯文集》第1卷，北京：人民出版社，2009年，第126页。

② 本部分的内容摘自张金鹏：《历史的自然和自然的历史——〈德意志意识形态〉中的自然观及其对节能减排、科学发展的意义》，《淮北师范大学学报（哲学社会科学版）》2011年第32期。根据本书需要做了局部修改。

史的自然与自然的历史是同一个过程，即人类的实践活动过程。因此，人类所面对的自然就不是那个离开人类的活动而自在存在的自然，而是被人们的实践活动所改造过的，即被实践中介过的自然，即所谓"周围的感性世界"。因此，自然是被社会"中介"了的自然，只有从人类社会的角度去理解自然，自然才具有"历史的"意义，才是那个构成人类现实的生活环境和改造对象的自然。费尔巴哈的错误就在于他没有从人的感性活动即实践的角度去理解感性世界，而只是诉诸感性的直观，即"对对象、现实、感性，只是从客体的或者直观的形式去理解，而不是把它们当作人的感性活动，当作实践去理解"或"费尔巴哈不满意抽象的思维而诉诸感性的直观；但是他把感性不是看作实践的、人类感性的活动"①。在这种情况下，费尔巴哈所发现的就只能是感性世界与他的意识和感觉之间的矛盾，即一个充满着对立和对抗的世界，尤其是人与自然的对抗。实际上，我们周围的感性世界只能是我们在其中活动的被实践所"中介"了的自然界，是在历史中不断被人类实践所改造的自然界，是历史中的自然界——历史的自然。

所以，费尔巴哈所言说和诉诸的那个自然界实际上已经不存在了。"先于人类历史而存在的那个自然界，不是费尔巴哈生活其中的自然界；这是除去在澳洲新出现的一些珊瑚岛以外今天在任何地方都不再存在的、因而对于费尔巴哈来说也是不存在的自然界。"②这里的"不存在"并不是指没有经过实践改造的自然是不存在，而是指费尔巴哈脱离现实的自然界所理想化的那个虚假的自在自然是不存在的。因此，当乔恩·埃尔斯特质问马克思"人的足迹以外现存的成千上万个太阳系又如何呢"，并说"马克思对人改造自然的程度的强调是夸张的，也是无意义的"的时候，③他不是在理解马克思，而是在曲解马克思。由此可见，在马克思主义看来，我们所面对的自然或者说我们周围的感性世界，绝对不是什么亘古不变、始终如一的自然，而是人类世世代代活动的产物，即"随着历史进入现代，人类外部的自然存在已越来越归于人类

<hr>

① 《马克思恩格斯文集》第 1 卷，北京：人民出版社，2009 年，第 503，505 页。
② 马克思，恩格斯：《德意志意识形态（节选本）》，北京：人民出版社，2018 年，第 12 页。
③ ［美］乔恩·埃尔斯特：《理解马克思》，北京：中国人民大学出版社，2008 年，第 53 页

社会的准备活动的一个环节"①。由此可见，我们生活于其中的自然界已经是被人类实践活动所改变或"中介"过的自然界，是构成社会发展内在要素的自然界，当然这并不否定自然存在的客观性，而是说自然物失去了它本身的"自在性"。

马克思主义认为，被人类实践所改造的自然实际上已经构成人类实践活动的内在要素，是历史中的自然。但是，与青年卢卡奇不同，马克思主义没有将自然完全融化在人的实践活动过程之中，而是确认自然始终保有相对人类实践的优先性地位，这不仅表现在自然相对人类存在的时间先在性，还表现在作为人类存在的物质前提，自然始终构成人类社会实践活动的物质环境。因此，"全部人类历史的第一个前提无疑是有生命的个人的存在。因此，第一个需要确认的事实就是这些个人的肉体组织以及由此产生的个人对其他自然的关系"②。人类生存所面临的最初的环境就是自然，自然条件始终制约着人们的生产与再生产。这是因为，"这些条件不仅决定着人们最初的、自然形成的肉体组织，特别是他们之间的种族差别，而且直到如今还决定着肉体组织的整个进一步发展或不发展"③。因此，我们在考察历史的时候，首先考察的是人如何从自然界中获得自己生存的生活资料——物质资料的生产与再生产，即考察人与自然的关系。沿着这个思路，马克思主义在论述人类历史的前提时，将人类历史的第一个前提确定为物质资料的生产活动。"人们为了能够'创造历史'，必须能够生活。但是为了生活，首先就需要吃喝住穿以及其他一些东西。因此第一个历史活动就是生产满足这些需要的资料，即生产物质生活本身"④。物质生活本身的生产始终离不开自然物的存在，人类的物质资料的获得只能建立在对自然物的改造的基础之上。马克思主义认为这一前提是理解历史的出发点，是一切历史的基本条件，几千年前和现在都是如此。

---

① [德]施密特：《马克思的自然概念》，北京：商务印书馆，1988年，第16页。
② [德]马克思，恩格斯：《德意志意识形态（节选本）》，北京：人民出版社，2018年，第11页。
③ [德]马克思，恩格斯：《德意志意识形态（节选本）》，北京：人民出版社，2018年，第11页注②。
④ [德]马克思，恩格斯：《德意志意识形态（节选本）》，北京：人民出版社，2018年，第23页。

正是在这个意义上，马克思恩格斯认为，"任何历史观的第一件事情就是必须注意上述基本事实的全部意义和全部范围，并给予应有的重视"①。之所以要注意这一事实的重要性，是因为如果离开了这一前提，对人类历史的理解就只能是一种意识形态的玄思，而不是从历史活动的本身出发。很明显，当马克思与恩格斯将历史的第一个前提确定为物质资料的生产的时候，自然对人类社会的优先性就已经得到了确定。当然，真正具有历史意义的活动是在最初的生存需要得到满足之后，为满足新需要而从事的再生产。因此，"第二个事实是，已经得到满足的第一个需要本身、满足需要的活动和已经获得的为满足需要而用的工具又引起新的需要，而这种新的需要的产生是第一个历史活动"②。物质资料的生产与再生产因此构成了人类社会与历史的基础，它们一起构成了"人类社会基础的一个动态性支点"③。从人类的物质资料的生产过程可以看出，人与自然的关系实际上是人类社会赖以存在的前提，因此人类历史的起点也就是人类通过生产活动从自然界获得生活资料，或者说人类的物质生活的生产是历史的起点。

同时，人类历史发展过程中的第三种关系最初也是一种自然关系，这就是人生产人的关系。马克思、恩格斯指出，"一开始就进入历史发展过程的第三种关系是：每日都在重新生产自己生命的人们开始生产另外一些人，即繁殖"④。之所以说这种生产仍然是自然的关系，是因为"人的生产也包含双重因素，一是人类主体自身的自然生产过程，二是主体之间的某种自然关系（自然'主体际'联系）。人的自然生产即是通过生育，而人的主体关系一开始是从人的自然生产（血缘关系）开始的"⑤。这种源于自然的人与人之间的关系，最初是唯一的社会关系。"这就是夫妻之间的关系，父母和子女之间的关系，也就是家庭。这种家庭起初是惟一的社会关系，后来，当需要的增长产生了新

---

① ［德］马克思，恩格斯：《德意志意识形态（节选本）》，北京：人民出版社，2018 年，第 23 页。

② ［德］马克思，恩格斯：《德意志意识形态（节选本）》，北京：人民出版社，2018 年，第 24 页。

③ 张一兵：《马克思历史辩证法的主体向度》，南京：南京大学出版社，2002 年，第 112 页。

④ ［德］马克思，恩格斯：《德意志意识形态（节选本）》，北京：人民出版社，2018 年，第 24 页。

⑤ 张一兵：《马克思历史辩证法的主体向度》，南京：南京大学出版社，2002 年版，第 113 页

的社会关系而人口的增多又产生了新的需要的时候，这种家庭便称为从属的关系了。"①可见，即使是人与人之间的关系，最初也是建立在人与自然的基础之上的，或者说，人与人的关系最初仍然是一种自然关系。这也说明，人类社会与历史的起点始终是人与自然之间的关系，并且这种关系构成了人类历史发展的物质基础，而且是最终的、起决定作用的基础。正是从这个意义上，马克思、恩格斯将这三个关系看成是内在统一的同一个过程的三个方面，"不应该把社会活动的这三个方面看作是三个不同的阶段，而只应该看作是三个方面，或者，为了使德国人能够了解，把它们看作是三个'因素'"②。社会的存在首先在于人从自然界通过生产获得生活资料，并通过生育生产他人。换言之，历史的起点是人对自然的实践关系，是"人对自然关系的实践功能度"③。由此可见，人始终只能将自己的社会和历史置于对自然的改造之上，除此没有别的基础和前提，人类社会的发展即历史，始终是在改造自然的过程中实现的。因此，历史并非在自然之外，而就在自然之中，是"自然的历史"。

我们所生活的人类世界实际上就是被人类的实践活动所中介过的自然，而非那个自在的与人类活动无关的自然。换言之，自然是被社会中介了的自然，这是从人的主体向度所关照的自然存在。但是，自然作为人类社会存在与发展的前提，它始终具有对人类社会的优先地位。换言之，社会也是被自然中介了的社会，这是从自然的客观性或客体角度所言说的自然。因此，"如果自然是一个社会的范畴，那么社会同时是一个自然的范畴，这个逆命题也是正确的"④。实现自然与社会双向中介的活动就是实践，正是实践使得自然与社会发生了这种相互制约和互为中介的关系。"社会劳动在人类历史与自然界历史之间起着调节的作用。在社会与自然界之间，劳动是一种物质性的临

---

① [德]马克思，恩格斯：《德意志意识形态（节选本）》，北京：人民出版社，2018年，第24页。

② [德]马克思，恩格斯：《德意志意识形态（节选本）》，北京：人民出版社，2018年，第24-25页。

③ 张一兵：《马克思历史辩证法的主体向度》，南京：南京大学出版社，2002年，第115页。

④ [德]施密特：《马克思的自然概念》，北京：商务印书馆，1988年，第67页。

界面。"①在这里，生产方式也是联接和实现自然与社会互动与发展的关键因素。青年黑格尔派正是由于不能够从人的感性活动即实践的角度去看待人对自然的关系，因此他们始终把人与自然对立起来，把二者看成是"两种互不相干的'事物'"，由此产生了关于"实体"和"自我意识"的一切"高深莫测的创造物"。只要从实践出发，从现实的生产出发，青年黑格尔派的"自然与历史的对立"就消失了，社会的改变与自然的改变就成为同一个过程的两个方面。因此，"如果懂得在工业中向来就有那个很著名的'人和自然的统一'，而且这种统一在每一个时代都随着工业或慢或快的发展而不断改变，就像与自然的'斗争'促进其生产力在相应基础上的发展一样，那么上述问题也就自行消失了"②。因此，社会与自然的关系只能从生产中，从人与自然的不断的历史性改变中才能得到理解。

　　由此可以看出，社会与自然、人与自然之间始终存在着统一，而这一统一又始终存在于人们的实践之中，存在于人们的物质生活的生产与再生产之中。历史本身就是人类与自然之间相互作用和相互制约的过程，是自然的历史与历史的自然的统一。"历史可以从两个方面来考察，可以把它划分为自然史和人类史。但这两方面是不可分割的；只有有人存在，自然史和人类史就彼此相互制约。"③理解人类史离不开对自然史的理解，同样理解自然史也离不开对人类史的理解。之所以如此，是因为自然与人类在生产过程中处于相互作用之中：一方面自然不断成为人类活动的一部分，成为历史的一部分；另一方面历史作为自然的生成史始终以自然的存在与变化为前提，人不仅要以自然为自己的物质资料源泉，而且要受到自然规律和法则的影响和制约，即人们在改造自然的时候要以遵循自然规律为基础。"在生产中，人与自然之间进行的辩证法的运动，并不排除自然规律的作用"，而将对自然规律的尊重与把握置于实践活动之中是马克思的唯物主义辩证法的本质。④ 正是因为马克

---

① ［美］詹姆斯·奥康纳：《自然的理由》，南京：南京大学出版社，2002年，第7页。

② ［德］马克思，恩格斯：《德意志意识形态（节选本）》，北京：人民出版社，2018年，第21页。

③ ［德］马克思，恩格斯：《德意志意识形态（节选本）》，北京：人民出版社，2018年，第10页注②。

④ ［德］施密特：《马克思的自然概念》，北京：商务印书馆，1988年，第99页。

思、恩格斯将自然与社会的关系置于实践的中介之中，置于对生产方式的理解之中，才最终将历史观置于唯物主义的基础之上。"这种历史观就在于：从直接生活的物质生产出发阐述现实的生产过程，把同这种生产方式相联系的、它所产生的交往形式即各个不同阶段上的市民社会理解为整个历史的基础，从市民社会作为国家的活动描述市民社会，同时从市民社会出发阐明意识的所有各种不同理论的产物和形式，如宗教、哲学、道德等等，而且追溯它们产生的过程。"①正是基于这一历史观，在人与环境之间的关系上，马克思、恩格斯指出，"人创造环境，同样，环境也创造人"②。由于正确地理解了人与自然以及人与人的现实的社会关系，马克思主义科学地揭示了自然与社会的双向中介过程中自然与历史在实践、生产过程中的内在辩证统一，从而实现了价值观与生态文明的内在统一与辩证互动。

三、社会对自然的"超拔"与"深入"是人类世界发展的辩证法

在马克思主义的语境中，历史具有特定的含义，它是指人类实践活动的内在的涌动与递进，而非历史学意义上的编年史，这一历史只能是指实践基础上社会与自然的统一，即人类世界的历史。这一历史并不排斥自然自身的历史，强调的是人们在改造自然过程中所实现的人类社会的发展史，这一发展表现为社会对自然的"超拔"与"深入"的双向变化，由此呈现出一个辩证的运动过程。

人类社会的形成源自改造自然的物质生产活动，这是将人类与其他动物区分开来的重要标准之一。马克思主义认为，正是在对自然的改造中，人们不断地发展自身的生产能力，从而不断提高自己的能动性、自觉性和自由度，从而实现社会活动对自然的"超拔"。所谓社会对自然的超拔，是指人类的社会生产和交往越来越小地受到物理时空和自然气候的限制，而表现出越来越自由和自觉的状态。如果说在工业文明之前，这种超拔还表现得不明显，人

---

① ［德］马克思，恩格斯：《德意志意识形态（节选本）》，北京：人民出版社，2018 年，第 37 页。

② ［德］马克思，恩格斯：《德意志意识形态（节选本）》，北京：人民出版社，2018 年，第 38 页。

们还是作为自然的协助者从事物质生产而受到自然环境的高度制约，人们的交往还受到物理时空的严格限制，那么在当今世界，人类社会对自然的超拔正以加速度的方式表现出来。工业文明相较于前工业文明的一个最大的特点就是人类的能动性得到了极大的发挥，人在自然面前表现出越来越大的自由。首先，工业生产活动既摆脱了地域的限制，也摆脱了季节的限制。工业生产再也不受气候的限制而可以在地球的任何一个气候带进行，再也不受水文、土壤环境等的限制而可以在任何一个地方进行。其次，人们之间的交往再也不受物理时空的限制，实现了远距离即时交流。数字技术的发展，使得人们可以通过互联网实现远距即时对话和"会面"，从而可以随时随地和地球上的任何一个地方的人进行即时交流；① 交通技术的发展，尤其是高速交通工具极大地压缩了物理空间对人的交往的限制，从前需要很长时间才能跨越的空间，现在只要很短的时间就能跨越。最后，即使是受自然约束最大的农业生产，也表现出对自然的超拔。随着农业生产技术的发展，一方面农作物的培育越来越小地受到气候的限制而走向全球生产；另一方面越来越小地受到季节的限制而走向了全年化生产。总之，随着人类生产力的发展，人类社会正在不断摆脱自然的限制，表现出越来越大的自由。也正是社会对自然的这一不断"超拔"的过程，使得人类对待自然的态度发生了重大的转变，人类开始从对自然的顺从转变为对自然的统治。自然的神秘性和神圣性在人类不断发展的科学技术面前被消解，人们因而失去了对自然的敬畏之心，"人定胜天"的观念开始成为一种流行，人开始从"自然之子"变成"自然之主"。人类社会对自然的超拔，具有积极的历史意义，它说明人类社会的发展——即历史——是人类从必然王国走向自由王国的过程，是人类对自然的自由，也是人类实现自身自由的必由之路。但人们如果不能正确地认识这一超拔的过程，也会导致人类中心主义的出现，从而导致人与自然关系的异化。这一点，将在后文的论述中展开。

---

① 我夫人由于新冠疫情防控的需要，已经有差不多两年的时间没有回娘家看望她的老母亲了。前几天，在看到"就地过年"的新闻时，我半开玩笑地对她说，"这个年，你要创造条件回家陪老母亲"。谁知我夫人淡定地说："我们每周都见面，为什么一定要回去！"她所指的是她们每周一次的视频通话。很明显这是数字技术条件下人们交往对物理时空的"超越"，从而实现的"超时空""见面"。同时，这个"注"是我在一个线上的会议的"茶歇"时间写下的，这是一次"超时空"的集体交流。

我们应该正确认识社会对自然的超拔，因为这个过程，不是社会与自然的分离与脱离，而是人类在更深程度上对自然的改造。人类对自然改造程度的不断深化的过程，也就是社会对自然的不断"深入"的过程。如果说，社会对自然的超拔是人类社会生活面对自然的自由度的不断提高，那么，社会对自然的深入则是人类社会生活对自然依赖程度的加深。毋庸赘言，人类社会生活物质手段的发展和物质资料的丰富，是建立在对自然的更广范围内和更深程度上的改造的基础之上的。在前工业文明中，人们对自然的改造还停留在较低的水平上，人类还只是在自然直接给予的物质资料的基础上实现对自然的改造，而且这种改造还受到自然环境本身很大的制约，表现出明显的地域性特征。① 因此，很多的自然资源还没有成为人们生产的重要物资。例如，作为当代生产的重要能源和资源的石油，在前工业社会则不在人类改造的范围之内。在当代，人们对自然的改造无论是在范围上，还是在深度上都与前工业社会不可同日而语了。从范围上看，我们对自然物质的改造种类上，已达到了前工业社会不可想象的地步。以能源为例，当代我们不仅广泛开发和利用了化石能源，还在更广的范围内开发利用了包括水力、风力、潮汐和太阳能。太阳能虽然很早就被人类利用在生产过程中，但只有到当代才开始了对太阳能的深度开发和利用，光伏产业的发展很好地说明了这一点。人类对自然改造的范围上的扩大，说明人类社会在更大规模和更广的领域内依赖自然，虽然表现为对自然的超拔。从深度上看，人类对自然物质的改造已经从浅层改造达到了深层改造。这一深度的扩展，主要表现在，原来价值很小的自然物质，随着人们对它改造的不断深入，表现出越来越大的价值。仍然以石油为例，一开始人们只是把石油看成是一种能源，但随着对石油改造深度的拓展，石油已经从单一的能源价值扩展到具有多种价值的资源领域。也就是说，石油不仅可以用来"烧"，而且能够作为原料生产多种化学产品。人类对石油开发利用的历史，很好地说明了人类对自然改造的在程度上的深入。前述对太阳能的开发和利用，同样是如此。由此可见，随着人类社会的发展和人类生产力的提高，人类正在全方位地加深对自然的改造。对自然的这一

---

① 当然，人们之间的交往也因之很大程度上被限制在较小的区域内。

"深入"过程，恰恰说明了人类社会在获得对自然的自由的同时，也在更深程度的依赖自然。概言之，人类社会对自然的超拔与深入的辩证统一，是人类世界发展的辩证法，是社会发展与自然发展内在统一的客观的、历史的过程。

马克思主义本体论揭示了人类世界是人类的"现实的感性世界"，是实践基础上社会与自然的统一、历史与自然的双向中介、社会与自然的共生共荣。因此，人类世界可以说是社会与自然的统一体，也可以说是人—社会—自然的统一体，人类世界的发展是社会与自然的在辩证统一中的发展，同样是人类走向自由和全面发展的进程，是人的价值、社会价值和自然价值在相互作用中的共同实现。因此，马克思主义的本体论内在包含着价值观与生态文明的辩证统一，历史因此也就是人与自然互动中的共生共荣的过程，而非相反。人类价值的实现只有在生态文明的语境中才有可能，也只有在生态文明中，人类才能实现从必然王国到自由王国的飞跃，才能真正实现人的自由和全面发展。

第二节　马克思主义实践观：人的改变与环境改变的一致

实践是马克思主义的核心范畴，科学实践观是马克思主义的首要观点，整个马克思主义的理论都建立在实践科学的基础之上。也正是实践视域的确立，使得马克思主义在理解自然、社会、人及其相互关系上获得了与前人不同的理论视阈和理论高度，从而创立了马克思主义，实现了人类思想发展史上的伟大革命。马克思主义本体论之所以能够揭示人类世界是社会与自然的统一，是因为马克思主义对自然、社会、历史及其关系的理解是建立在科学实践观的基础之上的，即是在社会与自然的物质能量变换过程中来理解人的发展、社会发展与自然发展之间的关系，由此使价值观与生态文明在同一个活动中实现了统一。由此可知，马克思主义实践观中包含着社会发展与自然发展内在统一的内涵，是价值观与生态文明的统一。

一、实践是人类的存在方式

马克思主义认为，劳动实践是人所特有的活动，是人类的存在方式和生命表现形式。人之所以与其他的动物有着本质的区别而成为"有意识的类存在"（费尔巴哈语），恰恰是因为人类有着与其他动物不同的存在方式。这一方式就是实践，其基础性的活动形式是劳动。人和所有的动物一样都是自然中的存在，都是在与环境间的物质能量变换过程中实现自身的生命和存在的，但人的存在方式和生命表现形式却与动物有着本质的区别。动物的存在方式主要表现为被动的适应环境。其一，动物的生存资料是自然直接"赋予"的，动物的生存没有在真正意义上实现对自然的改造；其二，动物不是通过主动地改造环境使环境满足自己的需要，而是通过被动的适应自然，通过改变自己的习性去适应环境的变化。而以实践为基础的人的存在方式则不同，人是通过主动的改造环境来获得自身的生存与存在的。首先，人类的生存资料绝大部分不是直接取自自然，而是对自然改造的结果，即人类的生存资料是通过生产获得的。正如马克思、恩格斯指出的那样，"可以根据意识、宗教或随便别的什么来区别人和动物。一旦人们开始生产自己的生活资料，即迈出是由他们的肉体组织所决定的这一步的时候，人本身就开始把自己和动物区别开来"①。其次，人不是通过改变自己的习性来被动的适应环境，而是通过主动的改造环境使之满足人的需要来实现生存与发展的。列宁曾经指出，"世界不会满足人，人决心以自己的行动来改变世界"②。这是人与环境的关系和其他动物与环境的关系的本质区别，正是这一区别把人从动物界提升出来，成为有意识的、自觉的主体，由此生发出人与环境关系的自觉反思。因此，人的发展与环境的发展之间的关系也就在实践的基础上成为人们必须思考和破解的"谜题"。

实践在把人提升为主体的同时，也把人提升为社会存在，构建起与动物群落完全不同的人群共同体——社会。"生活的生产，无论是通过劳动而生产

---

① 《马克思恩格斯文集》第1卷，北京：人民出版社，2009年，第519页。
② 《列宁全集》第55卷，北京：人民出版社，1990年，第183页。

自己生命，还是通过生育而生产他人的生命，就立即表现为双重关系：一方面是自然关系，另一方面是社会关系；社会关系的含义是指许多个人的合作"。① 动物群落的形成是自发的、源自本能的行为，其规模从未超越种群的血缘界限，其内部结构也没有超越自然本性的需要，受制于其生存的本能。因此，动物群落的运行不是自觉的过程，其发展也缺乏基于自觉意识的自我变革机制。而建立在生产实践基础上的人类社会是一个超越本能的自觉建构的有机体，是人们在改造自然的过程中根据历史性的需要而组成的具有内在结构和自我变革机制的关系系统。也就是说，社会的形成是自觉行为，是在本能之上的行为，这一行为导致社会在规模上超越了血缘纽带而扩展到不同的种群，其内部结构也超越了自然本性而是根据人们的生产和社会需要而结成的，比动物群落的结构要复杂得多。社会具有动物群落所不具有的自我变革机制，呈现出从简单到复杂、从低级到高级的不断丰富化、复杂化和高级化的过程，这个过程就是人类的历史。很明显，正是实践活动导致了异质于动物群落的人类所独有的共同体——社会，从而导致人类的存在方式与发展方式的独特性。以实践为基础，人类在个体的基础上超越了血缘的狭隘界限而形成了共同体意识，使人成为具有"类意识"的存在，或"有意识的类存在"。于是，以实践为基础建构起来的人类社会拥有了与自然发展不同的独特的发展规律。这些规律一方面以人类遵循自然规律改造自然为基础，另一方面有着与自然规律完全不同的机制，这些规律既是人的有意识活动的结果，又是制约人的活动的客观规定性。实践将人提升为社会存在的同时生发出了另一个问题，即社会与自然之间关系的问题，历史与自然关系之"谜"由此产生。

因此，在人类的实践活动中，人们不仅要改造自然，处理人与自然之间的关系。而且要改造社会，处理人与社会之间的关系，而人化自然与社会的统一体就是人类世界，它构成了人类活动于其中的现实的环境。在实践活动中，一方面人通过对环境的改造满足自己的需要，导致了环境的改变；另一方面改变了的环境又会作用于人本身，导致人自身的改变。环境的改变和人

---

① 《马克思恩格斯文集》第 1 卷，北京：人民出版社，2009 年，第 33 页。

的改变相一致的基础只能是改造世界的实践活动，正是在这个意义上，马克思鲜明地提出"环境的改变和人的活动或自我改变的一致，只能被看做是并合理地理解为革命的实践"①。人们正是在改造环境的过程中实现自身的改造的，这就科学地解决了人与环境之间的关系，实现了人与环境之间的辩证统一，从而既反对了唯心主义从人的精神层面片面理解人与环境之间的关系，又反对了旧唯物主义在人与环境关系上的循环论证，最终落入唯心主义的巢窠。正是在实践中，人们实现了对人与环境之谜和历史与自然之谜的深层解蔽，在人的改变与环境的改变的一致中，揭示了人、历史与自然发展的规律，实现了人对动物界的整体超越。这同时也说明了人的发展与环境的发展是内在统一的过程，是在人类实践活动中实现的相互促进的过程，是人类价值实现与生态文明发展的内在统一。

二、实践是人与自然统一的基础

人类的实践活动在改造自然使自然人化的同时，也组成了与自然有着本质区别的社会，从而使得人类世界被区分为（人化）自然与社会两个既相互区别又相互联系的领域。这两个领域统一的基础同样是实践。实践活动实现了社会与自然之间的物质能量变换，从而将二者连为一体，成为一个有机统一体。其原因就在于，劳动"是人以自身的活动来引起、调整和控制人和自然之间的物质变换的过程"②。人们在劳动中并通过劳动从自然界获取自己生存与发展的物质和能量，将社会深深根植于自然环境之中而获得发展；也在劳动中并通过劳动影响和改变着自然物的存在形式和相互关系，实现自然的人化和历史化进程。由此可见，实践不仅是人与自然系统之间以及整个自然系统实现生态平衡和稳定的机制，而且是人类通过与自然之间的物质变换而实现人的自我发展与完善的机制。人类正是在自身实践活动的发展过程中，不断打破人与自然的关系，又在更高的层次上重建人与自然的关系，既肯定自然界自身的价值和对人的价值，又在改造自然的过程中实现人类的自然价值和

---

① 《马克思恩格斯文集》第 1 卷，北京：人民出版社，2009 年，第 500 页。
② 《马克思恩格斯全集》第 5 卷，北京：人民出版社，2009 年，第 207-208 页。

自我价值。正是在这个意义上，马克思主义将劳动实践看作是"人类生活的永恒的自然条件"①和"人类生活得以实现的永恒的自然必然性"②。只有在实践过程中，并通过这一过程，人、社会与自然才实现了相互之间的物质能量变换，并在实现社会发展的过程中实现自然的发展，从而将二者的历史联系在一起，实现其历史的、动态的统一。

　　正是因为社会与自然之间在实践的基础上实现了统一，所以在马克思主义看来，"只要有人存在，自然史和人类史就彼此相互制约"③。作为人的存在方式，实践凸显了人对自然的能动性与主动性，从而成为这个世界的主体性存在；但同时人又是自然界长期发展的产物，始终是在改造自然的过程中获得发展的，因而不可能在自然之外获得发展。因此，实践中的人既具有能动性又具有受动性，是能动性与受动性的统一。作为自然界中唯一能动的存在，人的实践活动成为自然史的重要制约性因素和重塑性力量，使自然成为了"历史的自然"。正是在改造自然的实践中，人类将自己的需要、目的和意志注入到自然存在物之中，使其被人类塑形，其存在因此被打上了人类活动的烙印，成为人化的自然即为人的自然，其历史也因此成为人类史的内在因素，受到人类史的制约。但人类在改造自然时，始终要受到自然系统和自然规律的制约，即必须在认识自然并自觉遵循自然规律的基础上活动，而不能超越自然，这是人的受动性的方面。人的受动性决定了自然史对人类史的制约。人是自然之子，作为自然进化的一个环节，始终是处于自然之中并受到自然及其规律制约的，人类改造自然的前提恰恰是尊重自然和顺从自然。人类自由的实现，在这个意义上讲，就是在科学认识自然规律的基础上对自然的能动改造，即"自由是对必然的认识和改造"。由此可见，作为人的能动性与受动性相统一的实践活动，同时构成了人与自然内在统一的基础，人类的解放同时也是自然的解放，是人与自然的和解与和谐关系的构建。青年马克思曾对此有过浪漫的设想。他指出，共产主义"作为完成了的自然主义，等于人道主义，而作为完成了的人道主义，等于自然主义，它是人和自然界之间、

---

① 《马克思恩格斯文集》第5卷，北京：人民出版社，2009年，第215页
② 《马克思恩格斯文集》第5卷，北京：人民出版社，2009年，第56页
③ 《马克思恩格斯全集》第1卷，北京：人民出版社，2009年，第516页注②。

人和人之间的矛盾的真正解决，是存在和本质、对象化和自我确证、自由和必然、个体和类之间的斗争的真正解决。它是历史之谜的解答，而且知道自己就是这种解答"①。虽然此时的马克思对共产主义的论述还没有达到科学的程度，但其中所蕴含的社会与自然的统一及其相互制约的思想则是难能可贵的。

由此看来，历史与自然从来都是存在着联系的，而且是在实践基础上的统一，凡是将历史与自然相割裂并对立起来的观念，都属于形而上学，都不可能真正理解人的价值的实现与自然价值的实现是相辅相成与共生共荣的关系。随着实践的发展，"人们就越是不仅再次地感觉到，而且也认识到自身和自然界的一体性，那种关于精神和物质、人类和自然、灵魂和肉体之间的对立的荒谬的、反自然的观点，也就越不可能成立了"②。社会与自然在实践基础上的统一告诉我们，人们在改造自然的同时改造社会，在改造客观世界的同时改造主观世界，从而实现了人、社会与自然发展在同一个活动中相互影响、相互促进，最终实现三者之间的统一。这是价值观和生态文明发展相统一的过程。人、社会与自然的对立甚至对抗关系的出现是人类发展中的"异化"状态，是资本主义生产关系基础上的工业文明所导致的一定历史阶段上的现象。

三、实践是人与环境互动互促的基础

马克思主义的本体论是以科学实践观为基础提出的，因此马克思主义本体论与实践观在人与环境、社会与自然的关系上的观点是一致的。二者的区别在于，本体论侧重的是对人与环境、社会与自然的内在统一的事实或状态的揭示，实践观侧重的是对人与环境、社会与自然的内在统一的活动或动态过程的揭示。因此，当马克思主义本体论揭示社会与自然的双向中介时，注重的是二者在实践过程中实现互为条件和互为前提的关系事实。与此相对，实践观注重的是人与环境、社会与自然在实践过程中实现二者交互发展或历

---

① 《马克思恩格斯文集》第 9 卷，北京：人民出版社，2009 年，第 560 页。
② 《马克思恩格斯全集》第 20 卷，北京：人民出版社，2009 年，第 519-520 页。

史的内在的相互影响和相互作用而实现的共生发展的动态过程。由此，当我们从实践观去关照价值观与生态文明之间的关系时，就会发现，实践同时构成了人与环境、社会与自然互动互促的基础。换言之，人与环境、社会与自然之间的相互促进与共同发展是在人类实践活动及其发展中实现的。

在人类出现之前，自然是自在的存在，遵循着自然本身的规律发展，这些规律不存在任何的目的性和自觉性，其在年复一年的自然循环中通过遗传与变异的统一缓慢进化。这种进化或发展的周期往往比较漫长，以至于黑格尔借用《圣经》中"太阳下面没有新事物"的名言来说明自然事物是非历史的。虽然黑格尔作为辩证法大师，将世界理解为一个过程，并将之置于劳动的基础之上，但由于他的唯心主义立场，在理解历史时同样将自然排除在外。萨特的"世界是荒谬的"观点，也是从自然无历史的角度提出的，这里的"荒谬"所指之一就是自然的"非时间性"即无历史性。他们眼中的自然，其实都是离开人的实践而存在的那个自在自然，虽然这个自然也是有"历史"的。正如马克思、恩格斯在《德意志意识形态》中批判费尔巴哈所理解的自然那样，"先于人类历史而存在的那个自然界，不是费尔巴哈在生活于其中的自然界；这是除去在澳洲新出现的一些珊瑚岛以外今天在任何地方都不再存在的、因而对于费尔巴哈说来也是不存在的自然界"①。对自然的这种理解，是没有办法解决人、社会与自然的关系的，因为这种自然是在人类实践活动范围之外的、与人的活动无关的自然，对于人类来说，这种自然就是"无"。

在实践活动中，人类的活动——尤其是改造自然的活动导致自然不断从自在状态向人化状态转变，从而导致自然系统越来越成为为人的存在，并在人类的实践中不断改变其存在的形态和形式，从而具有真正"历史的"意义。换言之，我们周围的自然早已经不是那个离开人而自在存在的自然，早已经是被人们的实践所改造和重新塑形的自然，是千百年来人类实践所改造的结果。费尔巴哈"没有看到，他周围的感性世界决不是某种开天辟地以来就直接存在的、始终如一的东西，而是工业和社会状况的产物，是历史的产物，是世世代代活动的结果……甚至连最简单的'感性确定性'的对象也只是由于社会

---

① 《马克思恩格斯文集》第 1 卷，北京：人民出版社，2009 年，第 530 页。

发展、由于工业和商业往来才提供给他的"。① 在实践活动中，自然随着人类社会的发展而发展，其发展本身已经深刻地受到人类活动的影响和改变，从而使得社会成为自然发展的促进性因素。当然，人类社会对自然发展的促进包括两个方向：一个是促使自然在人化过程中变得更加友好与和谐；另一个是导致自然在人化过程中变得日益退化和混乱。至于自然会在人类活动中朝向哪个方向发展，关键在于我们能不能以马克思主义实践观科学地认识和处理人与自然的关系。如果将人与自然的关系理解为外在的对抗性的关系，就会导致人对自然的"征服"，从而导致自然环境的恶化，导致人与自然关系的紧张；反之，如果将人与自然的关系理解为内在的辩证统一的关系，则会使得人们在改造自然时尊重自然、顺从自然，从而促进人与自然之间的和谐共生，社会发展因而成为自然良性发展的动力。这其中已经包含了价值观与生态文明之间的关系，人们对待自然的态度属于价值观范畴，会直接影响人们处理人与自然关系的方式，从而影响生态文明的发展。

自然随着人类实践活动而被纳入到人类历史之中，其发展受到人类社会发展的影响、制约和作用的同时，改变了自然又成为人类社会发展的内在性的制约和影响因素，成为社会发展的条件。作为促进人类社会发展的自然，其对社会发展的作用主要表现在以下几个方面：第一，随着人类对自然改造水平的提高，自然为人类社会的发展提供了越来越丰富的物质资料。人类生产力的发展，促使人类可以在更广的范围内和更深的层次上改造自然，使得越来越多的自然物成为人类生产和生活的物质资料，极大丰富了社会财富。这种丰富对人类的发展和解放具有重要的历史意义。但在资本主义条件下，物质资料的丰富不但没有给人类发展带来光明的前景，反而导致了人的更深程度的异化。所谓的"消费社会"及其意识形态，就是这一异化的真实写照；第二，随着人类对自然改造能力的提高，人类获得了异常丰富且日益智能化的生产手段和交往手段。这些生产手段和交往手段，使得人们的活动日益摆脱自然条件的限制而变得越来越"自由"。所谓社会对自然的"超拔"，其实是自然对社会发展的促进与推动，这再一次说明了人类世界发展的整体性。同

---

① 《马克思恩格斯文集》第1卷，北京：人民出版社，2009年，第528页。

样值得注意的是，在资本主义条件下，这种"自由"是以牺牲自然为代价的，是人类对自然"征服"的结果；第三，随着改造自然的手段和方式的丰富化，人类社会也呈现出越来越复杂的结构，人类的交往也越来越密切。人类的实践方式和形式的多样化，导致实践的结构日益复杂，生产关系也呈现出复杂的趋势，建立在生产关系基础上的社会关系因此也变得异常复杂，社会整体呈现出复杂化的趋势。同时，实践手段的丰富化和高级化，使得不同民族、地区和国家之间的交往日益密切，越来越呈现出你中有我、我中有你的趋势和格局。正是在这个意义上，马克思主义在十九世纪就提出了"世界历史"概念，指出人类的历史正从民族史向世界史转变。进入二十一世纪，随着经济全球化的深化和全球一体化进程的加快，虽然出现了"逆全球化"的杂音，但世界历史的趋势已经成为不可逆转的历史主流。正是在对这一历史趋势的科学把握和研判的基础上，习近平总书记提出了"人类命运共同体"的理念。由此可以得出结论，人类在改造自然，使得自然不断在人类实践中获得发展的同时，自然的改变也日益成为人类社会发展的内在条件，从而成为人类社会发展不得不考虑和考察的因素。无论自然对人类社会发展起到积极作用，还是消极作用，都只能在人类实践对自然的改造中得到理解和发挥。

人类的实践使得自然分化为自在自然与人化自然，并在改造自然的基础上结成了与自然相区别的社会，又使得社会通过与自然间的物质能量变换实现社会与自然之间的统一和相互促进，从而实现了社会与自然在辩证运动中共生共荣。这就是人类世界发展的内在机制，也说明人、社会的发展与自然发展之间从来都是紧密相关和内在互促的关系。因此人的自由、全面发展这一人类发展的价值观本身就应包含自然发展于自身之内。价值观与生态文明的内在统一，既以实践为基础，又在实践中得以实现。

第三节 唯物辩证法：自然与社会的对立统一

在当今世界，人的发展与自然之间的矛盾日益突出，自然环境的恶化已经成为人类社会可持续发展的瓶颈和最大的制约性因素，人类价值正似乎与自然生态处于不可两立的局面。究其原因，就在于形而上学世界观割裂了人与自然的联系，既把人与自然的关系看成是外在的对立和对抗的关系，也看不到人是能动性与受动性的统一。因此，形而上学世界观割裂了价值观与生态文明之间的联系。在追求人类价值实现的过程中往往以牺牲自然为条件和基础的这种观念，只能引导人们毫无顾忌地戕害自然，破坏生态环境，把人的价值实现建立在对自然掠夺的基础上。与形而上学世界观不同，马克思主义从唯物辩证法出发，以辩证思维把握人与自然的关系，从而科学地揭示了社会与自然的统一性，并在对立统一的过程中实现它们的共同发展。

一、社会与自然是人类世界有机系统的子系统

唯物辩证法既是马克思主义的世界观，也是马克思主义的方法论。从世界观的角度看，唯物辩证法将世界理解为有各种事物相互影响、相互作用和相互制约而形成整体，是一个有机的系统。"当我们通过思维来考察自然界或人类历史或我们自己的精神活动的时候，首先呈现在我们眼前的，是一幅由种种联系和相互作用无穷无尽地交织起来的画面。"①列宁以此为基础，将世界描述成一个联系之网，每一个事物都是这个联系之网的纽节。这种普遍联系的观点，将世界看成是一个由无穷无尽的联系联结而成的具有内在的相互作用机制的自组织系统，每一个事物都是这个系统的组成部分和要素，因此它们之间的关系也只有放到世界系统之中才能得到全面而科学的理解。换言之，"唯物辩证法认为，事物是普遍联系的，事物及事物各要素相互影响、相互制约，这个世界是相互联系的整体，也是相互作用的系统"②。这就为我们考察社会与自然的关系，进而考察人类发展与自然发展之间的关系提供了基本的世界观基础和方法论指引。

自有人类以来，世界从客体的角度上看，被分化为自然与社会两个相互区别而又联系的子系统；从主体的角度上看，被区分为客观世界与主观世界两个相互区别而又联系的子系统。社会与自然作为客观世界的两个子系统，

---

① 《马克思恩格斯文集》第3卷，北京：人民出版社，2009年，第538页
② 习近平：《习近平谈治国理政》第二卷，外文出版社，2017年，第204页。

同样是相互影响、相互作用和相互制约的关系，是普遍联系在社会与自然关系上的表现。自然对社会的制约主要表现为自然作为社会发展的物质前提和永恒的资料库，始终制约着人类社会发展的进程。虽然从局部上看，自然对社会发展的制约性越来越小，但从整体上看，自然又始终是社会发展所必须改造的对象和物质资料获取的基本前提，因而始终是社会发展中的制约性因素。人类社会始终是在自然之中并通过对自然的改造来获得发展的，因此始终不可能超越自然，始终受到自然的制约。在人类活动破坏了自然自组织系统的今天，自然对人类社会发展的制约性作用正在日益凸显。自然对社会发展的促进一方面表现为随着人类对自然改造水平的提高，自然越来越多的为社会发展提供丰富的物质资料，从而为社会发展提供越来越丰富、越来越多样和越来越高级的物质基础和物质手段，进而使社会发展呈现出越来越自由和解放的趋势；另一方面表现为随着人类对自然规律的不断认识，科学技术随之获得了快速发展，从而为人类社会的发展提供了越来越多的结构更复杂、智能水平和效率更高的手段和方法，进而使得社会发展呈现出加速度发展的趋势。由此可见，在社会与自然的关系中，自然不是与社会发展毫不相关或无关紧要的外部因素，而是制约和促进社会发展的内在因素，它们之间的物质能量变换既制约着社会发展又促进了社会发展。

社会在自然中发展，受到自然的制约与促进，同时也构成了自然发展的影响性因素，在历史范围内甚至是决定性因素。社会对自然发展的影响，首先表现在：人们的实践活动改变了自然的原始地貌。人们在生产过程中，改变了自然的山川、河流、湖泊等的原始样貌，使之适应于人的需要，变成人们所希望的样子。人类的活动"唤醒了沉睡的高山，让那河流改变了模样"，人们在山区开垦梯田，使荒滩变成了沃野，使河流改变了流向……这些都充分说明了人类活动对自然存在和发展的影响；其次表现在：人们的实践活动改变了自然的生态系统。人类的交往打破了生物的自然界限，使植物和动物的某些物种"走出"了原来的栖息地，既改变了其源生地的生态系统，更改变了其输入地的生态系统。"大家知道，樱桃树和几乎所有的果树一样，只是在几个世纪以前由于商业才移植到我们这个地区。由此可见，樱桃树只是由于一定的社会在一定时期的这种活动才为费尔巴哈的'感性确定性'所感知"①。人类对自然的大规模开垦利用，既改变了原有的森林、草地、湖泊及以它们为栖息地的动物种群，也改变了整个区域的生态系统；人类生活空间的不断拓展，虽然开拓了人类的生存空间，但同时挤压了其他动物的生存空间，导致地球上生物物种的逐年减少，尤其是人类对动物的过度捕杀，更加剧了这一过程。工业文明以来的人类发展正在导致自然生态的脆弱化，以致全球性的生态危机逐步加剧。最后，人类的实践活动改变了自然的气候系统。人们的行为正在不断改变着地球上的大洋环流、大气环流以及大气的构成成分。随着大洋环流和大气环流的改变，地球的气候系统已经开始出现紊乱，各种极端天气和厄尔尼诺现象正在以日益频繁的节奏发生着；温室气体的排放导致地球的气温正在以每年以 0.2 摄氏度的速度上升，导致了一系列气候问题的出现；人类的活动还导致了大气层中臭氧的减少，出现了臭氧空洞，正使得人类失去抵御太阳紫外线的屏障。不可否认的是，到目前为止，社会发展对自然的影响正逐渐快速增大，且呈现出越来越消极和负面的后果。

自然本身是一个自组织系统，有其自我恢复的机制和变化的边界，一旦人类的活动超越了自然允许的边界，就会导致自然自我恢复机制的紊乱，从而发生严重的自然灾害，威胁人类自身的生存，使得社会本身的发展失去了其可持续性。这种情况的出现，是社会发展影响自然的后果对社会的"反噬"，这再次说明了自然与社会并非是两个绝对独立的系统，其相互作用和影响，是相互联系和相互制约的系统性关系。因此，从自然与社会的联系的观点出发，人类社会的发展必须将自然发展纳入到自身的考虑之中，切实改善社会与自然的关系，站在"人与自然生命共同体"的高度来考察问题，寻求处理社会与自然关系的良方，从而建设环境友好型社会。

二、社会与自然的对立统一推动人类世界发展

联系的核心内容是对立面的统一，即矛盾关系，社会与自然的联系同样如此。对立统一规律不仅揭示了普遍联系的核心内容，而且揭示了事物发展

---

① 《马克思恩格斯文集》第 1 卷，北京：人民出版社，2009 年，第 528 页。

的根本动力，人类世界的发展同样遵循这一规律。所以，作为人类世界的两个子系统，社会与自然的相互影响、相互作用和相互制约的核心内容就是二者的对立统一。因此，人类世界也是在社会与自然的对立统一中获得发展的。在马克思主义看来，作为对立面的社会与自然，既具有对立的属性，也具有同一的属性，二者既对立又同一，从而推动着人类世界从低级到高级、从简单到复杂不断发展。

和所有的对立面一样，社会与自然之间具有统一的性质、属性和关系。首先，社会与自然是相互依存的关系。在人类世界中，自然是社会发展的前提和条件，是历史的内在性因素，社会发展始终以自然发展为前提和条件，离开自然发展的社会发展是不可想象的；社会是自然发展的主体性要素，也是自然合目的性发展的能动性要素，人类世界中的自然始终是在社会发展中得到改变和发展的，离开社会去考察自然是形而上学的。其次，社会与自然是相互贯通的。众所周知，社会是与自然完全不同的物质存在形态，具有不同的基础、机制和运动规律，但二者之间并不存在不可逾越的鸿沟，而是存在着由此达彼的桥梁，从而是相互贯通的。社会与自然之间的相互贯通是通过实践活动基础上的物质能量变换过程来实现的，正是这一过程，使得自然日益成为社会发展的内在要素而成为"历史的自然"，社会日益深刻的建立在对自然改造的基础之上而成为"自然的历史"。从一定意义上讲，马克思主义实践观所揭示的其实是二者的相互贯通的机制。最后，社会与自然之间的关系规定了人类世界发展的基本走向。人类世界的良性发展是建立在社会与自然的良性互动的基础之上的，我们考察人类世界的发展既不能只关注社会本身而忽视自然，也不能只关注自然而忽视人的能动性。很明显，当社会与自然达成和谐时，人类世界就会顺畅而可持续地发展；反之，人类世界就会出现各种各样的危机。在自然发展与社会发展失衡的今天，是时候从唯物辩证法的高度来考察二者之间的关系，在新的实践基础上重建二者的关系，保证人类世界的可持续发展了。

与所有的对立面一样，社会与自然之间具有相互否定、相互排斥和相互分离的性质和趋势。首先，社会与自然是相互否定和相互排斥的关系。自然与社会具有不同的存在基础。虽然人化自然是人类实践活动的结果，但其存在的基础仍然是自然界本身。在这个意义上，人类从来不是在创造，而只是在改造。社会与自然不同，其产生和存在的基础始终是人类的实践，是人类实践的结果。如果说人类有所创造的话，社会才是人类的创造物。自然与社会拥有不同的运行机制和发展规律。自然的运行，尤其是自在自然的运行是无目的的，是在自然存在物自发的相互作用中展开的，因此自然规律表现为纯粹的自在性和盲目性。社会则不同，社会是在人的有目的的活动中存在和运行的，社会发展始终渗透着人类的需要、意识和意志，是自觉意识基础上的存在，其规律因此也是人们的活动规律，是在人的目的性活动中发挥作用的。① 由此可见，社会与自然是具有本质区别的人类世界的两个子系统，自然不是社会，社会也不可能是自然，二者之间的界限是确定的。其次，社会与自然之间也具有相互分离和相互克服的性质和趋势。社会与自然存在的基础和发展规律的差异，导致社会与自然的相互分离和相互克服关系的出现。很明显，随着人类社会文明程度的提高，随着人的活动不断超越动物的本能而受到社会关系的制约，社会与自然之间的差异也必然会变得越来越大。社会越发展，人的活动越是远离自然，越是在本能之上来从事社会活动和社会交往，自然对人的活动和社会发展的制约也就变得越来越小。可以说，人类社会的发展，即历史，是一部人类不断摆脱自然"统治"，追求人类对自然的活动自由的过程。同时，社会越是发展，人类改造自然的能力也就越大，其对自然的影响也就越来越扩大，甚至在一定程度上超越了自然自身的界限而导致自然系统的紊乱；而自然同时也开始对人类行为的报复，越来越变得不友好。因此，社会与自然之间的"战争"就开始了，二者之间似乎已经出现了不是你征服我，就是我毁灭你的局面，这就是我们正在面临的发展困局——环境危机。应该说，社会与自然之间关系的恶化，是社会与自然相互对立的结

---

① 在这里，需要指出的是，社会发展的自觉性和目的性与目的论历史观是有本质区别的。这里的目的性不是指历史发展是某个神秘力量目的的实现，也不是绝对观念的自我实现，而是指社会发展是以有目的的人的活动为基础的。"历史什么事情也没有做，它'并不拥有任何惊人的丰富性'，它也'没有进行任何战斗'！其实，正是人，现实的、活生生的人在创造这一切，拥有这一切并且进行战斗。并不是'历史'把人当做手段来达到自己——仿佛历史是一个独具魅力的人——的目的。历史不过是追求着自己目的的人的活动而已"。（《马克思恩格斯文集》第1卷，北京：人民出版社，2009年，第295页。）

果，更是近代以来人类片面追求自身利益实现的结果。从人与自然关系的大尺度和人类世界发展的总过程来看，自然与社会之间的"斗争"不是要导致社会与自然的"决裂"，而是要在新的实践基础上重建社会与自然的关系，求得社会与自然的和解，最终促进人类世界统一体的良性的、可持续的发展。这应该是人与环境、社会与自然矛盾解决的基本途径和方式，即矛盾双方在对立统一中实现从"分离"走向"融合"。

人类世界就是在社会与自然的这种对立统一中存在和发展的，这一发展一方面表现为社会文明程度的不断提高；另一方面又表现为自然环境的恶化。这表面上看是历史发展的悖论，但根本的原因是人类在考察和理解社会与自然的关系时，既没有从人类世界的整体发展去进行，又没有从二者的对立统一关系中去展开。因此，只有从对立统一规律的高度去理解和把握社会与自然的关系，才能认识到社会发展与自然发展之间的内在辩证关系，从而追求价值观与生态文明的协同发展，构建"人与自然生命共同体"。

三、社会与自然的和谐是人类世界发展的价值追求

人类源于自然，是自然进化到一定阶段上的产物，人类社会无论如何发展，都只能是在自然之中的发展；人类又超越自然，以实践方式自觉改造自然，从而创造了一个与自然本身全然不同的存在——社会。于是，人类世界就在社会与自然的相互联系和相互对立统一的进程中不断获得其发展。从人类世界发展的全过程来考察人类世界的发展历史，我们会发现，作为其子系统的社会和自然的关系，经历了一个从和谐到对抗的过程。而随着对抗程度达到极端化的阶段，扬弃这一对抗并在新的基础上重建二者的和谐关系也就成为了人类世界发展的价值追求。这既是人类世界发展的客观事实和内在要求，也是唯物辩证法的否定之否定规律在人类世界发展过程中的体现。

人类自产生以来就必须面对自然，必须处理人与自然的关系。在生产力低下的原始社会，人的活动在很大程度上受到自然规律的制约，这时的自然对人类而言构成了人类活动的绝对必然性。之所以如此，一方面是因为人类对自然规律还没有获得自觉的认识，认为自然表现为一种必然的外部强制力制约人类的活动；另一方面人类的生产工具极端落后，改造自然的能力非常

弱小，人类的能动性还没有得到发展，还主要表现为受动的存在。虽然在进入农业文明时代之后，人类对自然的认识和对自然的改造手段都得到了发展，但总体上仍然是作为自然生产的协助者来进行改造自然的活动，因此还没有实现对自然的主动性。在这种情况下，人们在处理人与自然的关系时，主要采取的是顺从自然的态度，追求的是人与自然之间的和谐相处。这种和谐相处，对于人类来说并非是主动和自觉的追求，而是在受制于自然的前提下的被动选择。在这一历史语境中，一方面是人类主体性和能动性的觉醒，另一方面这种主体性与能动性的程度较低，这必然导致人们将自己的命运交付给了自然，自然因此也就具有某种神秘性。人们将自然理解为一种具有神秘力量的存在，并在此基础上形成各种"神"的观念，从而产生了各种各样的宗教。正如马克思所言的那样，"凡是把理论引向神秘主义的神秘东西，都能在人的实践中以及对这个实践的理解中得到合理的解决"①。中国古代哲学追求天人合一的境界，西方古代哲学在一定程度上将德性的最高境界同样理解为人与自然的和谐，虽然由于不同的文化传统，西方哲学相较于中国哲学而言更追求人类的能动性。在西方，后来的人本主义所尊崇的自然主义，就是这一哲学理念在近代哲学发展中的回响。

工业文明的产生，在人与自然的关系上是一次重要的飞跃。工业生产，除了原材料必须取自自然外，人类的生产活动本身已经在越来越大的程度上减少了对自然的依赖和受自然在制约。工业生产，既不会受到自然节气和季节轮换的制约，也不会受到地理气候的影响和制约。换言之，工业生产既可以随时进行，也可以在任何气候带进行，既不受季节的影响，也不受区域的影响。其结果是，人类的生产活动，乃至生活活动，都获得了前工业文明中所不能获得的自由度。同时，在工业生产中，人们还"创造"出自然所不能直接"赐予"的物品。工业产品，不是人们在土地中培育出来的产品，而是通过人类的设计并通过自己的劳动生产出来的自然无法直接"生长"出来的"人造物"。这些物品既具有自然的物理属性，又具有自然物所不具有的人类的目的性，因此，西方哲学认为在工业文明中人类"创造"出了"第二自然"。这是人

---

① 《马克思恩格斯文集》第1卷，北京：人民出版社，2009年，第501页。

类对自然的主动性与能动性得到极大发展和张扬的时期，是人类开始意识到人可以在自然面前"自由"活动的时期。因此，人们开始重新构建人与自然的关系，从前工业文明的顺从自然转变为征服自然。① 人与自然之间的这一"主—奴"关系构架，一方面成为人面对自然的基本活动模式，另一方面成为人对待自然的基本态度和观念。工业文明打破了人与自然的和谐，构建起了人与自然的外在对抗的关系，即征服与被征服的关系。这种关系以及建立于其上的人类中心主义文化，构成了整个近代以来人与自然关系的主基调，并随着工业文明的发展而愈演愈烈。在这一基本构架中，人类也从"神"的统治下"解放"出来，成为历史的"主体"，并在一定程度上取而代之。正是在这个意义上，福柯将人类看成是近代文化的产物，并认为其会伴随近代文化的式微而再次消失。"上帝死了"（尼采语）之后，接下来就是"人死了"（福柯语）的历史时期。② "福柯"们的预言之所以具有意义，就在于人对自然的无度索取和征服，最终也会反噬人类自身，造成威胁人类生存本身的力量。

对工业文明的扬弃，在人与自然关系的角度看，就是重建人与自然的和谐关系。人与自然之间的对抗愈演愈烈所导致的后果是环境危机的频发，最终威胁到人类自身的生存与发展。20世纪末，"千禧年"的讨论所折射出来的就是面对自然的报复，人类所产生的种种焦虑。可以说，人类是带着对未来的绝望进入21世纪的，致使2012年12月21日这个普通得不能再普通的日子成为一种全球性的文化现象。这种"末日情结"以及包括气候危机在内的各种自然灾难的频繁发生，构成了21世纪头20年人类的现实境遇。人类征服自然的凯歌高奏到20世纪末和21世纪初竟成为了人类是否会自掘坟墓的绝望悲歌，足以说明人与自然之间的对抗已经到了极端尖锐化的程度，人的解放

---

① 这一转变有着非常复杂的历史现实和文化原因。工业文明张扬了人类能动性，为这一转变提供了现实的物质基础，但导致这一转变的原因则主要包括如下方面：一是西方思想传统中的主客体二元论在工业文明中的发扬；二是反基督教会和神学中人类取上帝而代之的"造物主"幻像；三是资本逻辑驱使下的对自然的最大限度的开发利用和占有所建构的人征服自然的工具理性。

② 当然，福柯等人的理论并非是在人与自然关系的维度上展开的，其观点也不在于揭示人与自然的辩证统一。但他们在文化和语言学语境中展开的对人的主体性消解和人类的受控程度加深的批判性思考，在人与自然关系上同样具有现实的意义。在环境危机日益加深的条件下，人类何尝不是在更深程度上受到自然的制约而愈来愈不自由呢？人作为"造物"主体的幻像，在当今时代也确实经历了一个"破碎"的过程。

随着自然环境的极度恶化而变得"渺茫"起来。这种境遇迫使人们开始重新审视和极度重视人与自然的关系，从而开始探索人类与自然和解的可能性和重建人与自然和谐的可能性，由此开启了生态文明建设的进程。[①] 在新的历史时期，人与自然之间和谐关系的建构是对人与自然对抗关系的扬弃，是在人类对自然的更为深刻和全面的认识的基础上，借助更为先进的技术手段重建人与自然的关系。由此，人与自然的和谐共处和共生共荣成为全人类的共同的价值追求，只不过这种新的追求不再是人被动受制于自然的消极应对，而是在更加自觉和理性的基础上的积极作为。当今时代，人与自然的和谐是人类解放和自由全面发展的基本条件和前提，已经内在地成为人类的共同愿景和价值观。

人与自然关系从和谐到对抗再到和谐的历史进程，说明人类解放的价值观与生态文明的建设之间具有内在的相互关联的互动互促的关系。人类的解放离不开对自然的合理改造，但这一改造不再是一味地开发和利用自然，不再是人类对自然的征服，而是在尊重自然、顺从自然的基础上达到新的基础上的"天人合一"。马克思主义的唯物辩证法包含着丰富的价值观与生态文明之间的内在统一的思想，这一思想在当代语境中显得尤为重要。

第四节　历史辩证法：构建人与自然生命共同体

马克思主义的世界观、实践观和唯物辩证法已经揭示出人的发展与自然发展之间的内在统一，从而内含着价值观与生态文明的辩证统一。马克思主义的历史观——唯物史观，更是从人与历史的辩证统一与矛盾运动中揭示了人的解放与自由全面发展是以人与自然的和谐共生为基础的历史进程，从而在历史观上揭示了价值观与生态文明的内在统一与辩证发展。唯物史观认为，

---

① 环境危机、生态危机等是在20世纪五六十年代就得到重视和讨论的，这主要表现为西方的生态主义运动和思潮。但由于一方面危机本身还没有发展到危急的程度，另一方面资本主义生产方式对利润最大化的追求在一定程度上回避甚至掩盖了危机的严重程度，因此才发生了世纪之交的"末日情结"和21世纪生态文明建设的迫切性。美国前总统特朗普应该是表现资本眼界的狭隘性最为典型的代表，他为了追求所谓的"美国第一"，悍然退出了《巴黎协定》，足以说明问题。

历史是在主体向度与客体向度的辩证统一中获得发展的，而历史辩证法的展开又始终是以人类改造自然的能力——生产力的发展为基础的。历史辩证法展开的基本趋势就是人的自由全面发展，而人要实现自由全面发展则必须以人与自然关系的和谐为基础和前提，即构建人与自然生命共同体。

一、历史辩证法的主体向度与客体向度

历史表现为人自身的发展和人类所构建的社会发展的统一。人们在改造自然的过程中，建构起以生产关系为基础的人类关系网络或系统，又在这个系统中并通过对这个系统的改造而获得自身的发展。这就构成了历史辩证法的两个基本向度：主体向度和客体向度。

"人们自己创造自己的历史"①，人是历史的主体。历史始终是人的历史，是在人类实践过程中所展开的有规律的客观进程。因此，对历史的理解必须以人的活动为基础，历史本质上是人的发展轨迹，是人类实践在时间和空间中的展开过程，是人的活动能力的提升过程和人类活动系统的高级化、复杂化的过程。在推动历史发展的基本动力——生产力与生产关系的矛盾中，生产力是人们改造自然获取物质资料的能力，其本质上是人们的主体性力量，或者说是人的内在的本质力量；生产关系是人们在生产过程中结成的物质利益关系，其本质上是为人的生产力发挥提供条件的，或者说是人们发挥其本质力量的社会形式。生产力与生产关系的矛盾运动过程，实质上是人们的生产能力的发挥与其社会形式之间的矛盾运动过程；生产力突破生产关系的桎梏而构建与自身状况相适应的新生产关系的过程，其实就是人们为了更好地生产而对自己组建起来的旧生产关系的变革过程。也就是说，社会革命和社会形态的更替过程源自生产力与生产关系的矛盾运动，其实质是人们的生产能力与他们的关系之间的矛盾运动。同样，经济基础与上层建筑之间的矛盾归根结底也是人们不同生活领域之间的矛盾，经济基础与上层建筑矛盾的解决同样是人们通过自己的社会实践活动而实现的。因此，人是历史的主体，是不可否认和无可辩驳的事实，在人之外从未有所谓的超自然的神秘力量，

---

① 《马克思恩格斯文集》第 2 卷，北京：人民出版社，2009 年，第 470 页。

也没有超历史的决定历史走向的最终目的。① 从这个意义上讲，"共产主义对我们说来不是应当确立的状况，不是现实应当与之相适应的理想。我们所称为共产主义的是那种消灭现存状况的现实的运动。这个运动的条件是由现有的前提产生的"②。历史从其主体向度去理解，其实就是人们通过自己的实践，一方面获得对自然活动的自由，另一方面获得自身的社会活动的自由。这一历史进程，也就是所谓的人们从必然王国向自由王国的飞跃过程，构建"自由人的联合体"因此也就是人类追求的最高价值。

"人是历史的剧作者，又是历史的剧中人"。因此，历史从主体向度来看，是人的自我发展的过程；从客体向度来看，则表现为一个客观的有规律的进程。这一进程对于人来说就成为人们于其中活动的现实的客观的环境，成为人们活动的客观制约性因素，无论称之为"语境"，还是"境遇"、"处境"，都说明了这一点，当然也可以由此认为人是"在世之中"的。就像要遵守自然规律一样，人们的活动也必然要遵守历史规律。因此，"人们自己创造自己的历史，但是他们并不是随心所欲地创造，并不是在他们自己选定的条件下创造，而是在直接碰到的、既定的、从过去承继下来的条件下创造"③。人们的生产实践构建起了人与自然的关系，也形成了人们改造自然的基本规律，这些规律在人类的发展过程中，成为人们活动的客观力量；人们在生产过程中结成了人与人之间的关系，这些关系拥有了自身的结构和运行的规律，构成了人类社会生活的基础，从而成为人类发展的社会制约性因素；最后，竖立于经济基础之上的庞大的上层建筑，成为制约人们活动伦理的、道德的、法律的、艺术的、宗教的和哲学的等客观与主观因素。由于人们始终是在自然和社会所给予的既定的环境中从事"创造历史"的活动的，因此作为历史的"剧中人"，人不仅具有自然受动性，而且具有社会受动性。这两个受动性在人类的

① 阿尔都塞等结构主义者在文化意义上消解了人的历史主体性，认为历史是一个由结构自身的自我回旋而展开的过程，从而以"历史无主体"的名义从历史中删除了人的作用，就把历史理解为一个脱离人的神秘的自我发展的力量。在这一点上，结构主义与马克思、恩格斯在 1844 年批判的鲍威尔兄弟之流的"神圣家族"在理解历史时是处于同一水平或层次上的。离开人类的实践去理解历史，历史也就成为一种神秘的存在，其发展的规律似乎就永远只能靠天才的"觉悟"才能发现。

② 《马克思恩格斯文集》第 1 卷，北京：人民出版社，2009 年，第 608 页。

③ 《马克思恩格斯文集》第 2 卷，北京：人民出版社，2009 年，第 470–471 页。

实践活动中相互作用和相互联结，构成了人类发展的整体的客观制约性，规定着人类的活动，成为人类实践的必然性因素。因此，从客体向度上看，历史是(人化)自然与社会共同构成的、以社会发展为主要领域的客观的有规律的进程。在以私有制为基础的历史阶段，由于人们之间的利益对立而导致的人们意志之间的相互扰动而导致历史成为一个"自然的"过程，换言之，迄今为止的历史具有与自然相似的特征，即历史的"似自然性"①。同时，又由于历史规律是人类发展过程中的客观性因素，因而并非是在人类实践之外的某种与人类的目的无关的客观力量，因此历史规律的产生、发展及其作用的发挥又都是在人类实践中并通过实践而实现的。历史规律的客观性并不否定人类作为历史的"剧作者"的主体性。

历史是人类实践在时间和空间维度上的展开，是人的活动及其活动的结果。因此，一方面历史始终是人类意志"合力"的结果，始终与人类的需要、目的、意志之间存在着"斩不断理还乱"的关系，另一方面又构成了制约人类实践的客观性因素和条件，在私有制条件下作为外在的强制性制约着人类的活动，这就构成了历史的辩证法。历史辩证法揭示了作为历史主体的人和作为历史客体的社会之间的对立统一关系，由此展开了历史发展的丰富内容和基本走向。在这一基本走向中，人的解放和自由全面发展既是历史发展的基本趋势又是历史发展的价值追求，是事实与价值相统一的过程。由于这一过程又始终是在人与自然的关系中展开的，因此，又是价值观与生态文明相统一的过程。

二、历史辩证法的生产力基础，决定了价值观与生态文明的内在统一

历史辩证法是在人们的实践活动及其客观条件的辩证统一中展开的，是历史的主体向度和客体向度的交互作用。要理解历史，就要从人类改造世界的实践出发来进行，而由于人类改造世界的活动是从改造自然获得物质资料开始的，因此历史辩证法从本质上说是以生产力的发展为基础的。这里的生

---

① 参见张一兵：《马克思历史辩证法的主体向度》，北京：北京师范大学出版社，2017年。

产力应该理解为处于一定的生产关系或者拥有一定社会形式的人类生产能力，虽然我们在这里的讨论集中于在生产力中展现出来的人与自然的辩证统一和发展过程。

"一切人类生存的第一个前提也就是一切历史的第一个前提，这个前提是：人们为了能够'创造历史'，必须能够生活。但是为了生活，首先就需要吃喝住穿以及其他一些东西。因此第一个历史活动就是生产满足这些需要的资料，即生产物质生活本身"①。人类物质生活的生产与再生产的首要的生产活动是物质资料的生产与再生产，这一生产过程就表现为劳动。而劳动，从其本来意义上，"首先是人和自然之间的过程，是人以自身的活动来中介、调整和控制人和自然之间的物质变换的过程。人自身作为一种自然力与自然物质相对立。为了在对自身生活有用的形式上占有自然物质，人就使他身上的自然力——臂和腿、头和手运动起来。当他通过这种运动作用于他身外的自然并改变自然时，也就同时改变他自身的自然"②。生产劳动首先处理的是人与自然的关系，是在人的目的指引下调整和控制人与自然之间物质变换的过程。由此可见，人类历史的发展，历史辩证法的展开始终是以物质资料的生产和再生产为其现实的物质基础的，这就决定了历史辩证法的基础是人类生产力的发挥和生产力水平的提高。

生产力是历史存在与发展中最活跃和最革命的因素，整个人类社会的发展或历史的最终动力源自生产力的发展。这就说明，历史辩证法的展开离不开解决人与自然的关系这一问题，甚至可以说是以解决这一关系为基本前提的。由此，历史辩证法无论从主体向度还是客体向度去理解，都离不开对人与自然关系的理解，都要以对这一关系的正确、科学理解为基础。正是随着生产力的发展，人类获得了越来越丰富和先进的改造自然的手段，也获得了越来越全面和深刻的对自然的了解。正是在这个意义上，青年马克思敏锐地发现"工业的历史和工业的已经生成的对象性的存在，是一本打开了的关于人的本质力量的书，是感性地摆在我们面前的人的心理学"③。这一方面推动人

---

① 《马克思恩格斯文集》第 1 卷，北京：人民出版社，2009 年，第 531 页。
② 《马克思恩格斯文集》第 5 卷，北京：人民出版社，2009 年，第 201–202 页。
③ 《马克思恩格斯文集》第 1 卷，北京：人民出版社，2009 年，第 192 页。

类在更广的范围内和更深的层次上改造自然，将自然日益深刻地纳入到历史的进程之中，从而使得自然越来越成为"历史的自然"；另一方面促进人类在面对自然时获得了越来越多的手段和意识上的自觉，从而获得越来越高的自觉和越来越大的自由。所以说，"工业是自然界对人，因而也是自然科学对人的现实的历史关系"①。正是在这种自然的"历史化"和人对自然的自由化的历史进程中，人们不仅获得了对自然的更为深刻、全面和正确的认识，也在生产关系及其之上的社会关系的变革中获得了对社会规律的更为全面和自觉的认识，从而使人类活动在社会生活层面上也获得自由。因为生产关系及整个社会关系的变革都是以生产力的革命化为最终动力和基础的。"历史本身是自然史的即自然史的一个现实部分。即自然界生成为人这一过程的现实部分。自然科学往后将包括关于人的科学，正像关于人的科学包括自然科学一样：这将是一门科学"②。这足以说明，历史辩证法的生产力基础本身决定了人类解放价值观与生态文明之间存在着内在的不可分割的联系，离开人与自然关系去理解历史辩证法从而理解人类的解放和自由全面发展，将会失去其现实的基础而成为空中楼阁。这也是马克思强调共产主义的实现要以生产力的极大发展为前提的原因所在。把生产力的极大发展理解为人对自然征服能力的提高，是一种(极端)人类中心主义的观点，它没有看到，虽然生产力从主体的角度被理解是人的能力，但从人与自然关系的角度理解则体现为人与自然关系的构建、展开和调整，是人与自然互动过程中的人的能力的提升和发展。很明显，如果片面追求人对自然的征服能力的提高从而导致自然对人类的报复，那就会像恩格斯在一百多年前所警告的那样，最终的结果必然是人类所取得的所有成果被一笔勾销。③

因此，我们必须将人类的发展价值，人的解放和自由全面发展的价值追求与自然的发展联系起来，从人与自然的共生共荣的高度和过程中理解发展

---

① 《马克思恩格斯文集》第 1 卷，北京：人民出版社，2009 年，第 193 页。

② 《马克思恩格斯文集》第 1 卷，北京：人民出版社，2009 年，第 194 页

③ "我们不要过分陶醉于我们人类对自然界的胜利。对于每一次这样的胜利，自然界都对我们进行报复。每一次胜利，起初确实取得了我们预期的结果，但是往后再往后却发生完全不同的、出乎预料的影响，常常把最初的结果又取消了"。《马克思恩格斯文集》第 9 卷，北京：人民出版社，2009 年，第 559-560 页。

的生产力基础，以及生产力基础对整个人类发展和历史的全部意义。历史辩证法因此也就是人们在改造自然、重塑自然和调整人与自然关系的过程中展开的主观与客观、主体与客体、人与自然的复杂的多层次、多方面、系统性的辩证过程，这一过程既是人类价值的实现过程，也是自然价值的实现过程，更是人与自然关系的曲折调整过程，是人、社会、自然三者关系在历史中经过否定之否定而在新的基础上达成新的和谐的过程。

三、人的自由全面发展以人与自然生命共同体的构建为前提

历史辩证法既是历史发展本身所具有的主体与客体、社会与自然、主观与客观的对立统一关系，也是我们理解历史所要遵循的基本方法论，即要从历史发展中的社会与自然、人与社会、人与自然之间的矛盾运动中理解历史。在这些矛盾运动中，由于人类及其社会始终是以人们改造自然为基础而存在的，而人类本身又始终是自然存在的一部分，历史辩证法也就不可能以社会与自然或人与自然的决裂和一方克服另一方、一方战胜另一方为解决矛盾的途径，而只能是以人与自然的和解与和谐——即构建人与自然生命共同体——为前提。

人类是自然界发展到一定阶段的产物，人与其他自然存在物一样都是自然界的组成部分，但人类与其他自然存在物之间又有着质的区别，与其他的自然存在不同，人是自然界中唯一具有能动性的存在。众所周知，"劳动创造了人本身"①。是实践把人从自然存在中提升出来成为主体性和社会性的存在，从而使得人类展开了与自在自然不同的历史，也使得人类具有了自觉的主体意识，从而开始自觉处理其与自然之间的关系。正是在这个意义上讲，"我对我的环境的关系是我的意识"②。在劳动、实践把人从自然中提升出来成为社会性的有意识的主体存在的起点上，人类就在两个方向上"斗争"：从自然"统治"中"解放"出来，即超越自然必然性，获得对自然活动的自由；从社会"统治"中"解放"出来，即超越社会必然性，获得社会活动的自由。这一对自由的

---

① 《马克思恩格斯文集》第9卷，北京：人民出版社，2009年，第550页。
② 《马克思恩格斯文集》第1卷，北京：人民出版社，2009年，第533页。

"追求"于是构成了人类历史活动的内在的精神动力和价值指引。换言之，人类历史发展如果说有什么目的的话，那就是人类的自由全面发展，即人从自然和社会两个维度上获得解放。人们对自由和解放的追求因此构成了人类的社会理想，这一理想从古代就开始了，柏拉图的"理想国"和儒家的"大同社会"都是这一理想的集中体现。

自由是在对必然性认识的基础上对世界的改造，人类的每一次向自由的飞跃都根植于对必然的认识（当然是正确的认识）。正如恩格斯指出的那样，"自由就在于根据对自然界的必然性的认识来支配我们自己和外部自然界；因此它必然是历史发展的产物。最初的、从动物界分离出来的人，在一切本质方面是和动物本身一样不自由的；但是文化上的每一个进步，都是迈向自由的一步"①。因此，人类的自由全面发展在两个维度上展开，一个是人在自然中的自由全面发展，另一个是人在社会中的自由全面发展。这两个维度上的自由全面发展构成了人的整体解放，人类的解放是人类从必然向自由的飞跃。就人类与自然的关系而言，人类的自由全面发展既包括人对自然规律的正确认识，并以此为基础不断摆脱人们改造自然时的盲目性而走向自觉；还包括人对自己与自然关系规律性的认识，并以此从处理人与自然关系的盲目性中解放出来，自觉、自由地处理二者之间的关系。在本书的语境中，我们讨论的自由其实不是人对自然规律的认识和对自然的改造，而是对人与自然关系的规律性认识和对这一关系的自觉和改造。人与自然关系的实质就是人作为自然存在物，无论其发展到什么样的程度，也无论其对自然的活动达到何种的自由程度，人类始终是在自然中获得发展的，并始终受到自然力量的制约。一旦获得了对人与自然关系的这一认识，人类就能够从根本上认识到人与自然始终是同一个系统中的两种力量，人作为其中一方，自然界作为另一方而发生物质能量变换，最终推动人与自然的共同改变和发展，形成人与自然的共生共荣的关系。从存在的规模上看，人类是存在于自然之中的，这也决定了在人与自然的关系中，人首先要尊重自然。同时，由于人是社会性存在，

---

① 《马克思恩格斯文集》第 9 卷，北京：人民出版社，2009 年，第 120 页。

人与自然的关系又表现为社会与自然的关系，人与自然的共生共荣，也在一定程度上表现为社会与自然的和谐共生。人类一度错误地认识了人与自然的关系，认为在人与自然的关系中，人是自然的主人，自然是人类的奴隶，从而构建起人与自然之间的征服与被征服的关系，导致了人与自然和谐关系的破裂而造成众多危及人类生存本身的自然环境上的危机，最终导致了人类自身的不自由。

人与自然的共生共荣的关系，决定了人类必须与自然达成和解，在尊重自然和顺从自然的基础上实现对自然的改造。改造自然是人类区别于其他自然物的生存方式和生命表现形式，无论在何种历史情境和处境中，人类都不可能放弃对自然的改造。这是我们在理解人与自然关系时应该明确的基本立场。那种认为要顺从自然就是要放弃人对自然的改造的观点是形而上学的臆想。在人与自然关系的层面上理解人的自由全面发展，在共生共荣的语境中就是要认识到人与其他自然存在作为自然大系统中的存在，是一个相互影响、相互作用和相互制约而又相互促进的共同体，即我们的世界或曰人类世界本身是人与自然的生命共同体。只有站在这种世界观、自然观以及历史观的高度，人类在处理其与自然的关系，并在这一关系中获得人的自由全面发展时，才能真正以整体的视域、系统的观念和长远的眼光来谋划、追求人与自然和谐中的人的自由。迄今为止的整个人与自然的关系史都证明了这一点，而生态文明建设的实践还将继续证明这一点。由此可见，人类的自由价值，不是某种脱离自然或在自然之外实现的价值，更不是凌驾于自然之上以伤害自然为基础实现的价值，反而恰恰是在自然之中且在人与自然生命共同体中才能实现的价值。

马克思主义的本体论、实践观、唯物辩证法和历史辩证法从不同的角度和方面揭示了人类发展与自然发展之间的内在统一与相辅相成，也从不同方面和角度证明了人类的价值观内在地包含着人与自然的内在统一与和谐共生，即包含生态文明于自身之内。虽然马克思主义经典作家们没有对价值观与生态文明之间的关系进行专门和系统的论述，但其世界观、实践观、方法论和历史观都包含着丰富的、在今天看来也具有极大价值的价值观与生态文明内在统一的思想。这是我们在今天实现社会主义核心价值观和生态文明协同推进与统筹发展的最为宝贵的思想资源和方法论基础。社会主义核心价值观是马克思主义价值观在当代中国的具体化，而生态文明是马克思主义关于人与自然关系的基本观点(世界观、自然观等)在当今世界的具体化，二者之间存在着必然的联系，也存在着相互影响、相互促进的内在机理。

第二章 天人合一：人与自然和谐的中国智慧

　　中国文化在延绵五千年的漫长历史时空中形成了博大精深的内容，成为中华民族面对世界、社会和人生的独特的思维方式和精神底蕴。在博大而悠久的中华文明中，人与自然的关系，始终是古哲先贤们反思和考究的重要内容之一。

　　从中华文化的主体上看，中国人讨论的主题始终是人之为人的要义，即如何在社会生活中获得德行圆满的人格，因此中国哲学的重点和中心是道德问题，中国哲学从本质上讲是道德哲学。这也是中国哲学和中华文化区别于西方哲学和西方文化的重要标志和指标之一。也正因此，在讨论中国哲学与西方哲学的关系时，有学者认为正是由于这个原因，中国哲学缺少了穷究自然之理的动力而导致对自然科学的发展滞后，而西方哲学由于自古就有对自然之理的探究兴趣而致使现代科学产生于西方而不是中国。也是在这个意义上，有学者认为中国哲学中没有关于人与自然关系或对自然的探究的内容或部分，是对中国哲学的误解或误读。具体到"天人合一"理念，有学者认为其中包含着如何处理人与自然的关系并对当代的生态文明有启示或借鉴作用是一种误读。①

　　这些学者的观点，从总体上看是有道理的，在一定程度上也是事实，但如果说中国哲学的重点不在于对人与自然或自然的探究，就说中国哲学中没

---

　　① 蒲创国：《"天人合一"与环境保护关系的误读》，《兰州学刊》2011 年第 09，第 42-44 页。

有对人与自然关系的反思和探讨，这未免有些武断，也不符合中国哲学和中华文化发展的事实。说到"天人合一"，无论其最终的追求是不是人生道德圆满或人性高尚化，其最初的基础都是建立在对天人关系的独特理解的基础之上的，而这里的"天"无论如何都包括"自然"的含义于自身之内。如果说，将"天人合一"只理解为生态的含义，是一种误读的话，我们认为这一误读之处在于没有揭示出这一理念中价值观与生态文明统一的思想，存在片面性理解之嫌。

第一节 先秦哲学与"天人合一"理念的萌发

"天人合一"理念是中华文化和中国哲学的精华之一，也是中华文明的精髓之一。"天人合一"理念在中国远古时期就已经萌芽，后经先秦时期的阐发和汉、晋时期的发展，到唐宋时期趋于成熟。尤其是两宋时期的理学时期形成了以"理"为核心的关于"天人合一"的系统化的成熟观点，并在明清时期得到进一步的发展。因此，要理解中国文化中"天人合一"理念的全部内容及其当代价值，必须从源头上探索其产生、发展的内在路径和主要内容。

一、中国哲学世界观与"天人合一"

"天人合一"理念源于中国哲学独特的世界观，是这一世界观在天人关系上的具体化和反映，或者说是中国哲学世界观在天人关系上的体现。中国哲学世界观最鲜明的特征或核心内容是"气一元论"，认为"气"是构成世界万物的最初的本源和始基。"气"包含"阳气"和"阴气"，一开始二者混合在一起处于混沌状态，后阳气上升形成了天，阴气下降形成了地，阴阳二气和合形成了天地之间包括人在内的万事万物，由此构成了世界或宇宙。"气"生万物的过程，可以粗略地描述为这样的过程：即气分阴阳，或"一生二"的过程，由此展开了"一生二、二生三，三生万物"的自然生成过程，最终形成了整个宇宙。因此，在中国哲学世界观中，世界上所有的事物都是由"气"构成的，都遵循着"气"运行的基本规律，因此从源头上说是同一的，这个"一"又叫作

"太极"。因此，宇宙的形成过程又可以概括为"太极生两仪，两仪生八卦"而后生成万物的过程。在这一过程中，最初形成的是构成世界万物的五种基本元素，即由金、木、水、火、土组成的"五行"，这五个元素之间相生相克形成具体的事物。因此可以说"气一元论"或"气论"是中国哲学本体论的基本"范式"。作为"气"之一种的"天"和作为阴阳和合而成的"人"都是源于"气"的，二者之间是同源关系。从中国哲学世界观的这一基本观点，可以看出构成自然的是包括天、地、人、物在内的系统，其中天、地、人构成了世界中的最重要的部分，被称为"三才"。因此，在中国哲学中，人与自然的关系就是人与天地万物之间的关系，这是中国哲学中人与自然关系的基本构架。

在后来的发展中，"天"从单一的"阳气"慢慢具有了指代包括自然在内的更为丰富的内容，人与自然的关系因此也就包含在了天人关系之内，由此形成了"天人合一"的理念，并成为中国人处理人与自然关系的重要内容和维度。因此，在天人关系中，不仅包含人与自然的关系，还包括人与自然关系展开中的人的发展以及人类命运。这是由"天"这个范畴含义的复杂性导致的，因此我们要准确全面地理解"天人合一"在中国哲学和整个文化中的地位和意义，就应该从对"天"的多重含义的解析开始。在中国哲学中，"天"指称"自然"而又不止于"自然"，而是包含自然在内的复杂性范畴。在中国哲学史中，不同的学者对"天"的含义做出过不同的理解和概括。其中"冯友兰就认为，天有物质之天、主宰之天、运命之天、自然之天、义理之天。① 任继愈先生也认为，天有五种含义，即主宰之天，命运之天，自然之天，义理之天，人格之天。张岱年则将天的涵义总结为最高主宰、广大自然、最高原理"②；"汤一介认为'天'有自然之天、主宰之天、义理之天三义。"③不论是将"天"理解为五种含义，还是三种含义，"天"都包含着四种含义：物性的自然、世界的始源、

---

① "曰物质之天，即与地相对之天；曰主宰之天，即所谓皇天上帝，有人格的天、帝；曰运命之天，乃指人生中吾人所无奈何者，如孟子所谓'若夫成功则天也'之天是也；曰自然之天，乃指自然之运行，如《荀子·天论篇》所说之天是也；曰义理之天，乃谓宇宙之最高原理，如《中庸》所说'天命之谓性'之天是也"。参见冯友兰：《中国哲学史》（上册），北京：中华书局，1961年，第55页。

② 蒲创国：《"天人合一"与环境保护关系的误读》，《兰州学刊》2011年第9，第42页。

③ 魏冉，黄志斌：《"天人合一"的生态哲学意蕴及致思理路》，《长春理工大学学报（社会科学版）》2018年第2，第51页。

世界的规律、人类的命运。因此，从"天"的含义上看，在中国哲学的"天人合一"理念中，既包括了对人与自然关系的思考，也包含着人与规律关系的思考，还包含着对人类命运和未来的思考。"天人合一"因此也就不是在某一个维度上展开的对天人关系的思考，而是一个复合的系统性思考。在这一思考中，价值观与生态观是统一的内在关联的关系。

与"天"相对，中国哲学中"人"的概念也是一个复调式的存在。因此，不同的学者对"人"含义也做出了不同概括。"陈伯海指出了'人'的三重涵义：作为主体性存在的实体的人；人的作为；人的存在方式及原理的人道。林俊义扩展到五种：人（力）、人（道）、人（为）、人（欲）和人类。"①郑宏则认为，"从本质上讲，人作为社会活动的主体，体现为个体的社会属性和自然属性，这种属性就是人这种存在物的类属性。但从中国传统文化来看，'人'的范畴不仅局限于此，一方面它体现了人的类属性，以人性、人道等形式体现出来，另一方面有时与人化自然有重合，超出人的类属性"②。无论对"人"进行何种理解和概括，在中国哲学中，"人"都包含着两个基本的含义，即作为实体之存在的人和作为思辨之存在的人，前者可以看成是人的形而下的存在，后者可以看成是人的形而上的存在，相对应的应当就是"人性"和"人道"。如果从马克思主义哲学的角度看，前者可以看成是自然的人，后者可以看成是社会的人。在"天人合一"的角度看天与人的关系，可以把二者看成是"天道"与"人道"的关系，这是一种形而上的思考，而非形而下的事实。

在明确了"天"与"人"的概念之后，中国哲学中的天人关系也就可以加以规定了，"天人合一"的含义也就能得以明晰。季羡林先生指出，"天，就是大自然；人，就是人类；合，就是互相理解，结成友谊。也就是说，人类只是天地万物中的一部分，人与自然是息息相关的一体"③。概言之，"中国古代哲学'天人合一'思想认为天人同质同源，天人在产生的本源上是一致的"④。

---

① 魏冉，黄志斌：《"天人合一"的生态哲学意蕴及致思理路》，《长春理工大学学报（社会科学版）》2018 年第 2 期，第 51 页。

② 郑宏：《天人合一"思想与马克思主义中国化的融合》，《学理论》2020 年第 5，第 28 页。

③ 梁从诚、梁晓燕：《为无告的大自然》，百花文艺出版社，2000 年，序。

④ 严德强，张晓琴：《"天人合一"思想的生态价值及其现代重构》，《黑河学刊》2014 年第 8 期，第 20 页。

"张岱年、宋志明等学者将'天人合一'归纳为 7 种表达方式，即天人玄同说、性天相通说、天人相类说、天人同本共性说、天人同体说、天人一理说、天人同心说。"①从基本内涵上，郑高花将"天人合一"的含义总结为三个层次，即"人与万物同质同源""天道与人道相通不二"和"以追求和谐为最高的价值目标"，即"视天人为一体，强调天道和人道，强调自然界和人的紧密相连，追求天、地、人整体的和谐"②。从整体意蕴上，魏冉、黄志斌将之概括为四个方面，即"人对天的依存性和能动性相统一""天对人的包容性和制动性相统一""合一的方向性和审美性相统一""生态价值性和伦理束约性相统一"③。无论做何种概括，"天人合一"理念的基本含义都包括了人与自然在起源同一性基础上的和谐，以及在这一和谐中展开的人道的发展。从马克思主义哲学的角度看，"天人合一"理念所要解决的问题就是人如何在物质统一性基础上通过处理人与自然的关系而达到人与自然的和谐，以及人本身的解放和自由。因此，"天人合一"理念是一个系统性理念和整体性思维，将人与自然作为一个整体来思考人与世界的关系，并通过二者之间的相互作用而实现世界的整体发展，这一发展既包括人类价值的实现也包括自然价值的实现，是人与自然价值共同的实现。④ 当然，我们在这里必须明确的一点是，这里的自然价值不只是对人而言的经济价值，更是对生命共同体而言的整体价值。

二、西周："天人合一"的萌芽期

众所周知，"天人合一"概念是由北宋哲学家张载第一个明确提出的，"天人合一"的理念也是在此时开始系统化的。但作为理念的"天人合一"则早在西周时期就开始萌芽和出现，即在西周时期就已经出现了"天人合一"理念的最初的提法，只是此时既没有提出"天人合一"的概念，也没有明确阐发"天人合

---

① 郑宏：《天人合一"思想与马克思主义中国化的融合》，《学理论》，2020 年第 5 期，第 28 页。

② 郑高花：《"天人合一"生态伦理思想的理论建构》，《商业时代》2009 年第 16 期，第 126 页；严德强，张晓琴：《"天人合一"思想的生态价值及其现代重构》，《黑河学刊》2014 年第 8 期，第 20 页。

③ 魏冉，黄志斌：《"天人合一"的生态哲学意蕴及致思理路》，《长春理工大学学报(社会科学版)》2018 年第 2 期，第 51-52 页。

④ 回到前面我们所论述的马克思主义本体论，中国哲学的"天人合一"中的世界其实与人类世界具有一定程度上的契合性，也可以说是异曲同工吧。

一"理念的基础和内容。此时的"天"还是带有原始宗教色彩的"神"的意蕴，因此"天人合一"也主要是指"人以侍神"，也因此说这个时期是"天人合一"理念产生的萌芽期。

西周时期的"天人合一"理念主要存在于《诗经》和《易经》这两部著作之中。《诗经》是孔子整理的西周到春秋初期的民歌集，其中很多诗篇都包含着"天人合一"的理念或观点，而其中的"'兴'是中国传统文化中独有的艺术表现手法，它由物而起，落实到人，表现的正是'由天启人'，体现了天人之间的自然同构，运用了典型的'天人合一'的思路"①。《诗经》中的"天人合一"理念据学者考证有一个从"敬天"到"怨天"的发展过程，其中经过了"由天命向人事的转变"过程。② 其中，"敬天"、"畏天"的思想主要要集中在《周颂》、《鲁颂》与《商颂》等中，如《周颂》中的《维天之命》（"维天之命，于穆不已！于乎不显！"）、《我将》（"我将我享，维羊维牛，维天其右之！……我其夙夜，畏天之威，于时保之"）以及《敬之》（"敬之敬之！天维显思。命不易哉，无曰高高在上。陟降厥士，日监在兹。维予小子，不聪敬止！"）等都包含着天道昭昭、敬畏天命和以德配天等思想。随着周朝取代殷商，《诗经》中出现了通过人事来理解天命的诗篇，从而说明当时人们的"天人合一"理念的重点发生了明显的变化，即不再是一味地敬天、畏天，而是借天命证人事，以人事说天命，提出了"君权神授"和"顺从天命"的思想。如《周颂》中的《武》、《赉》、《桓》三篇（"于皇武王！无竞维烈。允文文王！克开厥后。嗣武受之，胜殷遏刘，耆定尔功。"——《武》；"文王既勤止，我应受之，敷时绎思。我徂维求定，时周之命。于绎思。"——《赉》；"绥万邦，屡丰年，天命匪解。桓桓武王，保有厥土，于以四方，克定厥家。于昭于天，皇以间之。"——《桓》）中包含着"以德配天"的思想。而诸如《大雅·文王》（"文王在上，于昭于天。周虽旧邦，其命维新。有周不显，帝命不时，文王陟降，在帝左右。"）和《大雅·大明》（"天监在下，有命既集。……有命自天，命此文王。"）等诗篇中则包

① 张乃芳：《〈论语〉文本中隐含的"天人合一"思想的三重意蕴》，《河北大学学报（哲学社会科学版）》2021年第2期，第12页。

② 冯红：《〈诗经〉中"天人合一"观溯源》，《黑龙江教育学院学报》，2005年第5期，第90—91、94页。本节以下论述主要参照该文的基本观点和线索，适当参考其他文献。

含了"君权神授"的思想。到了西周晚期，随着王朝的衰败，"人们意识到周人的'天命'并不是永恒的，天子和领主凭借天命的意志压迫百姓，人们开始表达对'天命'的怨恨和抗争"①。如《小雅·雨无正》（"浩浩昊天，不骏其德。降丧饥馑，斩伐四国。旻天疾威，弗虑弗图？舍彼有罪，既伏其辜。若此无罪，沦胥以铺。"）和《小雅·巧言》（"悠悠昊天，曰父母且。无罪无辜，乱如此幠。昊天已威，予慎无罪。昊天泰幠，予慎无辜。"）等就是西周末年人们"怨天"思想的集中体现。从怨天开始，人们更加注重人事的重要性，而不再将命运交付给神秘的"天"了，因此《小雅·何人斯》发出了"不愧于人，不畏于天"的呐喊。这在一定程度上反映了春秋初期人们对"天"的主宰作用的怀疑，从而埋下了春秋时期从"事天"到"事人"的天人关系的哲学转向的种子。由此可见，《诗经》中所包含的敬天、畏天、顺天、怨天等思想已经包含了"天人合一"的理念，只是这一理念此时处于萌芽状态，还没有得以彰显。

与《诗经》一样，《易经》（又称《周易》）中也包含着"天人合一"理念的萌芽。"《周易》并没有提出'天人合一'的命题，然而《周易》通篇都体现了天人合一的思维。"②或者说，"先天八卦图，包涵和体现了深刻的阴阳对立统一、平衡协调的思想，这正是中华民族重视人与自然的和谐统一，强调'天人合一'的文化基因"③。《易经》从整体性思维出发，思考并在一定程度上揭示了"天人合一"的天人关系。首先是《易经》所包含的天人一体的观念，即"《周易》卦画构成原理体现了天人一体性"④。《易经》以"气一元论"为基础，以阴阳说为方法，论证了天地人的同根同源性和内在一体性，从而构建起天人合一的意境。《系辞下》在说明《易经》卦象构成时指出，"《易》之为书也，广大悉备。有天道焉，有人道焉，有地道焉，兼三才而两之，故六。六者非它也，三才之道也。⑤"而《说卦》将《易经》的卦象原则描述为："昔者圣人之作易也，将以顺性命之理，是以立天之道曰阴与阳，立地之道曰柔与刚，立人之道曰

---

① 冯红：《〈诗经〉中"天人合一"观溯源》，《黑龙江教育学院学报》2005年第5期，第91页。

② 汪高鑫：《传统史学天人合一思维的形成与演变》，《史学史研究》，2016年第4期，第1—13页。本节此部分的内容主要参照该文的基本观点，适当参考其他文献。

③ 谢涛、钟义源：《〈易经〉中的自然生态文明思想》，《四川建筑》，2013年第5期，第104页。

④ 汪高鑫：《传统史学天人合一思维的形成与演变》，《史学史研究》，2016年第4期：第2页。

⑤ 《易经》，邓启铜注释，南京：南京大学出版社，2014年，第178页。

仁与义。兼三才而两之，故易六画而成卦。分阴分阳，迭用柔刚，故易六位而成章"。由此可见，《易经》从"一生二，二生三，三生万物"的理路构建起一个天、地、人同源一体的世界图景。其次是《易经》中包含的"顺天应命"的思想，即"主张人道效仿天地之道"①。天、地、人三才一体而又别，即"分开来说，天道、地道、人道有一定的区别；总起来说，'一阴一阳之谓道'是普遍性的"。② 这三道之中，人道是对天道和地道的效法，或者说人道顺天道。《系辞上》所说的"崇效天，卑法地"就是这个意思。《易经》中关于顺天应命的说法有很多，最具代表性的应是《乾·文言》。其中说道，"夫大人者，与天地合其德，与日月合其明，与四时合其序，与鬼神合其吉凶，先天而天弗违，后天而奉天时。天且弗违，而况于人乎？况于鬼神乎？"这里的"合"就是顺应、顺从的意识，说的就是人道要效法天道，不能违背天道，从而达到"天人合一"的境界。再次是《易经》中包含的"顺天而为"的思想，即"强调发挥人道的主观能动性"。③ 也就是说，当人们发现了天道并遵循天道时就可以发挥人的主观能动性，用天道以成人事。正所谓"天地设位，圣人成能"（《系辞下》）。具体而言，就是"天行健，君子以自强不息"（《乾·象辞》）；"地势坤，君子以厚德载物"（《坤·象辞》），以及"关乎人文，以化成天下"（《贲·象辞》）等等。因此，《易经》除去其中的神秘性成分，说的其实就是天、地、人一体而三分，人道顺乎天道而为以成天下的行为准则，"天人合一"是其思想的底蕴。

当然，无论是《诗经》还是《易经》，"天人合一"理念都没有得到明确的定义和提出，但其却以萌芽的方式存在于这两部中国的古老文献中，也是中国古代先民基本的思维方式，这一思维方式几千年来构成了中华文化独特的思维特征。无论褒贬，这都是中华文化不同于西方文化的精神内核。

三、先秦哲学中的"天人合一"理念

先秦时期是中国文化发展的一个非常关键的时期，这一时期的古哲先贤们从各个角度和层面展开了对自然、社会、人生和思维的思考、探究与讨论，

---

① 汪高鑫：《传统史学天人合一思维的形成与演变》，《史学史研究》2016 年第 4 期，第 2 页。
② 张岱年：《中国古代哲学概念范畴要论》，北京：中国社会科学出版社，1987 年，第 26 页。
③ 汪高鑫：《传统史学天人合一思维的形成与演变》，《史学史研究》2016 年第 4，第 2 页。

并展开了相互之间的争鸣，由此形成了后世所谓"百家争鸣"的文化现象。在这一中华文化思想的迸发过程中，天人关系仍然是其中的重点之一，这大概是中国哲学或中国文化以追究"天人之际"为中心的特征决定的。中国哲学与西方哲学在这方面的一个重要区别就是，西方往往是在将"人"与"天"二分的前提下讨论问题，而中国往往是在将"人"与"天"一体的前提下讨论问题，从而在哲学上走向了不同的方向。也是在这个意义上，中国人在讨论"天"的时候其实是在讨论"人"，在讨论天道的时候实际上是在讨论人道。"事实上，人们不需要谈'天人关系'，只要谈'天'，同时也就在谈'人'了"①。到了先秦时期，天人关系中的"天"和"人"的含义都发生了微妙的变化。虽然其天人关系的基本构架没有发生本质变化，但其叙事方式和论证方式已发生了根本性的变化，这在早期儒家、道家、墨家和法家的思想中都得到了体现。这一变化最突出的表现就是，"到春秋战国时期，'主宰之天'的观念受到冲击，人们开始怀疑'天'对'人'的主宰作用"②。

　　早期儒家的"天人合一"理念在孔子、孟子和荀子那里既有继承关系也有发展关系。陆玉胜认为，"孔子开由天转为命之滥觞，但在区分时命与天命之后，却在如何由时命转向天命上语焉不详。然后，孟子和荀子在这方面汲汲以求。孟子在承认'时命'不可违的前提下，强调要因'求其放心'而立命；荀子在天之二分、天人相分之后，强调要借'制天命而用之'而立命。可以说，在这种探索中，孟子由外在存在走向内在超越、封闭的先验之路，而荀子则由外在超验走向外在经验性的存在之途"③。而根据张乃芳对《论语》的解读，孔子思想中的"天人合一"理念则要复杂得多，她认为孔子的"天人合一"理念在"敬而远""敬而行"对"天"的神圣性确认的基础上，展开三个层次的"天人合一"，即从"天意人承"到"天启人合"，最终达成"天命人成"。或者说，"儒者认知、证知天命的过程就是他们追求仁道的过程，同时也是他们自我成就

---

　　① 俞吾金：《人在天中，天由人成——对'天人关系'含义及其流变的新反思》，《学术月刊》2009年第1期，第46页。

　　② 袁玖林：《中国"天人关系"的当代建构路向——从天人二分到天人合一》，《鲁东大学学报（哲学社会科学版）》2020年第2期，第26页。

　　③ 陆玉胜：《先秦哲学天人合一观综论》，《淮北师范大学学报（哲学社会科学版）》2018年第5期，第13页。

的'成己'过程"①。

早期道家的"天人合一"理念是围绕着"道"而展开的。"如果说，在先秦儒家那里，天衍化为命，那么，在先秦道家那里，天则衍化为'道'或自然。"②或者说，"儒家偏重于从道德本原上来强调'天'是'人'的价值本原、人性之所由来，而道家偏重于强调'天'与'人'统一于'道'之中"③。和儒家一样，早期道家的"天人合一"理念在老子和庄子之间也存在类似于早期儒家的继承与发展的关系，具体表现在他们对"道"的理解以及"道"的作用方面的差异。在早期道家那里，老子所理解的"道"在本体论上主要是指那个构成世界万物的本体或始源的"道"，是万物得以形成的始基，也是万物得以存在的基础。这个"道"与事物之间的关系是无形与有形、普遍与特殊的关系，万事万物在形成之前是以普遍而无形的"道"的形式存在的，是"道"创化而成的。同时，"道"还是万物得以运行的规律，即所谓"人法地，地法天，天法道，道法自然"（《老子・第二十五章》）④。这也决定了在天人关系上，老子主张"自然无为"和"致虚守静"。在对"道"的理解上，庄子继承并发展了老子的观点，在对"道"生万物的本体论理解的基础上更注重"道"与"心"的关系，主张通过对"人心"的解蔽达到"道心"的澄明之境，最终实现人格修养和精神境界的合一状态。总之，"与儒家注重人道原则不同，老庄道家注重天道。而且，儒家强调道的天然如此，而道家则强调道的自然而然。就老庄的道学而言，老子侧重于宇宙本体论，而庄子则侧重于人生本体论"⑤。

墨家的"天"既不同于儒家的"天命"，也不同于道家的"天道"，而是相当于基督教上帝的那个全知全能、无所不在且决定人们行为的"至神"，这个"天"既是道德意志也是行为意志，是决定世间善恶的至高无上的精神力

---

① 张乃芳：《〈论语〉文本中隐含的"天人合一"思想的三重意蕴》，《河北大学学报（哲学社会科学版）》2021 年第 2 期，第 14 页。

② 张乃芳：《〈论语〉文本中隐含的"天人合一"思想的三重意蕴》，《河北大学学报（哲学社会科学版）》2021 年第 2 期，第 13 页。

③ 袁玖林：《中国"天人关系"的当代建构路向——从天人二分到天人合一》，《鲁东大学学报（哲学社会科学版）》2020 年第 2 期，第 27 页。

④ 陈鼓应：《老子注译及评介》，北京：中华书局，1984 年，第 159 页。

⑤ 陆玉胜：《先秦哲学天人合一观综论》，《淮北煤炭师范学院学报（哲学社会科学版）》2018 年第 5 期，第 15 页。

量——"天志"。由此，墨子构建起"天志""明鬼"和"非命""尚力"的天人关系体系，"体现了个人的'入世救赎'，亦即个人能否服从'天志'与'明鬼'的意志，恰恰以他能否在现世的劳作中以'非命'与'尚力'为前提"。[①] 由此可见，墨子更注重在顺天而为的基础上通过个人的活动而实现现世救赎，在这里的"天"更具有一种经验性、功利性和非理性的特征，"天人合一"中人的分量已经明显加重，且更体现出人的能动性。法家的"天人合一"理念具有一定的综合性，是在批判继承了儒家、道家、名家等理论基础上的一种创新。"综合道、名、法而论之，在韩非子那里，就客观方面而言，名法表现在道、理、形、名、法的关系方面，法（模范）因名立，名出于形，形原于理，理一于道，因此道、理、形、名、法五者是相通的，而且名法之学最终来源于道。就主观方面而言，名法表现在道、德、形、名、法的关系方面，道即是大自然之名；德（即得）主要是人类个体实际获取道后的特殊状态；形指代获取道、德而成的人；法是万物所当效之形（模范）"[②]。

由此，先秦诸家思想中"天人合一"理念的区别可以用一句话来概括："儒道的天人合一观体现出超越性和形而上性，而墨法的天人合一观则更多地体现出经验性和形而下性。"[③]但无论是何种"天人合一"理念，在先秦哲学中，"天"始终是人的活动所必须遵从和顺从的力量，"天人合一"也都是追求人道对天道的顺应。至于人道与天道之间的关系如何，"天人合一"所追求或呈现出来的境界应该是怎样的，在儒家、道家和释家又各有不同的理解。这将在下一节进行简单的讨论。

① 陆玉胜：《先秦哲学天人合一观综论》，《淮北师范大学学报（哲学社会科学版）》2018年第5期，第16页。

② 陆玉胜：《先秦哲学天人合一观综论》，《淮北师范大学学报（哲学社会科学版）》2018年第5期，第17-18页。

③ 陆玉胜：《先秦哲学天人合一观综论》，《淮北师范大学学报（哲学社会科学版）》2018年第5期，第18页。

第二节 儒释道中的"天人合一"

先秦时期的"天人合一"理念，作为中国哲学"天人合一"理念的源头，其基本的规定和内涵已经得到了初步的阐发和论述，并对后世的理论产生了持久而深远的影响。随着中国哲学的进一步发展，"天人合一"理念在保持其基本内核的同时，也发生了进一步的丰富和发展，尤其是随着儒释道三家（三教）的相互影响和融合①出现了新的理解。从唐宋到清末，"天人合一"理念在三家的各自理解和表述中各有不同而又相互交叉，形成了各具特色而又相互映照的状态。通过对其三家"天人合一"理念的简单梳理，以获得对"天人合一"理念的整体理解，有利于更为准确地把握"天人合一"的内涵及其当代价值。当然，这里对"天人合一"理念的梳理总体上是较为粗略的，因此对"天人合一"的内涵及其由于理解的不同而导致的争论不是本节的主要内容。也因此，这里对"天人合一"的梳理和总结有挂一漏万之嫌，也就是说不可能是全面的，只是一种粗浅的总结和梳理。

一、儒家哲学中的"天人合一"理念

儒家"天人合一"理念在先秦时期的初步阐发后，经过汉代董仲舒的发展，到宋代臻于成熟，后在明清时期由王守仁、王夫之等人进一步发展。在儒家"天人合一"理念的发展过程中，不同时代的儒家思想家对"天人合一"的基础、内容和所追求的境界各不相同。例如，董仲舒"天人合一"的基础是"天人感应"，张载"天人合一"的基础是"天人一气"，而程朱理学"天人合一"的基础则是"天人一理"等等。但他们的理论、观点均源自先秦儒家经典，因此也就具有某些共同的前提、基础和内核。换言之，儒家传统内部虽然在对"天人

---

① 这个过程在历史上叫作"三教合一"，由此形成了我国自唐宋以来的文化的主体和本色。也就是说，唐宋以后的中国文化形成了以儒家为主体，以道、释为两翼的"三位一体"的文化整体。应该说，我们现在所言的中华文化的成熟形态是以此为特征和主要指称的，这也塑造了中国人的整体文化人格，是我们继承和发扬的对象。从中华文化的源与流的角度看，先秦时期的文化和思想是唐宋以来中华文化的源头，在唐宋时期实现了这些源头的合流而成为具有丰富内容和复杂结构的文化系统。

合一"的理解上存在一定的差别，但其基本的理念则是相同的。

首先，儒家的"天人合一"是以"天"的基础性、崇高性和神圣性为基础的。无论是先秦时期的"天命"观，还是程朱理学的"天理"观，都说明在儒家那里，"天"具有至高无上的基础性地位，既是世界万物得以产生的根源和始基，更是一种人需要不断遵循的具有崇高性和神圣性的规律或规则，是人的行为或活动的基本宗旨。因此，在儒家中存在一以贯之的"敬天""畏天"的思想。在孔子那里是"唯天为大，唯尧则之"（《论语·泰伯》）；在董仲舒那里虽然以人推天，但"天人感应"中的"天"是决定人事的决定性力量；到了程朱理学那里，"存天理灭人欲"更是把"天"看成是决定人性和人事的最终基础和力量。阳明"心学"虽然与程朱理学在对"天"的理解上存在差异，但其"致良知"的思想仍然将"天"置于高于人的一定程度上决定人的地位。因此，在儒家看来，"天人合一"从总体上讲是要求人们通过自己的道德修养和知行合一，在认知天道、天理的基础上顺应天命，达成人类价值的实现。当然，在儒家那里，顺应天命并非消极地服从天命，而是要从上而下、从下而上地通过天命明人事，通过人事达天命，从而实现天人之间的合一境界。

其次，儒家的"天人合一"是由天及人的"推天道以明人事"①的过程。从路径上来讲，首先是因为"天人同源"或"天人同性"，在这个"同"中，"天"具有逻辑在先的始源性地位，当然"天"的逻辑在先与时间在先有时候是同时存在的，这也就是所谓的"天生人"或"天生民"。换言之，正是因为人是"生"于"天"的，所以人与天也就具有了同质性，也就有了由天及人的合一的基础。在这一过程中，主要是天性向人性、天道向人道、天命向时命的由上而下，由天及人的"下贯"过程。在这一过程中，作为始源始基的"天"既具有自然意义上的基础性，也具有道德意义上的基础性，从而为儒家通过"天"来明"人"奠定了本体论基础。因此在儒家那里，"究天"不仅仅是一个追究天道、天理，获得关于天的奥秘和规律的认识的过程，而更是一个通过追究天道、天理，通过认识"天"来获得人、人道、人理和人性的过程。因此说，在儒家那里，

---

① 祝薇：《"天"、"人"如何"合一"——论儒家阐述"天人合一"思想的双向路径》，《上海交通大学学报（哲学社会科学版）》2013年第2期，第44页。本节关于天人合一路径的分析主要以这篇文章为出发点，并参考其他的理论和观点。

推天道以明人事，就是在天人同性(源)的基础上，追求通过对"天"的把握来把握"人"，通过"天道"明确"人道"，从而实现"天人合德"基础上的"天人合一"。在这一"合一"的过程中，"一方面人、物之性因为同禀受于天，人性源于天性，人道源于天道，天命灌注人的存在，形成了人能感受、思考、评价与决策的能力；另一方面，即'天'而'人'的'自上而下'运动方式也保证了'天'对'人'的相对超越性"①。

再次，儒家的"天人合一"还是由"人"及"天"的"推人道以达天命"的过程。由天及人的自上而下的过程，为儒家天人合一提供了基础和可能，也为人们明人事提供了根据。但要想实现天人合一，并非源于二者同性的自然而然，还离不开由人及天的自下而上的修为，即所谓"推人道以达天命"。这是因为，人毕竟不是天，作为三才之一的"人"，和"天"还是有区别的，这个区别就是"人欲"。换言之，人是有"有我之私"和"物欲之蔽"的，以佛家之言，就是人都有"烦恼根"。这就要求人必须经过不断的道德修为，除去人欲对天命的蒙蔽，而达到与天命的统一，从而实现天人合一。在儒家，由人及天的路径又分为两种情况或路线，一是由王守仁开辟的，二是由程朱理学发明的。"前者遵循'知心——知性——知天'以及'存心——养性——事天'的'内省而外求'的'内感'功夫路线，这条路线也被认为是体现'完全的天人合一思想'；后者沿着'格物——致知——知天'以及'穷理——尽性——事天'的'外求而内省'的'外感'修养功夫路线，这条路线因为将主客进行了二元的区分，也被认为是体现了'不完全的天人合一思想'。"②这两条路线的最终目的都是通过对人道、人性和人心的认识，最终认识人的道德的本体，这个"本体"在程朱理学那里就是"理"，而在阳明心学那里就是"本心"。认识了人的"理"和"本心"，也就从人道达及天道，实现"推人道以达天命"，最终实现天人合一。

最后，在儒家的"天人合一"中，"人"与"天"的关系是一种对立统一的关系。正是因为人是从天中"生"出来的，因此虽然天具有对人的神圣性和先在

① 祝薇：《"天"、"人"如何"合一"——论儒家阐述"天人合一"思想的双向路径》，《上海交通大学学报(哲学社会科学版)》2013 年第 2 期，第 46 页。

② 祝薇：《"天"、"人"如何"合一"——论儒家阐述"天人合一"思想的双向路径》，《上海交通大学学报(哲学社会科学版)》2013 年第 2 期，第 47 页。

性，但并不具有对人的统治性。换言之，人是从天中"生化"或者"化育"出来的，这就决定了天不是作为造物主来与人发生关系，人不是天的创造物，因此人与天之间不是创造与被创造的关系，人对天不存在基督教中的那种绝对服从的关系，而是一种同性相类的辩证关系。这一关系可以在儒家所谓的"赞天地之化育""与天地参"中得到集中体现。人和万物一样都是天地化育出来的，因此人与万物之间并不存在高低之别；人又是"万物之灵"和"天地之心"，与万物相较又有着特殊性，这一特殊性应该就是人具有其他事物所不具有的智慧和能动性，从而使人与环境之间是一种改造与被改造的关系。与西方的观点不同，儒家从"与天地参"的角度去理解人对自然的改造时，坚持认为人与万物同是天地所化育的，因此人在改造自然时要兼顾其他事物的"生"，而不能一味索取；"制天命而用之"并非追求人战胜自然、征服自然，而是要在顺应天道的基础上利用天道来为人造福。诚如荀子所言，"天地生君子，君子理天地。君子者，天地之参也"①。

二、道家哲学中的"天人合一"理念

如前所述，"天人合一"也是道家遵循的基本原则之一。道家与儒家在理解"天人合一"上各有自己的特色，这一点在先秦时期就已经表现出来。同时，道家的不同思想家之间也存在着一定的差别，从而表现出各自的特点。但同为道家，他们在基本立场和原则上则是一致的，他们拥有同一个"范式"。

首先，道家将"天"推及到"道"，认为"道"高于"天"。道家"天人合一"的最大特点是将万物的基础归结于"道"，包括天、地、人在内的一切存在都源于"道"，"道"既是万物的基础，又是万物需要遵循的最高原则。正如老子所言"道生一，一生二，二生三，三生万物，万物负阴而抱阳，冲气以为和"。（《道德经》第 42 章）这就说明，"道"存在于世界之先。如果说，世界产生于"一"（或太极？），那么"道"是"一"的基础和前提，是世界本源的本源。可见，在道家哲学中"道"拥有先于天、地、人而又高于天、地、人的终极地位。与儒家由"天道"而"人道"不同，道家是"天道"与"人道"同合于"道"。"道"是

---

① 方勇，李波：《荀子》，北京：中华书局，2015 年，第 126 页。

整个世界的初始的本源。因此，与世界万物不同，"道"首先是无形、无名、无状的，"道"就是"无"是"玄而又玄"；其次是万物所遵循的最高原则，弥漫于万物之中，决定着万物的存在本身又制约着万物的运行，是最高的"规律"。虽然说"人法地、地法天、天法道，道法自然"似乎存在着从人到地、地到天、天到道的不断上升的过程，但最关键不在于这个过程本身，而在于无论是"天""地"还是"人"都源自那个"自然无为"之"道"。在道家哲学那里，"天人合一"既非人合于天，亦非天合于人，而是天人同合于道。天人之所以能够合一，非因天高于人，乃因天与人均源于"道"，都是"道"的产物，拥有共同的本源与基础，即"天人同源"，因此是"合一"的。在这一点上，道家的世界观比儒家的世界观(宇宙观)更为抽象，也更为深刻和思辨。

其次，道家的"天人合一"遵循的是"万物齐一"的平等整体观。从"道"的观点出发，道家认为包括人在内的世界万物都是同根同源的存在，它们之间不存在本质上的区别和地位上的高低，因而是"齐一"的存在。"道家认为道是世界万物的根源，人与万物皆出于道，万物消尽，又终将复归于道。"[1]"天地与我并生，而万物与我为一"(《庄子·齐物论》)[2]，或曰"以道观之，物无贵贱"(《庄子·秋水》)[3]。因此，在道家看来，世界上的所有事物之间是一种源自"道"的共生的关系，人是世界万物系统中的一份子，是独立于万物又依存于万物的存在。这种关系在本质上是一种平等的关系，人和其他事物相比并不存在高于它们的优越性。"张岱年先生认为，'天人合一'的比较深刻的含义是，人是天地生成的，人与天的关系是部分与整体的关系，而不是敌对的关系，人与自然应该和谐相处。"[4]由此可见，道家的天人合一遵循的是人与天地万物"和而不同"的整体观。在这一整体观里，人与天地万物平等相对、和谐相处、共生共荣。

再次，道家的"天人合一"追求的是"自然无为"的人生境界。道家"万物齐一"的平等整体观认为人与天地万物是"同源"、"同质"和"同归"的关系，

---

① 王海成：《儒、道"天人合一"的不同形态及其生态伦理意蕴》，《江汉大学学报(社会科学版)》2016年第4期，第100页。

② 陶玮：《庄子》，研究出版社，2018年，第27页。

③ 陶玮：《庄子》，研究出版社，2018年，第204页。

④ 余谋昌：《生态哲学》，陕西：陕西人民教育出版社，2000年，第5页。

也就是说，人与天地万物都源于"道"、同于"道"又归于"道"，因此是可以实现"合一"的。同时，由于"道"的最高状态是"自然"，"人法地、地法天、天法道、道法自然"，因此在道家的"天人合一"中，天与人最终在"自然"中达成最高层次的"合一"。这里的"自然"不是指自然界，而是指一种寂静无为的"自然而然"的状态或境界，因此道家的"'天人合一'主要讲的是'人为之人'如何破除人为，复归于人的自然本性，继而达到'与天为一'"①。在道家看来，过多的人为会使人们偏离"道"而导致人类社会不断走向恶化，就道德而言，这其实是一种堕落或"异化"。"失道而后德，失德而后仁，失仁而后义，失义而后礼。夫礼者，忠信之薄而乱之首。"（《老子·三十八章》）②这既是儒道两家"天人合一"理念的差别，更说明了道家所追求的自然无为的人生境界。有学者将这种人生境界概括为道家的"虚静人生观"，并认为这是一种"无为而无不为，顺任自然而有为的生存意识"③。总而言之，道家"天人合一"所追求的人生境界是在顺应自然基础上的"上善若水"的自然无为的状态，这一状态其实就是实现人与自然之间的和谐相处、相辅相成。

最后，道家的"天人合一"的基本路径是"返璞归真"止于"自然"。在道家那里，"道"不仅是世界万物的最初的源头，即所谓的"始源"和"始基"，更是万物归一的最终归宿，也是包含在万物之中，支配万物存在和运行的基本原则和规律。换言之，万物不仅源于"道"，而且受制于"道"，必须遵循"道"而存在和运行。因此，在道家那里，"道"还是一种"真"，它既是世界的"真相"，又是世界的"真理"。"天人合一"所追求的自然无为的人生境界，从路径上看，就是要除去人为和那些遮蔽"真"的各种私心杂念，实现向"真"也就是"道"的复归。在道家的"天人合一"中，似乎存在着一个否定之否定的过程，即一开始人源于"道"而与"天""齐一"，但在人为的过程中人与"道"日渐疏离而导致与"道"的分离甚至背离而出现"异化"，然后在不断除去人为的过程中不断"扬弃"异化而复归于"道"本身，再次实现与"道"的合一。老子言：

---

① 于盼盼、廖春阳：《儒家、道家及〈易传〉的"天人合一"思想》，《焦作大学学报》2019年第3期，第17页。
② 汤漳平，王朝华：《老子》，北京：中华书局，2014年，第142页。
③ 胡立新：《道家虚静人生观精义及其天人合一的生态文化价值》，《黄冈师范学院学报》2017年第37期第2版，第41页。

"为学日益，为道日损，损而又损，以至于无为"（《老子·四十八章》）①就是一个不断摈弃蒙蔽人们心灵的各种物欲杂念而不断走向"道"之真的"返璞归真"的过程，最终达到与"道""合一"的无为之境而止于自然。需要注意的是，这里的"止于自然"并非要求人回归到自然之中而泯灭人与他物之间的区别，而是要求人与他物一样在合于"道"的基础上实现和谐相处和共生共荣。

由此可见，在道家"天人合一"中，人与自然之间从应然的意义上是源于"道"的同质相合，因此人生的实现就是在追求人与自然和谐的过程中达成的自然无为的"虚静"境界。很明显，在道家那里，人生价值的实现，是离不开人与自然关系的协调的。只有在人与自然的和谐中，人才能最终摆脱世间的各种蒙蔽心灵的"欲望"而"返璞归真"，达到无欲无求的"澹泊"人生。因此，在道家的"天人合一"中，用现代的话来说，就是实现价值观与生态文明的统一，不仅仅是一种生态理念，而且是包括生态理念在内的社会与人生理想。

三、释家哲学中的"天人合一"理念

佛教是一种外来的宗教，佛教传入中国是古代不同文明交往交流的产物。佛教传入中国后，在与儒家、道家的"交锋"与交流中逐渐中国化，并汲取很多中国文化的元素，从而呈现出与原始佛教不同的特征，并最终在唐宋时期实现了与儒、道的合流，中国文化出现了"三教合一"的新局面。佛教作为宗教，是一种信仰体系，与其他宗教一样是建立在对"神"的信仰与崇拜基础上的说教系统。但佛教与其他宗教（尤其是基督教）的一个最大的区别恰恰是其不存在一个"创世"的"神"，释迦牟尼的成佛过程是在体悟和思考人世苦难过程中对人世的"超脱"，是在透视人生疾苦之后，摆脱人世疾苦进入没有疾苦的"极乐世界"的过程。因此，与其他宗教不同，佛教具有深厚的哲学基础，是一种以思辨极强的哲学为基础的宗教体系。佛教的哲学及其体系，作为学说或理论体系，一般被称作释家学说，以与作为宗教的佛教相区别。因此，这里所讨论的是释家而非佛教，因此不会太多涉及佛教的教义，而只是讨论其中所包含的"天人合一"的思想或理念。

①　汤漳平，王朝华：《老子》，北京：中华书局，2014年，第190页。

释家哲学中是否包含"天人合一"的思想，关键在于如何解读。释家是外来的文化思想，应该说在本源意义上至少是没有明显的"天人合一"思想或理念的。但既然其与儒、道二家"融合"，成为中华文化整体中的一分子，其中很多关于天人关系的论述也必然借鉴甚至运用了中国特有的"天人合一"理念，从而多多少少包含着"天人合一"理念。当然，与儒家、道家的"天人合一"各有特色一样，释家的"天人合一"也有其独特之处。在儒、释、道三家的"天人合一"理念中，儒家是最为讲究入世的，因此是一种积极的入世哲学，主张通过修为完成积极的人生。道家、释家和儒家不同，虽在一定程度上都具有出世的特征，但二者又各有不同。这个不同主要表现在两个方面：一是道家的"天"虽然在一定程度上高于人世，但决不是超越人世的神秘的"外部世界"；而释家的"天"则是一种与人世完全不同的，甚至是对立的存在。二是道家的"自然无为"所追求的是顺应自然（这里的自然不仅指自然界）而达到的"无为而无不为"的人生境界，因此是一种积极的出世哲学；释家则追求一种与现实人世完全不同的、摆脱了现世一切"羁绊"的寂静人生，因此是一种消极的出世哲学。① 由此可见，儒家和道家归根结底的都是追求人如何处世和"成人"，只是在途径和方向上存在差别，而释家归根结底追求的是如何超脱人世和"成佛"，在根本选择上与儒、道是不一致的。从这个角度看，其实道家也是入世的，只有释家是出世的。

释家从其哲学出发，将世界分为两个完全不同的部分，一个是人世的世界，一个是"天国"的世界。人世的世界是一个被五色所迷的世界，这个世界充满着各种各样的诱惑，人们执着于对这些诱惑的追求而出现了"贪嗔痴"，导致了各种烦恼、苦恼和苦难，甚至人生本身就是苦难。释家认为，所谓的五色其实都是虚幻，或曰"幻像泡影"，即所谓的"色即是空，空即是色"。对这些幻像的追求都是一种无价值的行为，其所导致的各种烦恼困苦也都是无

---

① 需要注意的是，这里的"消极"并非指释家主张毫无作为的消极人生态度。在一定意义上，释家也是"积极"的。这种积极一方面表现为释家主张超脱人世苦难的积极修为，也就是积极"向佛"而行；另一方面表现为释家主张"由己达人"的普世情怀，主张不仅"渡己"更要"渡人"，即所谓"普渡众生"。其所谓的"消极"则主要是指其追求完全超然于现实之外而寻求一种与人世完全不同的另类世界，而这个世界很明显是不存在的，这也决定了释家或佛教的主张其实是不可能真正实现的。在这个意义上，所谓的"佛系"青年，其精神实质与释家思想并非一致的。

谓的痛苦。因此，要消除人生的困苦，就必须斩断尘世的欲望，达到一种物我两忘的"涅槃"境界。进入这个境界，也就进入了另一个世界即"天国"。进入"天国"是消除了所有欲望、摆脱了所有诱惑而达到的一种寂静的状态，因此也就进入了摆脱所有的无谓的烦恼、超越了一切苦难的世界。在这个世界里没有烦恼，没有苦难，只有愉悦和欢乐，因此也叫作"极乐世界"。人们一旦进入"极乐世界"也就斩断了所有烦恼的根源，"跳出三界外，不在五行中"，超脱了尘世一切苦难，不再经受人间的轮回之苦。在释家看来，这个超脱尘世进入极乐的过程，就是"成佛"的过程，也就是实现"天人合一"的过程。"这种天人合一的境界完全是与现实对立的，是一切皆空的功德大圆满的'天人合一'境界"①。

由此可见，在释家那里也是有"天人合一"的思想的，只是它对所谓的"天"的理解与儒、道之间存在质的区别。当然，在释家那里，人之所以能够超脱尘世而进入"极乐世界"，也是有着内在的根据的，就是释家所言的"佛性"。在释家看来，所有的事物都包含着"佛性"，都有成佛的可能，因此才能在破除尘世的各种诱惑和迷色之后而达及佛性本身从而成为超脱困苦的"佛"，进入清净"极乐世界"。在释家而言，虽然极乐世界是与尘世世界完全不同的世界，成佛的过程是超脱尘世的过程，但"极乐世界"并不是无来由的世界，它就存在于万物之中，存在于人心之中，因此是可以通过在人间的修行而达及的。进入"极乐世界"，实现"天人合一"，在释家那里其实也是一种"返璞归真"，即回归"本心"的过程。到这里，我们也就接触到了阳明心学的意境了，只是在王守仁那里回归本心是为了"致良知"，而在释家那里是为了"致极乐"。儒家与释家的"天人合一"终究因为旨趣的不同而分道扬镳。

第三节　"天人合一"理念的当代价值

清朝末期以来，随着西学东渐，西方的世界观、价值观和天人观的影响

---

① 马传谊：《"天人合一"思想的三维解读、影响及现代价值——以思维方式为视角》，《重庆邮电大学学报（社会科学版）》2013 年第 5 期，第 46 页。

在中国日益扩大并成为中国知识分子追求的目标。这导致中国式的天人观不断式微，也导致"天人合一"理念不仅在西方被认为是落后与保守的代名词，甚至在中国人的眼中也成为导致中国落后挨打的需要清除的精神因素。"天人合一"的理念也在一定程度上受到了批判和放弃。但随着环境危机的加剧，人们开始重新审视人与自然的关系，并开始了生态文明的理论建构和实践活动。在这一背景下，人们将目光聚焦于中国古老的"天人合一"理念，使得这个理念在新的时代获得了新生，并获得了新的内容。因此，站在新的时代，回望中华文化中的"天人合一"理念，并发掘其在当代的意义，也就具有了极其现实的意义。当然，如前文所述，在当代讨论"天人合一"，已经是在新的基础上进行的新的思考和发展。这也是我们对待中华优秀传统文化的基本态度和立场。

诚然，在中国传统文化语境中，我们发现"天人合一"所讨论的主要内容，并非要求人们去关注人与自然的关系，从而要求人们在改造自然时注意保护自然，更不可能提出"生态文明"的思想或理念。事实也确实如此，在中国传统文化中，讨论"天人合一"的出发点和落脚点都是"人生"，即如何在追求"天人合一"的过程中实现人生的修为，不管是"积极的"还是"消极的"，都没有直接讨论人如何去保护自然的问题。因此，有学者提出从环保和生态文明的角度去解读"天人合一"是一种误读或误解。① 新中国成立以来，国内学者对"天人合一"与环境问题之间的关系大体经过三次讨论或争论，学者们也都站在各自的立场提出过见解。② 但不可否认的是，在中国的"天人合一"理念中，有一个基本事实是无法忽视的。那就是，中国人追求顺天应命中所包含的人与自然的内在统一，以及人的行为要顺应自然的要求，都具有现实的时代价值，其中所包含的人与自然关系的思考对当代人处理人与自然关系、建设生态文明同样具有极大的启示作用。

---

① 蒲创国：《"天人合一"与环境保护关系的误读》，《兰州学刊》2011年第9期，第42-44页。

② 参见夏显泽：《建国以来关于"天人合一"及其与环境问题的研究综述》，《曲靖师范学院学报》2006年第4期，第68-72页。

一、辩证思维的中国方式

众所周知，唯物辩证法作为一种世界观和方法论，同时也是一种思维方式，是人们考察世界、人，以及人与世界关系的基本立场、观点和方法。具体到人与自然关系层面，唯物辩证法认为人与自然作为世界系统的两个子系统，既具有内在的相互联系的统一关系，还具有对立统一的矛盾关系，并在这种关系中共同发展。而中国"古老"的"天人合一"理念内含着辩证思维的基本要义，其在当代焕发出的新的重合力是其现代价值的彰显。

首先，"天人合一"彰显了整体性、系统性思维的现代价值。辩证思维的总特征之一，就是普遍联系观点。即认为整个世界是由无穷无尽的联系而构成的有机整体，世界上不同事物之间处于相互影响、相互制约和相互作用的关系之中。"天人合一"理念对天人关系的理解就包含了这一思维特征。虽然不同的学派对"天人合一"的理解各有侧重，但有一点是共同的，那就是它们都认为人和天地之间具有统一的关系，都是世界有机体的共同构成，因此三者之间构成了一个有机整体。从人与自然关系的角度观察，则说明了人与自然是世界整体的有机构成，二者具有同源、同质、同用的基础，这与辩证思维的整体性原则是相通的，也是唯物辩证法能够在中国得以发展的文化基础。有学者认为，中西方思维方式的区别之一，是西方从天人二分的角度去考察人与自然关系，中国则从天人合一的角度去考察人与自然关系。西方用的是"分析"的方法，中国用的是"综合"的方法，并因此认为中国在人与自然关系上具有某种模糊性。这种观点有其合理性，但如果说中国思维中没有区分"天"和"人"则是不够准确的，中国哲学的"天人合一"恰恰是以"天人二分"为前提的，其与西方思维的区别不在于有没有区分"天"和"人"，而是在理解二者关系上是否以世界整体性为基础。很明显，中国哲学在考察人与自然关系时，是以世界整体性为基础或出发点的，因此更强调人与自然的统一性。

其次，"天人合一"确认了人与自然之间的对立统一关系。"天人合一"是以天人相分为前提的，因为只有先确认了天与人的不同，才能讨论天与人的统一（"合一"）。中国哲学中"天人合一"的基础是区分了天、地和人三者之间的差别，因此中国哲学在讨论天人关系时，始终是以天、地、人"三才"关系为立足点和出发点的。因此首先确立了天与人是有差别的两种存在，并以人文为特征区分了人与自然之间的差别。换言之，人之为人，人之所以与自然是不同的存在，是因为人是以"文"为存在基础的，用现代哲学的话语来说，就是人是"有文化"的存在，或曰"文明的存在"。很明显，中国哲学首先确立了人与自然的"对立"关系，二者之间的关系可以由此概括为"斗争"的关系。如上文所言，说中国人没有区分人与自然，而是笼统地讨论人与自然的同一，是没有根据的。中国哲学与西方哲学传统不同的地方在于，更强调人与自然之间的"同一"，强调人与自然之间的相互依存和互为条件的关系。在"天人合一"中，虽然人作为一种"文化"存在，以改造自然为自己生存与发展的基础和方式，但强调这种改造又必须遵循"天道"，顺应自然。从《易经》始，中国古代各种典籍都强调人的活动要顺应"天时"、注重"地利"、讲究"人和"，认为只有这三个条件都具备的时候，才能取得成功。由此，人与自然关系在"天人合一"中表现为既对立又统一的关系，即矛盾关系。这种矛盾关系的展开，表现为人类发展的历史。如果说，"天人合一"是一种消极的、被动的对自然的顺从，缺乏对人的能动性、主动性的张扬，这也是由人类发展的阶段所决定的，是由人类生产力水平低下所决定的，并不能因此说它不是一种辩证思维。

最后，"天人合一"包含着"度"的观念，并强调了世界的发展性。人是世界上积极的主体性因素，人的存在建立在对自然改造的基础之上，这一点无论是东方哲学还是西方哲学都是体认过的。问题在于人们在改造自然时，是否要以自然为前提和条件，是否要在尊重自然的基础上有限度地改造自然。"天人合一"就要求人们在改造自然时要尊重自然，尊重自然存在的合理性和其限度，因此要求人们在改造自然时要遵循"度"的原则，要避免在改造中出现"过犹不及"的情况。在中国人看来，如果人的行为失当，"天"是会进行惩罚的，也就是所谓的"灾变"。虽然"天人合一"中的"天人感应"观念带有神秘的色彩，具有神秘主义的嫌疑，但如果除去其中神秘的成分，"天人合一"中对人的活动的"度"的强调的意义就能够得到彰显。在环境危机凸显的今天，中国的"天人合一"中"度"的原则也就显得尤为重要。同时，"变"的观念一直是中国哲学的基本观念之一，中国哲学始终是强调"变"的重要性的。中国人"究天人之际"是为了更好地实现"变"，而不是强调"不变"。用现代哲学的表述方式，就是追求更好的发展，而不是追求静止。中国人在对待现实时强调"穷则变，变则通，通则久"，即要想获得长治久安就必须于"穷"处求"变"，在发展中解决问题，也就是于危机中开新局。由此可见，"天人合一"虽然强调人对自然的顺从，但并非认为世界是不发展的，而是认为世界的发展是要有"度"的。

总之，"天人合一"理念中包含着丰富的辩证法思想，秉承的是对世界和历史的辩证思维，这一辩证思维在当代考察历史、考察人与自然关系中具有极其重要的现实价值。当然，这些辩证思维在"天人合一"中还是以非系统、自发的和朴素的形式存在的。在当代重新审视"天人合一"时，这些辩证思维的"分子"恰恰构成当代中国和世界发展唯物辩证法的重要文化营养和基础，也是唯物辩证法和辩证思维价值的当代彰显。如果说，马克思主义唯物辩证法中包含着价值观与生态文明内在统一的观念，那么"天人合一"理念中也必然包含着这一观念。

二、生态文化的中国阐释

"天人合一"从世界整体出发来理解天人关系，主张人与自然之间的平等与和谐，从而以中国方式阐释了生态文化的内涵。在生态危机威胁人类生存、生态文明建设成为全球需要的今天，从中国古老的"天人合一"理念中发掘其包含的生态文化思想内涵，不仅有利于我们破除工业文明的人类中心主义文化对人与自然关系的构架，而且有利于人类找到与自然和谐相处的根据、方向和路径。在当代语境中，重新审视"天人合一"，将为当代的生态文化提供中国阐释，从而丰富生态文化的内涵，也为全球生态伦理的发展和生态文化的发扬提供中国思路。

首先，"天人合一"注重"畏天""敬天"，建构起敬畏自然、顺应自然的生态伦理观。无论"天人合一"中的"天"有多少重含义，中国哲学都认为"天"是高于人的存在，因此"天道"高于"人道"，"人道"应遵循"天道"。这是中国哲学中天人关系的基本构架，也是中国哲学中人与自然关系的基本遵循。正是因为"天"相对"人"的这一神圣性，中国哲学形成了"畏天""敬天"的基本态度。因为"天"其中之一义是"自然之天"，因此，中国哲学的"畏天""敬天"当然也包括"畏自然""敬自然"，由此形成了中国人对待自然的基本态度，那就是敬畏自然、顺应自然。正是因为这种对自然的尊重与顺从的态度，导致中国文化始终强调人的活动要遵循自然的规律，要依照自然的节奏来调整自己的行为。也正是因为如此，中国人要求在改造自然时尊重自然，提倡要合理地开发和利用自然，保证自然的自我组织和重生功能。如果说西方近代以来的生态伦理是以人为中心建构起来的人类中心主义，那么中国传统的生态伦理则是以自然为中心建构起来的"自然中心"主义。

反对"天人合一"具有生态价值的观点可能会认为，中国人的这种敬畏自然、顺应自然的生态伦理是农业文明的产物，是人类生产力水平低下、受到自然"统治"的一种消极被动的伦理或文化反应。因为人不能征服自然，受到自然的统治，导致人只能顺从自然、敬畏自然，并在此基础上神化自然等等。这种观点，在指认"天人合一"产生的现实条件和生产力基础等方面确实是正确的、有道理的，但我们面对历史和传统文化时，要有历史的态度。既不要以当代人的标准去要求古代人，更不能因为他们没有说出我们能说的话，就对之进行不必要的贬低甚至否定。尤其是面对文化、思想时更要如此，任何思想都是时代的产物，但其中所包含的普遍的道理又往往能够超越自己的时代而成为人类共同的精神财富。"天人合一"所建构起来的生态伦理，其基本原则是超时代的、具有永恒价值的，但这些原则所包含的内容及其具体指向，往往是要根据不同的时代人们的实践水平和社会状况不断变更、丰富和发展的。因此，在当代，我们审视"天人合一"中的生态伦理，恰恰是经过了工业文明人类中心主义生态伦理这个"异化"或中介的生态伦理，因此是在人类主动、能动改造自然基础上的人与自然关系的重建，而非要求人们回到前工业文明的时代。

其次，"天人合一"主张"物我为一"，建构起人与自然万物平等的生态平等观。前文已经论述了"天人合一"的整体思维方式，即将包括人在内的世界万物看成是同根、同源、同质而又各自差别的整体，因此它们之间不是高低贵贱的关系，而是平等互动的关系。由此，"天人合一"构建起人与自然万物平等的生态平等观。"天人合一"认为天地万物和人一起都是"生"成的，有着共同的起源，因此在本质上是没有差别的，因此是平等的。人和其他事物之间的差别，不是一种本质上的差别，而是在生成过程中所形成的差别，这种差别既把人和其他事物区分开来，又把人和其他事物联系在一起，形成"和而不同"的相互平等的人与自然的关系。

需要注意的是，在"天人合一"中，人是"万物之灵"而与物不同；但人绝不是"万物之主"而统治物。应该说，这是东西方人与自然关系构架中一个非常明显的差别。在西方的天人关系中，人与自然从来都不是平等的关系，要么自然统治人，要么人统治自然。在基督教文化语境中，当人从上帝手中夺取了人的权利之后，人也就以"上帝"自居，把自己看成是自然的主人，构建起人与自然之间的"主人—奴隶"的关系。正是这种人与自然关系的不平等的观念，导致人们在改造自然时，不会以平等态度对待自然，当然也就不会尊重自然，更谈不上顺应自然了。西方文化中的人对自然的高高在上的主人姿态，是生态危机出现和频发的重要原因之一，也是包含着生态平等观的"天人合一"理念在当代生态文化中重新焕发生命力的原因之一。

最后，"天人合一"倡导"天人同用"，建构起人与自然多维价值的生态价值观。在天人合一理念中，既然世界万物与人是同源、同质的存在，是相互平等、相互作用的关系，那么人与自然万物之间就不是主人与奴隶的关系，就不是人无限制地利用自然、开发自然和剥夺自然的关系，而是相互依存、相互影响和相互促进的关系。这就建构起了人与自然之间在平等基础上的价值互补的关系，换言之，就是人与自然之间是多维价值关系，而不是单一价值关系。所谓单一的价值关系，是指在人类中心主义中自然存在价值维度的单一化。人类中心主义认为，自然万物的存在是为人类利益服务的，其存在的唯一价值是能够为人类所用。更有甚者，人类中心主义再加上经济主义，使得自然的价值在为人类所用的单一价值的基础上，更是被狭隘地理解为经济价值。或者说，持这种观点的人认为自然万物只有相对人类的经济利益而言才是有价值的，凡是不能给人类带来经济利益的存在物都是没有价值的，而只要能够给人类带来经济利益，自然物即使被破坏、被毁灭也是有价值的。在这种单一价值关系中，自然存在的多维价值被简化为唯一的价值——经济价值。

但在天人合一的理念中，自然与人类的价值关系是多维的。除了经济价值之外，作为人类生活基础和生活条件的自然，还具有环境价值；作为与人类共同构成有机系统之子系统的自然，还具有系统价值；作为与人类共同构成完整的生态系统的自然，还具有生态价值；等等。此外，自然万物之间也是相互依存、相互作用的整体，它们之间也各自有着自身存在的多维价值。人与自然之间的多维价值，需要人类在面对自然时，要从人与自然的多维价值关系出发去评价自然，构建起人与自然的生态价值观。"天人合一"，如前所述，视自然与人类为平等存在且应该尊重的对象，因此其中必然包含着超越人类中心主义和经济理性所构建的自然对人的单一经济价值观，而是一种多维的、平等的、和谐的生态价值观。在这一价值观中，人的价值的实现离不开自然价值的实现。同样，自然价值的多维性和多样性又离不开人在改造自然的过程中不断发现和确立，从而使得人的价值和自然价值能够共同实现和共同发展，形成人与自然和谐共生与共荣发展的"合一"局面。在生态危机不断撕裂人与自然和谐关系，从而导致自然价值被严重损害，造成人类生存与发展困境的今天，"天人合一"中所内涵的二者之间的统一，更加具有警示作用和意义。

三、人与自然和谐发展的中国智慧

人作为"万物之灵"，其与自然存在物之间的重要差别之一，就是人类是"有意识的"存在，即能够自觉把自己作为一方，把自然作为另一方处理彼此的关系。人类的这种"有意识"，使得人类能够根据自己的需要和意志，以及根据自然存在的现象和规律来自觉地调控人与自然的关系，从而达到人类发展的目的。这就是马克思主义所谓的人的活动所遵循的两个尺度，即内在尺度和外在尺度。这两个尺度在人的活动中是统一的、同时起作用的，从而使得人类可以超越动物的本能而成为一种主体性存在、一种智慧生物。在西方文化传统中，没有从"天人合一"角度去思考人与自然之间的关系，导致人与自然之间的关系越来越走向对立和对抗的地步，最终破坏了人类活动两个尺度之间的统一，片面发展和强化了人对自然的能动性，甚至在一定程度上否定了自然存在的自身价值和理由，将自然完全置于人的控制和统治之下，把"万物之灵"理解为"万物之主"，最终导致了人与自然之间的激烈对抗和相互威胁。在西方哲学中，大量存在这种过度张扬人的能动性、忽略人的受动性的观点。康德的"人为自然立法"就是其中的典型代表之一。当康德提出这一观点时，就已经忽视了自然存在的自身基础、价值和规律。

西方世界在人"杀死上帝"之后的取而代之的"造物主化"，是当今人与自然关系恶化，走向对抗与"异化"的重要思想根源和文化根源。西方之所以成为工业文明的发源地，与这种思维方式和文化传统不无关系。无可否认，工业文明在促进人类生产力的发展，为人类的进一步解放创造物质条件方面做出了巨大的贡献，这是工业文明所具有的历史价值。但同时也要看到，工业文明所依赖的文化基础和生产关系又恰恰是导致人与自然不和谐的根源，人类与自然之间的对立乃至对抗都是由工业文明的这两个基础导致的。生态主义和绿色运动已经从多个角度和层面揭示了这一点。他们的具体观点将在下文中展开，在这里只是指出，西方的思维方式所造就的西方文化和工业文明的社会基础是导致人与自然相异化的基础和根源。在西方社会和工业文明语境中，人类始终追求的是人对自然的征服和统治。在基督教语境中，人们创造出了一个人类的完美形象——上帝，他通过"全知全能全善"成为控制世界和统治世界的万物之主。这是人类统治自然的宗教幻想，也是"上帝死了"之后人成为"尘世上帝"的文化根源，至少是之一。

但是，人类永远不可能统治自然，自然其实也从未统治过人类。就像人统治自然一样，所谓自然对人的统治，同样是人们的一种想象。与西方的思维方式和文化传统不同，中国的"天人合一"理念中其实并不存在一个统治世界的"主"。虽然中国古代的"天人合一"理念由于生产力低下和科学发展的不充分包含着诸多神秘性的元素，也存在迷信的成分，但始终没有出现将世界交付给某个人格神的思想。因此，在"天人合一"中，人只是万物之灵，而不是万物之主，其所追求的人与自然之间的关系，始终是相互包容、相互平等的和谐关系。在"天人合一"中，包括天、地、人"三才"在内的万物生灵，不是谁统治谁、谁征服谁的对抗性关系，而是你中有我、我中有你的共生关系。这一共生关系不可能发展出人征服自然、统治自然的立场和观念，当然也就不可能导致无节制地利用自然的现实活动。虽然在历史上，中国也出现过一些破坏自然的现象，有时候还很严重，但其对自然的破坏程度则是无法与工业文明相比拟的。当然，从现象上看，"天人合一"理念的这种处理人与自然的态度，是我国在一定时期内轻视科学、错失工业文明发展最佳时机的原因之一。但不能因此否定"天人合一"理念的历史价值和现实价值。我国不是没有出现过所谓的资本主义萌芽的历史时期，只是由于复杂的历史原因，资本主义在中国没有成长起来，而被扼杀在了萌芽状态。这一点同样说明了，"天人合一"理念远不能为中国近代以来的落后和挨打负责或背锅。

人类与自然应该和谐相处，也必须和谐相处。马克思主义的本体论、实践观、辩证法和历史观都揭示了人与自然之间的内在统一关系，从而论证了人类价值的实现与自然价值的实现是统一的过程，价值观与生态文明之间因此也必然是内在统一的辩证关系。近代以来的工业文明破坏了人与自然的统一而走向对抗，是历史事实，也是人与自然关系客观的历史进程。正如中国文化所说的那样，"物极必反"，在人与自然关系极端对抗的历史节点上，我们重温中国"天人合一"理念所包含的人与自然和谐统一的内涵，并以马克思主义为指导，重新审视人与自然关系的种种问题，正确认识人类实践在人类解放和生态文明之间的革命性作用，既是对历史负责，也是对人类的未来负责。"天人合一"理念中所包含的人与自然的内在统一，以及人类尊重自然、顺应自然和保护自然的内涵，是 21 世纪中国为人类科学认识和解决人与自然关系，实现人与自然的和解乃至和谐发展所提供的独有智慧。换言之，古老的"天人合一"理念，在 21 世纪所焕发出来的新机，是人与自然和谐发展的中国智慧的集中体现。

第三章　西方生态主义：反思与启示

资本主义核心价值观是在资产阶级反对封建主义专制社会、建立资产阶级统治的过程中，以工业文明为基础提出来的。资产阶级以"天赋人权"为基础，提出了"自由、平等、博爱"的核心价值观。由于资本主义生产方式的本质是追求资本利润的最大化，其所遵循的价值观其实是利益最大化的价值观，准确地说是经济利益最大化的价值观。资本主义的价值观在社会生活领域最终异变为"虚假意识"，即所谓的"自由、平等、博爱"只是剥削的"自由"、买卖的"平等"和对经济利益的"博爱"；在人与自然关系上异变为人控制和剥削自然的价值基础，成为人无限制地盘剥自然的理由和借口。这样，资本主义的核心价值观，最终不仅成为控制和剥削自然的工具，而且成为人控制和剥削人的理由。其结果就是导致了人和自然，以及人与自然关系的多重"异化"。在人的异化层面上，表现为人的动物性生存，人类失去了其精神家园而成为物质利益的"奴隶"；在自然层面上，表现为自然系统被破坏，自然环境越来越恶化和不可持续；在人与自然关系层面上，表现为自然从人类的家园变成了威胁人类生存的外部强制力，成为人类可持续发展的最大威胁。资本主义越是发展，人与自然关系越是走向对抗，人的发展本身越是受到来自自然的威胁，这就是所谓的资本主义价值观与生态文明之间的"悖论"。

这一"悖论"在资本主义原始积累和自由竞争时代，还没有得到充分暴露，以至于人们沉浸在人类"征服"自然的光荣之中，没有意识到人与自然关系的恶化最终会直接威胁到人类生存本身。正如恩格斯在一百多年前警告的那样，随着20世纪六七十年代西方发达国家的环境危机和生态危机的日益严重，面对自然越来越"暴烈"的对人的"报复"，这一"悖论"也就日益成为受到普遍关注的问题。面对这一"悖论"，西方的学者开始反思资本主义核心价值观与生态文明之间的关系，出现了各种以生态保护为中心的绿色运动，并提出了众多的理论。这些理论虽然众说纷纭，但都直接或间接要求超越资本主义的现有价值观，重建价值观与生态文明的统一，在重建人与自然和谐发展中实现人类的自由和解放。

第一节　生态危机与生态主义

在 21 世纪来临之前的最后几年，人们在对"千禧年"的展望中，包含着浓浓的"末日"情绪。这一情绪并没有随着 21 世纪的到来而得到消减，反而处于愈演愈烈的过程中，以至于"2012 年 12 月 21 日"这一平凡得不能再平凡的日子，竟成为一个具有全球影响的文化符号，成为人们在忐忑中既期待又恐惧的日子。可以说，21 世纪的头十年甚至更长的时间，人类都在被人类毁灭的恐慌情绪所笼罩。这种恐慌或者恐惧的集体心理的出现，就在于 20 世纪中期开始的人们对一个社会现象的反思与批判，这个社会现象就是"生态危机"。"生态危机"之所以成为一种社会现象，是因为它是在人类社会发展的一定时期出现的、威胁人类生存的现象，是人类社会活动和社会发展的结果或产物。

生态危机虽然表现为各种自然灾害及其所造成的对自然环境和人类生活的破坏性结果，但生态危机中的各种自然现象出现的原因却并非全然源于自然的自我发展，而是人类对自然的过度开发和利用，即人类对自然的剥削和盘剥。如果说自然灾害和生态灾害的发生有着自然本身的原因，人类的活动至少是它们频繁发生和烈度不断加大的主要原因。生态危机是人类发展与自然发展背离的产物，是人类与自然关系恶化的"自然"表现。面对日益恶化的自然环境和愈演愈烈的生态危机，人类开始审视近代以来人与自然关系中存在的问题，并试图找出解决问题的方法和路径。由此，西方率先兴起了以保护环境、恢复生态平衡为主要内容的绿色运动，由此形成了生态主义的运动和理论思潮。

一、资本主义与生态危机

"冰冻三尺非一日之寒"，生态危机不是一夜之间形成的，也不是一夜之间出现的。生态危机是近代以来人类改造自然长期累积的结果，是长达几个世纪的资本主义生产方式发展的结果。资本主义生产方式的根本规律是剩余价值的生产，是劳动过程与价值增值过程的统一，其所遵循的基本逻辑是资本逻辑——追求利润最大化。这一逻辑在资本主义的不同发展阶段具有不同的特征，也有着不同的表现，但共同之处都在于为了利润最大化可以牺牲一切，既包括人也包括自然。"资本害怕没有利润或利润太少，就像自然界害怕真空一样。一旦有适当的利润，资本就胆大起来。如果有10%的利润，它就保证到处被使用；有20%的利润，它就活跃起来；有50%的利润，它就铤而走险；为了100%的利润，它就敢践踏一切人间法律；有300%的利润，它就敢犯任何罪行，甚至冒绞首的危险。如果动乱和纷争能带来利润，它就会鼓励动乱和纷争"[①]。这就是资本的本性及其逻辑，其支配人们活动的结果必然是人与人、人与自然关系的对抗化，是生态危机出现的历史根源。

资本主义的产生是从原始积累开始的，这是资本主义的形成阶段。资本的原始积累，要求在短时期内集聚起大量的货币和资本，因此导致资本家们在积累资本的过程中无所不用其极，不择手段地将社会财富集中到少数人的手中。这一过程，一方面表现为社会关系的剧烈变动，造就大量的自由劳动者；另一方面表现为对自然资源的大规模开采和利用，在短期内积累起大量的生产资本。在社会关系方面，要想造就大量的自由劳动者，就需要且必须使劳动者与劳动资料相分离，使得他们除了出卖自己的劳动力无法自己改善自己的生活条件，从而为资本主义生产准备大量的劳动力。这个过程是一个充满着血与火的过程，是一个劳动者流离失所和丧失生产条件的过程，是一个"羊吃人"的过程，这是一个对劳动者的大规模剥夺的过程。在人与自然方面，资本家想在短期内集聚起大量的资本，便开始向自然进军，通过大规模

---

① 《马克思恩格斯文集》第5卷，北京：人民出版社，2009年，第871页注(250)。这是马克思引用《评论家季刊》中的一段话，目的是说明资本本性及其肮脏性。这一说法虽然比较夸张，但却真实地描述了资本对追求利润最大化的贪婪本性。

的垦荒和对矿藏的开采，将大量的生产资料集中在自己的手中，从而为资本主义生产准备必要的物质条件和手段。这是一个对自然的大规模剥夺的过程，由此开启了近代以来人与自然关系的基本构架，即人"征服"自然、"统治"自然的过程，也为生态危机的发生埋下了伏笔。马克思说，"资本来到世间，从头到脚，每个毛孔都滴着血和肮脏的东西"①，不仅是对劳动者而言的，也是对自然而言的。

资本主义的生产就是对利润最大化的追求，是剩余价值的生产过程。而资本为了实现利润最大化，就必须不断扩大生产的规模，不断积累起更大规模的资本。同时，资本为了实现利润最大化还必须不断提高劳动生产率，不断提高资本的有机构成。这两点，都必然导致资本主义生产规模的不断扩张，而生产规模的扩张又必须以生产资料的大规模使用为前提。生产资料的大规模使用，又促使资本家不断地更大规模地开采和利用自然资源，从而导致更大规模地开发自然。可以说，整个资本主义的发展，都是建立在无休止开发自然的基础之上的。这既导致自然资源的枯竭，出现资源和能源危机；也导致人类活动空间的不断扩张而压缩了自然生物的生存空间，破坏了生态系统而出现生态危机。资本主义生产规模的扩大，还会产生大量的生产废料和废气，这些废料和废气被排放到自然之中，导致了自然环境的污染，破坏了自然的自组织系统，进而导致自然系统的脆弱化，使得自然灾害频繁发生。应该说，资本主义生产的发展，在两个方面伤害了自然，一个是对自然的过度开发导致自然系统的平衡被打破，自然无法在正常的范围内实现自组织系统的恢复；另一个是大量废弃物的排放超出了自然自我清洁的能力和范围，导致自然系统的紊乱。资本主义伤害自然所造成的结果，只能是生态危机的出现。

古典政治经济学的教条之一，是认为商品能够自己找到自己的市场。但资本主义的基本矛盾所导致的周期性的经济危机，打破了资本主义的这一"神话"。以生产相对过剩为基础的经济危机告诉人们，市场并非万能的，商品也不是在任何时候都可以找到自己的市场，实现自己"惊险的跳跃"。为了缓解

---

① 《马克思恩格斯全集》第23卷，北京：人民出版社，1972年，第829页

这一矛盾，二战后的资本主义在有限提高无产阶级工资的基础上，发展出了一种新的意识形态——消费主义的意识形态。在所谓的"丰裕"社会，商品以更大规模"堆积"起来，而无产阶级的有效购买力则始终无法满足商品实现其对市场的需求。于是，资本开始主动为自己的商品"创造"市场和需求，由此进入了所谓的"消费引导生产"的消费社会阶段。在这个阶段，资本通过各种符号操作，将人们编码成"消费者"，以各种各样的"时尚""身份""快感"等"剩余意义"引诱人们进行大规模、无理性的消费，甚至用明天的收入来进行今天的消费，营造出虚假的繁荣。这就是所谓的消费主义的意识形态，在这一意识形态的"询唤"下，人们在更加隐蔽和更具有欺骗性的基础上被资本所统治，最终成为"物欲"的奴隶，各种"奴"也层出不穷。很明显，在这种双向强化下，资本对自然的利用也更大规模地展开，人对自然的索取更是变本加厉，自然环境的恶化随之以加速度的方式加剧。

因此，生态危机的出现，是资本主义长期发展的结果，是资本主义生产方式所导致的必然结果。而随着生态危机的出现，人类生存自身也受到了来自自然的威胁；随着危机程度的加深，人类所受到的威胁也日益严重。正是在这一背景下，西方出现了反思人类行为模式、寻求解决人与自然关系的绿色运动和生态主义。

二、绿色政治运动和生态主义运动

绿色政治运动和生态主义政治运动同为西方二战后出现的所谓新社会运动的组成部分，是新社会运动这一"合奏"中影响最为普遍和深远的政治运动。一般而言，生态主义是绿色运动的深化和发展，从一定意义上讲，生态主义是相对绿色运动的"浅绿"而言的"深绿"，即相对绿色运动而言更具理论性和深度的理论思潮和政治运动。在这个意义上讲，绿色运动和生态主义是一而二二而一的关系，有学者将二者看成是同一回事。

绿色运动和生态主义是西方生态危机的产物，是对生态危机的反思和由此产生的政治思潮或运动。"西方生态主义作为西方新社会运动的主流，兴起于 20 世纪 60 年代中期，是由生态灾难和能源危机直接引发的群众性抗议运动"①。西方绿色运动或生态主义是一个观点繁多、学派众多的社会运动及其思潮的综合体，不同的学派之间的观点甚至是相互对立的。但同为对生态危机的反应性运动与意识形态，它们之间还是有着一些共同的基础和价值取向的。"西方生态主义政治思潮或运动（也被称为绿色政治思潮或运动），可以被概括为 20 世纪六七十年代在西方国家兴起的以追求人与自然和谐相处为目标，以反对传统制度和经济发展模式，实现人类社会内部不同群体、不同阶级、不同性别、不同种族、不同国别之间新型关系为内容，突出强调人类整体利益和未来人类利益的新的政治运动或政治意识形态"②。

西方绿色运动自 20 世纪 60 年代兴起后，大体经历了三个阶段。20 世纪 60 年代为第一个阶段。在这一阶段，"工业化问题凸显，特别是日趋严重的环境问题引起人们的不满，资本主义内部的矛盾也表现得越来越突出。这些问题引发了理论研究的热潮和有组织的抗议活动"③。20 世纪 70 年代为第二个阶段。在这一阶段，"理论家的反思得到民众的认可，西方绿色政治运动主要以街头政治的方式出现，一些组织开始系统地提出自己的主张，组建政党"④，开始成为一股重要政治力量。20 世纪 80 年代以来为第三个阶段。在这一阶段，"西方绿色政治运动以合法政治参与为主要手段，宣示其'绿色'政策主张"⑤，深度介入西方的经济、政治和社会生活。绿色运动作为一种政治运动，具有四个方面的基本特征。第一，以生态主义理论为基础或指导；第二，以生态政治学、社会公正、基层民主和非暴力为原则；第三，以保护自然和社会生态为政策目标；第四，政策主张包括保护生态环境、实行草根民主、尊重多元文化、实现社会公正、反战反核、维护妇女人权等等。

可见，西方绿色运动和生态主义其实是政治运动与其理论基础之间的关

---

① 金纬亘：《西方生态主义基本政治理念》，南昌：江西人民出版社，2011 年，第 5 页

② 金纬亘：《西方生态主义基本政治理念》，南昌：江西人民出版社，2011 年，第 20 页。

③ 徐彬、阮云婷：《西方绿色政治运动的生态主义指向：批判与借鉴》，《学习论坛》2017 年第 9 期，第 51 页。

④ 徐彬、阮云婷：《西方绿色政治运动的生态主义指向：批判与借鉴》，《学习论坛》2017 年第 9 期，第 51 页。

⑤ 徐彬、阮云婷：《西方绿色政治运动的生态主义指向：批判与借鉴》，《学习论坛》2017 年第 9 期，第 51 页。

系。也就是说，绿色运动是生态主义理论的实践，生态主义是绿色运动的理论基础或实践总结，二者是从不同角度对西方以生态保护和生态政治为主要内容的新社会运动的概括和描述。在不做严格区分的情况下，二者可以合并理解，由于生态主义相对于绿色运动更具理论上的系统性和影响上的广泛性，大多数学者都更加关注生态主义运动。

三、生态主义的谱系

西方生态主义产生的主要原因是资本主义的无节制经济发展所导致的大气与水污染、森林植被锐减、野生动物灭绝等环境危机其是对资本主义价值观及其与自然关系的一次反思与反动。"西方生态主义运动是新社会运动直接孕育的产物，是西方能源危机、生态失控引发的群众运动，是第二次世界大战后繁荣期西方社会结构与社会矛盾变化的呈现，是西方近代以来价值观与自然观在资本主义逻辑演绎中的直接结果"①。

西方生态主义都主张进行绿色革命，主张保护自然，在解决经济增长与环境制约的关系上，则存在着两种对立观点。一种观点认为人类经济在环境限制下将失去进一步增长的空间，即增长存在着极限，这些生态主义被称为"生态悲观主义"；另一种观点认为人类经济能够在与自然关系改善中获得进一步的增长，即增长不存在极限，这些生态主义被称为"生态乐观主义"。在生态悲观主义中，主张和坚持生态中心主义，强调以自然为中心消解人类主体性的理论又称为"蓝绿"思潮；认为父权制和等级制度是造成问题根源的女权主义生态主义和生态社会学又称为"粉绿"思潮。在生态乐观主义中，主张在不改变或维护资本主义的前提下，通过科技和绿色经济的方式解决生态危机的生态资本主义理论又称为"黑绿"思潮；认为资本主义制度本身是造成生态危机的根源，并主张消除资本主义来解决生态危机的理论又称为"红绿"思潮。② 西方生态主义就是在各种各样的理论、观点和思潮的不断碰撞、不断融合中向前发展，并汇聚成西方新社会运动中的主流的。在这一发展历程中，

---

① 金纬亘：《西方生态主义基本政治理念》，南昌：江西人民出版社，2011年，第35页。
② 参见张云飞：《绿色激荡中的生态主义》，《人民论坛》2020年第1期（下），第49页。

西方生态主义大致经历了三个历史阶段。

20世纪六七十年代，是生态主义发展的第一个阶段，这是西方生态主义崛起的阶段①。一般认为，西方生态主义产生的标志，一是1962年蕾切尔·卡逊（Rachel Carson）的《寂静的春天》的出版，二是1968年"罗马俱乐部"的诞生。《寂静的春天》为人们描述了一个由于污染而导致的没有生物的寂静的春天，引起了关于化学污染和环境保护的大讨论，因此成为生态主义产生的标志性事件。1968年4月，由意大利经济学家佩切依发起成立的"罗马俱乐部"提出了如果人类不节制经济增长，将出现超出地球所能承载的极限而导致"零增长"的结局，标志着人类生态意识从觉醒走向了成熟。

20世纪80年代，是生态主义发展的第二个阶段，这是生态主义运动蓬勃发展的阶段。这个阶段的生态主义主要针对的是技术理性，根据其观点又可以分为"深绿"和"浅绿"两个流派。二者的"矛头都指向'人类中心主义'，不同之处在于'浅绿派'主要是批判人类对科学技术的运用不当而造成的对生态环境的破坏，而'深绿派'则否定一切技术，主张'生态原教旨主义'或称'生态基要主义'"②。"浅绿派"可以看成是缓进改革派，而"深绿派"可以看成是彻底变革派。

20世纪90年代以降，是生态主义发展的第三个阶段，"此期生态运动的制度批判进入更深入的政治和文化层面"③。在这一发展阶段，西方生态主义运动进一步分化，生态主义在经历了从"悲观生态主义"和"乐观生态主义"之争到"浅绿派"和"深绿派"之争之后，开始"黑绿"和"红绿"之争，即出现了生态主义和生态社会主义之争。其中，"黑绿"并不排斥资本主义，主张通过在资本主义范围内的改良来缓解或消除生态危机；"红绿"则认为只有推翻资本主义制度才能从根本上解决生态危机。根据对待资本主义根本制度的态度，西方生态主义又分为"激进派"和"改良派"。由此，西方生态主义运动呈现出异常复杂的局面，形成了众多的派别。其中最主要的有8个派别："传统的保

---

① 参见金纬亘：《西方生态主义基本政治理念》，南昌：江西人民出版社，2017年，第43-45页。

② 金纬亘：《西方生态主义基本政治理念》，南昌：江西人民出版社，2011年，第44页。

③ 金纬亘：《西方生态主义基本政治理念》，南昌：江西人民出版社，2011年，第45页。

守主义、市场自由主义、福利自由主义、民主社会主义、革命的社会主义、主流绿党、绿色无政府主义和生态女权主义"①。

到了 2017 年，据国内学者张云飞的研究，生态主义呈现出三种主要的色调，或者说存在三种生态主义。它们分别是："黑色"，即所谓的"既赞成环境保护政策，又担心自己利益受损"的"避邻主义"；"绿色"，即主张"超越工业文明""回归乡村文明"和"回归传统文化"的生态中心主义；"红色"，即以中国生态文明建设为代表的"呼吁构筑尊崇自然、绿色发展的生态体系"生态主义新形态。应该说，"红色"生态主义"是社会主义本质在生态文明领域中的表现和表征"，是社会主义核心价值观与生态文明的内在统一，也是生态主义发展的未来方向和基本趋势。②

第二节 西方生态主义对生态危机根源的反思与批判

西方生态主义是对生态危机和环境危机的反思与批判，是为了保护自然、保护环境而进行的群众性运动及其意识形态。因此，生态主义必然会对生态危机发生的根源进行反思和批判。生态主义从不同的角度对生态危机产生的根源进行了反思和批判，这些反思和批判从不同的角度和层次揭示了生态危机的原因，也在一定程度上探索了走出生态危机的方式方法和途径。西方生态主义由于其立场和方法论上的缺陷，并没有发现生态危机的真正根源，也没有真正找到解决生态危机的科学方法和路径。但这并不能否认西方生态主义所具有的历史意义和理论价值，因为它们对西方生态危机根源的批判，对我们揭示生态危机的原因和进行生态文明建设具有理论借鉴和实践借鉴的价值，也为我们发现价值观与生态文明之间的关系提供了理论启示。

西方生态主义对生态危机原因的揭示，主要集中在精神和文化层面。马

---

① 金纬亘：《西方生态主义基本政治理念》，南昌：江西人民出版社，2011 年，第 46 页。
② 参见张云飞：《2017 年度生态主义的"三种色调"》，《人民论坛》2018 年第 2 期（下），第 24-26 页。

克思主义生态主义从资本主义制度本身去寻找生态危机的根源，在一定程度上触及了问题的实质，也说明马克思主义理论的穿透力和科学性。总体上看，西方生态主义对生态危机根源的反思与批判主要包括对"工具理性"（人类中心主义）的批判、对"感性需要"的批判、对"经济理性"的批判和对资本主义制度的批判。

一、从人类中心主义到生态中心主义

20世纪四五十年代，法兰克福学派就在批判启蒙理性的过程中提出资本主义以建立在资本本性上的工具理性为基础的核心价值观与生态文明是不相容的。他们指出，虽然资本主义提出了"自由、平等、博爱"的核心价值观，但由于其所遵循的是工具理性，最终导致既不自由、平等，也谈不上博爱的现状。由于工具理性试图把世界上的一切都纳入可计算、可操控的过程之中，最终造成了人与自然之间的"主—奴"关系，不仅破坏了人与自然之间的平等，使人与自然同时处于不自由状态，并且导致了人与人之间的不平等、不自由的状态。工具理性基础上的资本主义价值观，更谈不上博爱，因为从来就没有主人对奴隶的爱。在这个意义上讲，法兰克福学派对工具理性的批判，是西方生态主义反思与批判的先声，并成为西方生态主义批判人类中心主义、主张生态中心主义的理论源头。以工具理性架构起来的人与自然的关系是"主—奴"关系，这一关系的核心是人类中心主义，即人是世界的主人，世界上的一切事物都围绕着人类而存在，为人类的利益服务。西方生态主义认为，正是工具理性或人类中心主义导致了人对自然的破坏性开发和利用，最终导致生态危机的出现并愈演愈烈。因此西方学者开始关注动物的权利，进而强调自然本身的价值，从认为人类再也不能忽视动物的权利发展为强调整个自然的存在价值，认为这些存在具有与人类同等的价值。这就是所谓的生态中心主义，就程度而言可以分为"动物解放论""动物权利论""生态中心论""生物中心论"等，也可以叫作非人类中心主义。

动物解放论的代表人物是澳大利亚的彼得·辛格，他认为"动物和人类一样有感受痛苦的能力，动物有权利受到道德关怀，人类应该平等地关心所有能感受苦乐的生物"①。动物权利论的代表人物雷根认为，"动物同人类一样，也是生命主体，同样也应享有道德权利，这种权利也是天赋的，因此动物不应当遭受苦痛"②。生物中心论者则进一步把"敬畏生命和尊重自然"看成是人类价值观的中心，认为一切生命都有生命意志，他们都能感觉到生命的存在并要求保持和发展自己的生命，这是有机体的内在价值，是有机体的"善"。生态中心论超越了动物权利论和生物中心论，把价值理性扩展到整个生态系统，认为人类与大地是一个命运共同体，大地(生物和非生物组成的共同体)因此具有了不依赖于人的内在价值(利奥波德语)，同时生态系统本身还存在着系统价值(罗尔斯顿语)。③

生态中心论或非人类中心论，强调自然界和生态系统具有超越工具价值的内在价值和系统价值，强调人与自然之间的平等关系，认为人类无权为了自身的利益而去伤害自然存在，导致它们的痛苦，从而主张人与自然的和谐相处，希望由此解决生态危机。但这些观点由于过于强调动物、生物乃至整个自然的权利和价值，最终走向了反人类的另一个极端，即他们把人类的发展与自然的发展绝对对立起来，为了保护自然而否定了人类实践的历史意义，其实质是否定了人类的价值，这也是它们被称为生态中心主义的主要原因。

二、从生态中心主义到现代人类中心主义

生态中心论以反人类中心主义为主要旨趣，并从反人类中心主义走向了另一个极端。与之相反，现代人类中心主义认为人类中心主义本身并没有错，错的是近代人类中心主义价值观—— 人类对自然的滥用。这种理论认为，人类中心主义价值观本身并无问题，因为任何物种总是以自己为中心的。"所谓人类中心就是说人类被人评价得比自然界其他事物有更高的价值，根据同样的逻辑，蜘蛛一定会把蜘蛛评价得比自然界其他事物都高。因此人理所当然

①　王莉：《人类中心主义与非人类中心主义之辨析》，《辽宁工程技术大学学报(社会科学版)》2012 年第 3 期，第 237 页。

②　王莉：《人类中心主义与非人类中心主义之辨析》，《辽宁工程技术大学学报(社会科学版)》2012 年第 3 期，第 237 页。

③　参见苏婕：《生态中心论的伦理学思想及其发展体现》，武汉理工大学硕士学位论文，2008年。

是以人为中心，而蜘蛛是蜘蛛中心论的。这一点也适用于其他的生物物种"①。因此，虽然现代人类中心主义也承认自然界的内在价值，倡导价值理性，但却反对生态中心论的非人类中心论或反人类中心论的观点，强调人类利益和价值实现的重要性。

现代人类中心主义认为，近代人类中心主义价值观错误地把人的任何"感性需要"都看作是必须得到满足的。所谓"感性需要"是指一个人可以感觉或体验到的欲望或需要②，这种需要一方面缺乏理性的思考，另一方面缺乏对需要的全面理解。近代人类中心主义把人类感性需要的满足看成是人类的本性，导致人类对自然的无休止的索取，并以征服自然为最高的价值取向。现代人类中心主义认为，正是这种价值观上的错误，导致了人类发展以牺牲自然、破坏生态为代价，从而出现了价值观与生态文明之间的背离，最终威胁了人类自身的生存与发展。因此，现代人类中心主义提出要用"理性需要"代替近代人类中心主义的"感性需要"，并通过对技术运用作必要的限制，来解决价值观与生态文明之间的矛盾和冲突，以解决生态危机。所谓"理性需要"是指一种经过审慎的理智思考后才表达出来的欲望或需要，这种思考的目的是要判断这种欲望或需要能否得到一种合理的世界观。③ 换言之，理性需要超越了感性需要的片面性，"以'人类的整体、永续的健康发展'为中心，以'有利于人类整体的可持续发展'为尺度来评价自然，来认识自然和改造自然"④。

生态学马克思主义在坚持人类中心主义方面与现代人类中心主义是一致的，差别在于，前者认为只有突破了资本主义的生产方式才能从更高的层面来解决资本主义价值观与生态文明相冲突的问题。生态学马克思主义认为，人类中心主义价值观本身并无过错，错在与资本相结合。在资本主义条件下，承载人类中心主义价值观的科学技术必然会成为控制自然和控制人的工具，最终导致对自然和人的剥削与掠夺。现代人类中心主义只是在纯粹的价值观

---

① ［美］W. H. 墨迪：《一种现代的人类中心主义》，章建刚译，《世界哲学》1999 年第 2 期，第 12-13 页。

② 吴楠：《现代人类中心主义价值观探析》，吉林大学硕士论文，2008 年，第 15 页。

③ 吴楠：《现代人类中心主义价值观探析》，吉林大学硕士论文，2008 年，第 15 页。

④ 吴楠：《现代人类中心主义价值观探析》，吉林大学硕士论文，2008 年，第 3 页。

变革上来解决问题，而生态学马克思主义则要求通过变革制度本身来解决问题。两者相较，现代人类中心主义更具有乌托邦性质，无法找到克服价值观与生态文明矛盾的现实可行之路。

三、超越资本主义制度，重建人与自然的和谐关系

在西方生态主义的发展中，马克思主义同样占有一席之地，即生态学马克思主义，又称为马克思主义生态主义。生态学马克思主义与其他生态主义的最大的不同在于，它不仅批判资本主义价值观与生态文明的冲突和背离，而且将分析延伸到对资本主义生产方式和制度的批判。它认为，生态危机的根源在于资本主义制度，在于资本主义的生产方式，生态危机是资本主义制度危机的表现之一。正是"在个人'有追求自身幸福的权利'的旗帜下，在资本追求利润的推动下，人开始了对自然前所未有的征服"①。因此，如果不克服资本主义生产方式，就不可能超越资本逻辑，也就无法超越资本逻辑的基本理性——经济理性。

生态学马克思主义认为，资本逻辑不仅导致工具理性成为人们的行动基础，而且导致经济理性成为人们的价值基础。在资本主义条件下，人们无论是看待人的价值，还是看待自然的价值，都只是从经济价值的角度进行的。换言之，在资本主义中"自然被看作是某种为人类的利益而存在的东西，被看作是有用才有价值"②。资本逻辑只能导致"越多越好"的消费主义价值观，这一价值观把所有存在物的价值都还原为经济价值并认为越多占有越好。其结果必然会忽视人和自然存在的非经济价值，不可能看到人的价值实现不只是对物的无限度的占有，自然的价值也不仅仅是功利主义的有用性。以资本逻辑为基础的经济理性的狭隘眼光，是导致资本主义价值观与生态文明之间出现矛盾甚至背离的根本原因，是生态危机的根源所在。相对于资本主义的经济危机，生态危机是更为严重的危机，因为它不仅是经济意义上的危机，而且是社会意义上的危机，更是价值观上的危机，是资本主义危机的总爆发和

---

① 金纬亘：《西方生态主义基本政治理念》，南昌：江西人民出版社，2011年，第41页。
② 金纬亘：《西方生态主义基本政治理念》，南昌：江西人民出版社，2011年，第36—37页。

总表现。

因此，生态学马克思主义认为，解决资本主义的生态危机是在制度变革的基础上重建人类的价值观，从而在新的基础上重建人类价值与自然价值的统一，这一价值观的基础应该是"生态理性"。生态理性在承认自然存在的内在价值的基础上，承认自然界价值的多样性——支持生命的价值、经济价值、科学研究价值、基因多样性价值、历史和文化价值、治疗价值、哲学价值、艺术价值和娱乐价值等等。在此基础上，生态理性强调人是整个生态系统中的一环，人的价值的实现与自然价值的实现是辩证统一和互促互进的关系。因此，只有以生态理性为基础，人们才能真正实现人类价值观与生态文明的统一。

生态学马克思主义不是在资本主义制度框架内重建价值观与生态文明的统一，而是在超越资本主义制度的基础上重建价值观与生态文明的统一。用马克思的话来说，其他生态主义的"立脚点是市民社会"，而生态学马克思主义的"立脚点则是人类社会或社会化的人类"[①]。但是必须指出的是，虽然生态学马克思主义把实现社会制度、生产方式和价值观的双重变革看作是解决资本主义价值观与生态文明建设之矛盾的前提，从而抓住了"社会建设"这一核心与关键，但却把超越资本主义、重建生态理性价值观的希望寄托在"破除对消费主义生产方式和价值观的迷恋"，即通过"分散化"和"非官僚化"改造资本主义生产和管理体制，克服由消费主义价值观和生存方式所带来的"劳动—闲暇二元论"，并建立所谓"较宜于生存的社会"。由此可见，生态学马克思主义解决资本主义价值观与生态文明之间矛盾与悖论的观点，仍然没有能够超越西方意识形态，最终陷入了空想。

第三节　生态主义的启示：如何实现
人与自然的和谐相处

西方生态主义各种理论和观点（也包括后现代主义文化批判的理论和观

---

① 参见《马克思恩格斯文集》第 1 卷，北京：人民出版社，2009 年，第 506 页。

点），对生态危机根源的分析与批判，以及对资本主义核心价值与生态文明之间悖论的解决方案，是对资本主义现实的反思，也是试图重建人与自然关系的建议和尝试。这一努力本身就应该得到肯定，更何况其中还包含着一定的深刻性和某些科学性。这些理论要么只从精神和文化层面分析问题，要么虽然强调制度因素，但它们都没有真正超越资本主义的意识形态；要么从"缝合伤口"走向"抹平伤口"，最终直接取消了人的存在和发展的历史基础和可能；要么将资本主义制度因素归结为消费意识形态，最终陷入纯粹的道德呐喊或乌托邦空想。因此，我们要正确认识西方生态主义的理论价值和实践价值，批判借鉴和吸收其中合理的成分，不能无批判地照搬照抄其观点和结论，更不能直接将之搬用到解决我国社会主义核心价值观培育与生态文明建设的实践之中。

因此，要想正确、科学、全面而深刻地认识人与自然关系，借鉴西方生态主义的理论成果，从根本上解决人与自然之间的"对抗"，实现人类价值观与生态文明之间的协同推进，就要回到马克思主义。唯有从马克思主义的基本立场和基本理论出发，运用辩证唯物主义和历史唯物主义，并以社会主义制度为基础，才能构建起与生态文明相统一的核心价值观，并在社会主义建设实践中实现社会主义核心价值观与生态文明的内在统一和协同推进，从而实现人的发展与自然的发展的高度和谐。借用马克思在《1844年经济学哲学手稿》中的话来说，此时的社会"作为完成了的自然主义，等于人道主义，而作为完成了的人道主义，等于自然主义，它是人和自然界之间、人和人之间的矛盾的真正解决"①。这是人类价值观与生态文明高度统一的状态，也是社会主义核心价值观与生态文明协同发展的最终目的和最高目标。我们认为，通过中国特色社会主义事业的推进，以及中国共产党领导中国人民进行的伟大实践，这一目的是能够实现的，这个目标也是能够达到的。

一、以马克思主义为指导，科学认识人与自然的辩证统一

西方生态主义批判了资本主义价值观与生态文明之间的悖论，试图揭示

---

① 《马克思恩格斯文集》第1卷，北京：人民出版社，2009年，第185页。

其根源，并探索消除生态危机，实现价值观与生态文明之间的重新统一。在这个批判与探索的过程中，虽然生态学马克思主义已经明确指认了资本主义制度与生态文明之间的不相容性，并主张超越资本主义。但从整个西方生态主义的论述中，我们会发现，他们都没有超越资本主义意识形态，都没有科学认识和理解人与自然之间的真正关系。西方生态主义中所谓"人类中心主义"和"生态中心主义"之争，其实质是一种形而上学的非此即彼的思维模式，也是奥康纳等所谓的"二元论"思维方式。这种思维模式中的人与自然关系，要么以人类为中心，人统治自然；要么以自然为中心，取消人的活动。人与自然的关系，只能在人或自然的两极之间摆动，而人与自然也只能是统治与被统治、征服与反征服的对抗性关系。其结果，就是人与自然始终处于一种"战争"状态，二者似乎是一种无法兼存的关系。

无论是近代人类中心主义或强（极端）中心主义，还是所谓现代人类中心主义或弱人类中心主义，其中所理解的人都带有"主人"的性质。人类是历史的主体，也是处理人与自然关系的主体，这一点是客观事实，但主体不等于"主人"。人类中心主义只看到了人类活动的能动性和主动性，却忽视了人类活动的受动性，从而错误地把人的主体性理解为主人性，与基督教文化相结合，人也就在上帝被罢黜之后代替上帝成为世界的主人。很明显，尽管现代人类中心主义在一定程度上肯定了自然的"权利"，但其基本构架仍然是"主—奴"关系，只是在道德上呼吁主人在对待奴隶的时候要讲点"人性"，要尊重奴隶的"人格"和"尊严"。但无可怀疑的是，主人即使对奴隶怀着柔情，也是以统治和剥夺为目的的。从某种意义上讲，主人对奴隶的柔情，是为了更好地、在更大程度上去剥削奴隶。这种观点，其实是把人与自然的客观物质关系进行道德化，从而在纯道德层面去理解和处理人与自然的关系。这种做法，也就把人与自然的关系以人类为中心进行精神化，绕开了二者关系的现实基础，成为一个通过道德呐喊就能解决的问题。其实质，是对资本主义的维护，是对资本逻辑的延续，其最终陷入乌托邦空想也就不足为奇了。生态学马克思主义从本质上看，也没有跳出这一思维窠臼，虽然他们在主张要变革资本主义制度这一问题上，比其他现代人类中心主义要深刻和科学得多。

生态中心主义，无论是动物权利论，还是生物中心主义，都从一个极端滑向了另一个极端。生态中心主义主张人与自然的平等，强调人的自然属性的重要性，但其落脚点则是要求取消人类的实践活动，停止人类对自然的改造，将人消解在自然统一体中。这种观点或理论，在反对人对自然的奴役方面具有一定的作用，也是人类中心主义的"解毒剂"，但却从根本上否定了人的主体性，主张取消人的能动性，从而走向了否定人的另一个极端。诚然，现代人类所遭遇的所有环境危机和生态危机都是人类自己的活动所导致的，从生态中心主义的角度看，人确实是"自然的一道伤口"，但因此从根本上否定人的能动性，否定人类自身的存在形式和"生命表现形式"，从而将人自然化，将人消融在自在自然的"物竞天择"中，无疑是一种倒退，也与人类历史发展的基本事实和基本趋势背道而驰。这种"向后看"的对资本主义价值观与生态文明悖论的批判，不仅不是革命的，甚至是反动的，其目的不是在发展中历史地解决人与自然的关系、重建人与自然的和谐，而是要求人类回到"小国寡民"甚至是人类出现之前的状态。

毋庸赘言，马克思主义认为，人与自然之间当然是统一的，人与其他自然存在之间并不存在某种地位上的差别。换言之，人类不是自然的主人，不具有对自然的高高在上的地位，人与自然之间的关系也不是主人与奴隶的关系，不是谁征服谁、谁统治谁的关系。这看起来很像生态中心主义的观点，但马克思主义所主张的人与自然的统一是一种历史的辩证统一，这一统一既非人类中心主义的用人去吞噬自然，也非生态中心主义的用自然去消解人类，而是既对立又统一的矛盾关系。因此，在马克思主义看来，人与自然关系不是非此即彼的外在对抗性关系，在强调人与自然平等时，不否认人的活动的能动性和主体性，在强调人的主动性和自觉性时，不否认人的受动性及其对自然的依赖性。这就从本质上将价值观与生态文明辩证统一起来。同时，马克思主义认为解决人与自然的关系，要从二者关系的历史中，从二者之间的客观联系中进行，无论是前工业社会人与自然的"和谐"，还是工业社会人与自然的"对抗"都是在人类改造自然的历史中发生的，也只能在人类改造自然的历史中得到历史的解决。人与自然的关系不仅仅是道德问题、文化问题、精神问题，更是现实的社会问题、历史问题，离开人类的现实的物质实践活动去理解人类价值观与生态文明之间的关系，只能走向对二者关系理解的抽象化和形而上学化。

二、以人类实践为基点，重塑人与自然的和谐统一

套用马克思在《关于费尔巴哈的提纲》中论述理论的真理性、此岸性时的说法：人与自然的关系问题，"这不是一个理论的问题，而是一个实践的问题"①，一切离开实践对这一问题的讨论，如果不是"经院哲学的问题"，也至少是一个抽象的问题。西方生态主义之所以没有能够触及问题的根本，原因就在于他们都脱离了实践去理解生态危机及其根源，当然也就不可能找到解决问题的现实路径，要么陷入空洞的道德批判，要么陷入乌托邦空想。马克思主义实践观是如何论述人与自然在实践中达到统一的，前文已有分析，在此不再赘述。在这里，我们只要指出西方生态主义在离开实践去讨论问题时所存在的偏差。

如前文所述，西方生态主义在理解人与自然关系的过程中，都将二者之间理解为外在的对抗性关系，并从一个极端滑向另一个极端。除了形而上学的思维，没有从实践的角度去理解，也是重要原因之一。马克思、恩格斯早在《德意志意识形态》中就指出，"'自然和历史的对立'，好像这是两种互不相干的'事物'，好像人们面前始终不会有历史的自然和自然的历史……然而，如果懂得在工业中向来就有那个很著名的'人和自然的统一'，而且这种统一在每一个时代都随着工业或慢或快的发展而不断改变，就像人与自然的'斗争'促进其生产力在相应基础上的发展一样，那么上述问题自然也就自行消失了"②。也就是说，人与自然的"统一"还是"斗争"都只能在实践中加以理解，并在实践中得到解决。西方生态主义所犯的错误和 19 世纪 40 年代的意识形态家们一样，在理解人与自然的关系，进而在理解生态危机时，都没有从实践中进行，因此他们在解决问题的途径探索上也是在实践之外进行的。

因此，当他们在实践之外来理解问题时，必然会出现两个极端。一个是过分强调人的能动性，将人的主体性理解为主人性，以一种"战斗"的姿态开

---

① 《马克思恩格斯文集》第 1 卷，北京：人民出版社，2009 版，第 500 页。
② 《马克思恩格斯文集》第 1 卷，北京：人民出版社，2009 年，第 529 页。

展与自然的"斗争"，追求人对自然的征服，追求自然对人的臣服，由此走向人类中心主义。西方生态主义一开始是反人类中心主义的，但却走上了另一个极端，将人与自然的统一片面地理解为人在自然性上与自然物的同一，从而以一种"妥协"的姿态要求人与自然的"和解"，追求人与自然物的无差别平等，追求自然与人的融合，由此走向生态中心主义。人类中心主义和生态中心主义的对立和"斗争"，由于没有看到在实践中人和自然是一种历史的相互作用和内在统一的关系，因此只能在这个问题上各执一端：要么以人类为中心，要么以自然为中心；要么自然臣服于人类，要么人类臣服于自然。在他们看来，除此二途别无选择，最终陷入了无休无止的纠结和争论之中。

　　同时，正是因为他们没有理解实践在人与自然关系中的全部意义和作用，因此在将人与自然关系理解为外在的对抗关系的同时，也没有把人与自然关系理解为一个在实践过程中的现实的历史的关系，不知道人与自然是在改造世界的实践中展开自然人化(历史的自然)和历史"自然性"(自然的历史)二者之间的关系的。离开了实践的、历史的维度，他们只能把人与自然关系想象为一种精神的关系，理解为纯道德上的关系。因此，不管是生态中心主义还是(现代)人类中心主义，西方生态主义都没有在人类实践的现实基础上去分析问题和解决问题，始终纠结于我们应该怎样去对待自然，即我们以什么样的态度去和自然相处。最终掉进了几乎与19世纪的意识形态家们一样的陷阱，认为只要人们改变了观念，换一种理性态度去和自然相处，生态危机似乎就可以消除，人与自然之间似乎就可以实现和解。即使是生态学马克思主义和生态主义社会主义的理论家们，最后都没有逃脱这个意识形态陷阱，找不到解决生态危机和人与自然关系的现实路径和现实力量，最终陷入空想。他们不知道的是，无论人与自然之间是"和谐"的关系还是"对抗"的关系，都是在人们改造世界的实践中建构起来的一定的历史性关系，因此人们以何种态度、何种理性来与自然相处也是一种现实的实践问题，是一定实践基础上的人的观念和态度。他们不知道改变观念的基础不是哪种理性，而是实践结构，具体到当代就是资本主义生产方式。

　　由此可见，人与自然关系的建构和调整，都是在实践之中，并只能通过实践才能实现。因此，要想解决生态危机，实现人的发展与自然之间的协调，实现价值观与生态文明的统一，必须充分认识实践的意义，必须以实践为现实的基础和出发点。因此，人们应该在实践中，通过实践的发展来重塑人与自然之间的和谐关系，重建价值观与生态文明的协同关系。

三、超越资本主义生产方式，构建人与自然和谐相处的历史基础

资本主义生产方式是近代以来人与自然关系恶化的历史根源和生态危机出现的现实原因。自文艺复兴以来，西方出现了各种人与自然的"二元论"，包括所谓的技术理性、感性需要、经济理性和它们的"总和"人类中心主义，其历史的基础都是资本主义生产方式。虽然将人与自然二元化，进而将自然看成是只有经济价值的"堆积物"，将人类看成是自然的主人等观念早于资本主义生产方式本身出现在西方哲学和文化之中，但如果从社会存在与社会意识的关系来看的话，这些观念其实是资本主义生产方式的理论先声和思想先导。换言之，这些"二元论"是在封建社会末期、资本主义萌芽时期出现的。它们是从满足资本主义生产方式取代封建生产方式的需要出发产生的，是为资本主义生产方式的历史合理性与合法性进行理论论证和辩护的。因此，这些观念、理论的出现不是抽象的、超历史的产物，而是一定历史主题和历史任务的产物，其基础深植于资本主义生产方式之中。

随着资本主义取代封建主义，资本主义生产方式成为统治性的生产方式，资产阶级的意识形态也就成为处于统治地位的意识形态，根植于资本主义生产方式本身的各种人类中心主义的理论、思想和观念开始大行其道，成为人们与自然打交道的指导性理念。就像资本在资本主义社会是"普照的光"一样，资产阶级的价值观也成为整个社会意识的"以太"，从而使得人们的意识都被资产阶级化了，用青年卢卡奇的话来说，都被"物化"了。在资本主义社会，工具理性也好，经济理性也罢，其实都是资本逻辑在人们观念中的反映，是意识形态领域内的资本逻辑。如果说，资产阶级或资本家是人格化了的资本，是执行资本职能的社会力量的话，那么，资产阶级的意识形态就是观念化了的资本，是执行资本职能的精神力量。因此，探究资本主义中人与自然关系恶化和20世纪生态危机的根源，就不能只从观念出发，也不能只从人们的意

识出发，而要透过这些观念和意识找到产生它们的社会基础和物质动因。这个现实基础和物质动因就是资本主义生产方式以及建立于其上的庞大的资本主义制度和体系。

西方生态主义虽然在揭示生态危机原因方面有诸多建树，在探索解决生态危机的途径上有诸多努力，但由于他们大多没有真正抓住问题的本质，这些理论的历史穿透力和现实价值也就大打折扣了。在这些理论中，生态学马克思主义或生态学社会主义是最为深刻的部分，因为他们将生态危机的根源追溯到了资本主义制度本身，并揭示出资本主义制度与生态文明之间的不相容性。但是，生态学马克思主义在对资本主义制度的超越或变革上，最终落脚到对资本主义消费意识形态的消除，以及所谓的分散化的、大众化的基层民主上。很明显，资本主义制度不能归结为消费意识形态，也不能简单地通过非暴力的游行示威以及女权主义、环境主义等"多极点""分散化"的群众运动来实现。同样，在资本主义社会中，所谓全人类的利益、子孙后代的利益等都只能是一种美好的想象，因为在资本逻辑中，只有资本的利益，也只有现时的利益。人类共同利益对于资本来说是看不见、摸不着的空泛的名词，资本从来都是实用主义者，不会去追求"不切实际"的利益；子孙后代的利益是属于未来的不可预见的利益，资本是不愿意把利益寄托在未来的，因为那样不可知的风险太多，太不确定了，因此也不是资本愿意考虑的。这也就说明了，为什么自 20 世纪 60 年代以来，西方生态主义运动看起来如火如荼，非常热闹，而生态危机和环境危机却愈来愈严重，以至于人类怀着"末日情绪"走进了 21 世纪。

因此，只有彻底变革资本主义生产方式，在实践中超越资本逻辑，才能从根本上解决问题。具体而言，就是要从根本上变革资本主义生产关系，在人们的经济生活、政治生活和社会生活、文化生活中彻底消除和超越资本逻辑，才能超越资本在发展上的狭隘眼界和短视眼光，才能真正从人类整体利益和长远利益出发来改造自然和发展社会，从而从根本上扭转生态危机和环境危机及其给人类带来的威胁。这种对资本主义的超越，不是一种修修补补式的改良，也是不简单的观念变革或价值观的变革，而是要从整体上变革资本主义的经济基础和上层建筑，即整个地改变资本主义社会形态，以社会主义取代资本主义。这是一次涉及整个社会系统的革命性变革，是人类社会形态的一次重大飞跃。从历史观和历史规律的高度上看，只有超越了资本主义社会，只有在社会主义和共产主义中，人类价值观与生态文明之间才能实现其相互作用、相互影响和相辅相成的和谐关系。人类也才能在自觉认识自然规律、自觉认识人与自然关系的规律、自觉认识社会发展规律的基础上改造自然，实现人与自然的和解与和谐，最终实现人类的解放和自然发展的统一，人类也才能以最无愧于自然和人类自身的方式实现自己从必然王国向自由王国的飞跃。

当然，我们不能期盼在短期内实现对资本主义的超越和共产主义的实现。但生态危机和环境瓶颈已经是人类不得不直面的严重问题，需要全人类联合起来共同解决。同时，我们也必须清醒地认识到，人类现在所面临的生态文明建设中的种种问题和困境又大多和资本主义制度相关，因此决定了生态文明建设必然有很长的路要走，其中出现各种反复甚至是倒退也是在所难免的。现在人类能做的就是尽量限制资本逻辑作用的范围，在利用资本的基础上尽力实现对资本的驾驭，在社会生活层面上将资本逻辑带来的危害降到最低水平。美国退出《巴黎协定》的行为，给人类敲响了警钟，也再次说明了只有超越资本逻辑，人类才能真正地实现和自然的和解，构建人与自然生命共同体，在与自然的和谐共生中实现人类命运共同体，实现人类的可持续发展与自然的可持续发展的辩证统一。我国生态文明建设所取得的举世瞩目的成就，从另一个方向和角度证明了社会主义在实现人类价值观与生态文明统一方面的巨大潜力和远大前途，证明了社会主义是实现人类与自然和解、和谐的现实可行的路径。中国共产党领导中国人民所开拓的中国特色社会主义事业，已经在一定程度和范围内实现了人类价值观和生态文明的统一，其对人类解放和自然发展之间相辅相成的事业的示范、引领作用也越来越大，越来越得到更多国家和人民的认可与支持。我们有理由相信，随着中国特色社会主义事业的发展，人类终有一天会从整体上超越资本主义和资本逻辑，实现价值观与生态文明的统一，实现人与自然的和谐共处、共生共荣，最终实现人类的真正解放和自由全面发展，建设一个和谐、公正、清洁、美丽的人类世界。

第四章　社会主义核心价值观与生态文明协同发展的历史实践

　　任何一个国家或社会都有自己的核心价值观，社会主义中国当然也不例外；任何一个国家或社会都要在改造自然中获得发展，都要和自然打交道，都要处理人与自然的关系，社会主义中国也是如此。因此在中国特色社会主义的发展中，同样面临着如何处理人的发展与自然发展的关系、解决核心价值观与生态文明统一的问题。新时代中国特色社会主义在一定程度上已经实现了社会主义核心价值观与生态文明事实上的协同发展，但在意识上和认识上还没有达到自觉的程度。而要在这个问题上实现更高程度的自觉，我们应该也必须回到历史，回顾和梳理中国社会主义建设和发展中，党和人民对社会主义核心价值观与生态文明协同发展的探索历程及其历史成果，从而找到中国社会主义核心价值观与生态文明协同发展的历史经验和教训，以实现观念上的自觉，并最终实现二者之间的协同发展。

　　总体上看，新中国成立后社会主义核心价值观与生态文明的协同发展是一个逐渐明晰的过程。严格来说，是一个从矛盾冲突到相互统一，从各自发展到协同发展的过程。一方面，社会主义核心价值观本身是一个从不自觉到自觉的过程，生态文明是一个从"无"到"有"的过程；另一方面，二者是在21世纪各自发展中出现"共振"之后才开始被意识到可以协同发展的。准确说来，二者之间的协同发展还处在理论与实践探索的起步和发展阶段。主要表现在实践层面上二者之间已经开始了协同发展的探索，并在一些地方取得了初步的成绩。在政策层面也不断注重二者之间的协调与协同，但在政策整合和理论建构上还需要进一步探讨。或者说，需要在理论基础上进一步探索二者之间政策上的整合和实践上的协同。因此，回顾新中国成立以来二者的发展和协同过程，不仅是实践上的需要，更是理论上的需要。

第一节　新中国成立到改革开放前的曲折探索

从新中国的成立到改革开放前，我国的主要历史任务是在"站起来"之后实现"富起来"的目标。这个时期党和政府的主要关注点是如何在短时间内提高我国的生产力，并在此基础上改变新中国成立初"一穷二白"的落后面貌。因此，这个时期我国的主要任务就是发展经济，以最快的速度实现国民经济的增长，实现"四个现代化"。总体上看，在这一历史背景下，我国一方面对社会主义价值观的认识出现了一定程度的偏差，对人民在道德上提出了过高的要求，将"集体主义"推向了片面化和极端化；另一方面没有意识到自然环境对人类社会发展的重要性，过多地强调了人对自然的改造而忽视了对环境的保护。尤其是 20 世纪 50 年代末 60 年代初复杂的国际国内形势，导致二者之间关系在一定程度上的扭曲，出现了像"大跃进"和"文化大革命"等极端现象。但是在这个时期，党和国家还是对社会主义价值观和生态文明及其协同发展进行了初步的探索，并在一定程度上取得了一些局部的成绩。

一、改革开放前社会主义核心价值观的发展

价值观是社会意识形态的重要组成，在一定意义上讲是意识形态的核心内容，就像意识形态是对社会存在和社会现实的反映一样，价值观的培育和发展也有其现实的社会基础。离开一定的社会存在和物质条件讨论价值观问题，是唯心主义的做法。改革开放前我国的社会主义核心价值观的培育和发展，只能是以当时的社会存在为基础，是对这一存在的反映，并为这一存在服务。因此，看待和评价改革开放前我国社会主义核心价值观的培育和发展，就应该回到当时中国所处的历史方位和经济政治现实，以避免导致片面和抽象的认识和评价。新中国成立之初，百废待兴，"一穷二白"。在经济上，当

时我国还是一个典型的农业社会，工业化的程度非常低，而且长期的战争对经济体系的破坏已经到了无以复加的地步，经济上快速恢复和实现工业化成为当务之急；政治上，虽然人民民主的政权已经建立，但旧社会的政治势力的残余仍然存在；在文化上，旧的文化还在社会生活中发挥着影响。这就需要根据当时的经济、政治和文化形势，以马克思主义为指导建设、培育和发展社会主义价值观，从而在思想政治领域消除旧的价值观的影响，将人们的思想和精力集中到新中国和社会主义建设上来，既巩固新生的社会主义的经济基础，又巩固和发展新生的社会主义的政治和文化。这一历史任务决定了当时的社会主义价值观建设、培育和发展的重点和中心。

从总体特征上看，这个时期由于实践的惯性和当时复杂的国际国内形势，社会主义核心价值观还带有明显的革命价值观的印迹，并随着形势的变化而越来越走向"左"的方面。有学者将这一价值观概括为"理想社会建构"的革命价值观，即"'理想社会建构'的革命价值观，又称'革命传统价值观'，亦或'红色革命精神'，具体包括了'集体主义''理想主义'或'精神至上主义'等维度的价值观内涵"[1]。这一革命价值观具有其现实的历史的价值和意义，但容易发展为"以阶级斗争为纲"的极左方针，导致"革命斗争与政治运动成为国家和社会的主线，给党、国家和人民带来了巨大的挫折与损失"[2]。

从具体内容上看，这个时期的社会主义核心价值观包括两个基本维度和四个内容。两个基本维度是指，"一方面，在中国社会价值观框架的宏观方面，以重工业为中心的工业体系的构建为目标指向，努力建构一种以国家和民族大任为担当，以团结一致、同心同德为准则，以执政党的介入和倡导为主体，以强调爱国主义、集体主义、社会主义等为导向特征的主导型价值观体系。另一方面，在中国社会价值观建设的微观层面，努力形成普通民众爱党、爱国、爱护集体、诚实待人、勤奋工作、艰苦奋斗等的基础性价值观认

---

① 王敏、汪勇：《建国以来社会价值观的嬗变历程及其内在逻辑》，《北京航空航天大学学报（社会科学版）》2020. 7. 18 网络首发，第 70 页。

② 王敏、汪勇：《建国以来社会价值观的嬗变历程及其内在逻辑》，《北京航空航天大学学报（社会科学版）》2020. 7. 18 网络首发，第 70 页。

知"①。四个内容是指"爱国主义""集体主义""人民万岁"和"热爱劳动"②。其中"爱国主义"是指"祖国和人民利益高于一切、为了祖国和民族的尊严而奋不顾身的爱国主义精神"③；"集体主义"是指"反对自私自利的资本主义的自发倾向，提倡以集体利益和个人利益相结合的原则为一切言论行动的标准的社会主义精神"④；"人民民主"是指"中华人民共和国的国家政权属于人民"⑤；"热爱劳动"是指"必须给劳动者、特别是那些在劳动事业中有重大发明和创造的劳动英雄们和发明家们以应得的光荣，而给那些无所事事、不劳而食的社会寄生虫以应得的贱视"⑥。由此构成改革开放前我国社会主义核心价值体系，其中最核心的是爱国主义和集体主义。集体主义的价值观在新中国成立初期曾经发挥过非常重要的作用，但随着国内政治的"左"倾发展，到"文革"时期被推到了极端，以至于在某种程度上否定了个人的正当权利和利益。

二、改革开放前的生态文明建设

改革开放前，我国的生态文明建设经历了一个从缺失到局部建设的过程，这也是由当时的经济、政治格局所决定的。"在经济上，新中国继承的是一个十分落后的千疮百孔的烂摊子，生产萎缩、交通梗阻、民生困苦、失业众多。尤其是在工业建设方面，一个拥有近六亿人口的偌大国家，在1949年的工农业总产值中，农业占70%，工业只占到30%，而现代工业产值只占17%。工业布局也极不合理，70%以上的工业集中在沿海，内地只有不到30%的份

---

① 侯松涛：《中国共产党百年历程与社会价值观的历史演进》，《北京联合大学学报（人文社会科学版）》2021年第1期，第42页。

② 改革开放前的社会主义核心价值观的内容依据的是韩华的观点。参见韩华：《建国初期中国共产党加强主导价值观建设的历史分析》，《贵州社会科学》2014年第4期，第24—27页。

③ 习近平：《在纪念中国人民志愿军抗美援朝出国作战60周年座谈会上的讲话》，《人民日报》2020年10月26日。

④ 《毛泽东文集》第6卷，北京：人民出版社，1999年，第450页。

⑤ 中共中央文献研究室：《建国以来重要文献选编》第1册，北京：中央文献出版社，2011年，第3页。

⑥ 《刘少奇选集》下卷，北京：人民出版社，1985年，第11页。

额①。在新中国成立之前，许多工业产品都依赖进口，洋火（火柴）、洋油（煤油）、洋车（自行车）等前面加上洋字的叫法，在中国农村甚至一直延续到改革开放之后"。②毛泽东曾经在 1950 年心怀忧虑地说过："现在我们能造什么？能造桌子椅子，能造茶碗茶壶，能种粮食，还能磨成面粉，还能造纸，但是，一辆汽车、一架飞机、一辆坦克、一辆拖拉机都不能造。"③在这种困难局面中，我国还经历了抗美援朝战争和遭受西方列强的全面封锁，经济政治和国际环境都不容乐观，尤其是在 20 世纪 50 年代末期中苏关系恶化后，我国所面临的局势更加艰难。

这一历史现实，使得中国共产党需要首先解决的问题，是在尽快恢复经济的基础上，尽可能快地改变中国的落后面貌，尽可能快地从农业国发展为工业国，以满足人民日益增长的物质文化需要。1956 年社会主义改造完成后，这个历史任务变得更加紧迫了，因为随着社会主义制度的确立，人民日益增长的物质文化需要和落后的社会生产之间矛盾已经成为我国的主要矛盾。这就决定了当时全党和全国人民的主要注意力都集中在如何快速发展社会主义经济以实现中华民族的富强梦。在这一急切心理的驱使下，我国当时对生态文明建设总体上是缺失的，由于过分强调了人的精神力量的作用，既忽视了经济发展的规律，又忽视了生产力发展的规律，建构起了所谓的"极端人类中心主义"价值观而导致了对自然资源的掠夺，出现了一定程度上的环境问题。"大跃进"及其后果就是集中体现。"在'大跃进'过程中形成对'主客体'关系及其功能的双重误判：一方面，国人对主体的'积极作用'过于推崇，生发出'人有多大胆，地有多大产，不怕做不到，就怕想不到'的盲思，由此引发出不顾客观条件而任意蛮干。另一方面，国人对客体单纯工具意义的理解，使人们误以为自然是可以任意安排、索取的对象，直至达到了'喝令三山五岳开

---

①　柳随年、吴群敢：《中国社会主义经济简史（1949—1983）》，哈尔滨：黑龙江人民出版社，1985 年，第 15 页。转引自侯松涛：《中国共产党百年历程与社会价值观的历史演进》，《北京联合大学学报（人文社会科学版）》2021 年第 1 期，第 41 页。

②　侯松涛：《中国共产党百年历程与社会价值观的历史演进》，《北京联合大学学报（人文社会科学版）》2021 年第 1 期，第 41 页。

③　《毛泽东文集》第 6 卷，北京：人民出版社，1999 年，第 329 页。

道，我来了'的迷信。"①在总结"大跃进"的经验教训，党的第一代中央领导集体开始反思经济发展与环境保护之间的关系，从而开始了局部意义上的生态文明建设。准确地说，这个时期的生态文明建设并非从"大跃进"之后才开始的，只是在"大跃进"之前还没有达到自觉的程度。同时，因为"在社会主义建设的最初时期，我国整体上仍处于农业国向工业国的转变阶段，工业化程度不高，并未对自然环境深度掠夺，生态问题尚未严重凸显"②，环境保护和生态文明问题还没有引起足够的重视。

这个时期的生态文明建设具有局部性特征，主要包括如下几个方面的内容或措施。第一，植树造林、绿化祖国。客观地看，植树造林一直是党的第一代中央领导集体重视和强调的内容，1956 年，毛泽东就发出了"绿化祖国"的号召。在"向自然进军"中大规模开荒导致森林面积大规模减少的情况下，这一任务变得尤为紧迫。为此，毛泽东曾指出"开荒"不能造成水土流失和自然灾害，并提出要"在十二年内，基本消灭荒地荒山，在一切宅旁，村旁，路旁，水旁，以及荒地上荒山上，即一切可能的地方，均要按规格种起树来，实行绿化"③。第二，治理水患、兴修水利。水患一直是制约我国经济发展的主要自然灾害之一，因此治理好水患、兴修水利也是当时生态文明建设的重要内容。早在 1950 年毛泽东就发出了"为长江'争取荆江分洪工程的胜利！'的号召"，随后"1951 年发出'一定要把淮河修好'的号召，1952 年发出'要把黄河的事情办好'的号召，1963 年发出'一定要根治海河'的号召"④。对大江大河的治理以及各种水利工程的建设，极大地改善了我国的水资源环境，既取得了良好的生态效果，也发挥了重要经济作用。第三，工业污染治理、变废为宝。第一个五年计划的实施和成功，奠定了我国工业化的基础，但也带来了由于工业的粗放式发展而产生的环境污染问题，其中废气、废水、废渣的

---

① 胡建：《从"极端人类中心主义"到"生态人类中心主义"——新中国毛泽东时期的生态文明理路》，《观察与思考》2014 年第 6 期，第 21 页。
② 李学林，毛嘉琪：《建国以来中国生态文明建设的历史嬗变》，《南华大学学报（社会科学版）》2020 年第 2 期，第 23 页。
③ 《建国以来毛泽东文稿》第 5 卷，北京：中央文献出版社，1997 年，第 480 页。
④ 毛嘉琪，李学林：《建国以来中国生态文明建设的历史嬗变》，《南华大学学报（社会科学版）》2020 年第 2 期，第 23 页。

"三废"问题最为突出。为此，毛泽东提出要综合利用，指出"综合利用大有文章可做"①。到 20 世纪 70 年代初，对"三废"的治理进一步深化。1973 年 8 月，国务院委托国家计委在北京召开第一次全国环境保护会议，强调了治理环境污染的重要性。确定了"全面规划、合理布局、综合利用、化害为利、依靠群众、大家动手、保护环境、造福人民"的环境保护工作方针②。当年 12 月颁布了新中国成立以来的第一个环境保护的综合性文件《工业"三废"排放试行标准》，并在 1974 元月开始实施③。第四，控制人口、均衡发展。早在 20 世纪 50 年代中期，马寅初就提出了"新人口论"，主张要节制生育，做到人口发展与经济社会发展的平衡，但被毛泽东所否定④。随着中国人口的"爆炸式"增长，给社会发展带来了很大的压力，使得党中央改变了看法，开始提出要提倡节育，要有计划地生育。在 1971 年，中共中央与国务院正式下发了我国第一份计划生育国策报告《关于做好计划生育工作的报告》，明确了计划生育政策。

这个时期的生态文明建设的主要特点，一是以发展生产为主线，即无论是水土流失的治理、水利工程的建设，还是工业污染的治理、人口数量的控制都是为了更好地进行社会主义生产。生态文明建设在一定程度上是经济发展对环境压力"倒逼"出来的。二是以专项治理为主要内容，即没有从总体上把握生态文明建设对社会发展的意义，而是在哪方面出现了环境、生态问题就进行这个方面的生态文明建设。生态文明建设还没有成为社会发展的有机组成部分。三是以群众动员和经验推广为主要手段，即这个时期的生态文明建设是通过大规模的群众动员的方式来进行的，以经验推广的方式在这个社会上铺开。生态文明建设没有形成制度化、系统化。

---

① 顾龙生：《毛泽东经济年谱》，北京：中共中央党校出版社，1993 年，第 623 页。

② 高世楫、王海芹、李维明：《改革开放 40 年生态文明体制改革历程与取向观察》，《改革》2018 年第 8 期，第 51 页。

③ 本书编写组：《中国共产党简史》，北京：人民出版社、中央党史出版社，2021 年，第 208 页。

④ 胡建：《从"极端人类中心主义"到"生态人类中心主义"——新中国毛泽东时期的生态文明理路》，《观察与思考》2014 年第 6 期，第 21 页。

三、改革开放前社会主义核心价值观与生态文明关系的曲折发展

从新中国成立到改革开放前的这个历史时期的社会主义核心价值观和生态文明之间关系是曲折统一的关系，经历了一个从"统一"到"对抗"再到"统一"的过程。这个过程是由当时我国的社会经济、政治发展状况决定的，也是这种社会发展状况在人们的思想观念和行为方式上的反映。准确地讲，社会主义核心价值观与生态文明在这个时期的关系是从 1956 年才开始的。一开始在一定程度上还是"统一"和协调的；后来随着"向自然进军"号召的提出和"大跃进"的开展，二者之间的关系出现了破裂并走向一定程度的"对抗"；在对"大跃进"错误的反思的基础上，二者又在一定程度上实现了"统一"和协调。当然，这个时期社会主义核心价值观和生态文明之间的关系，无论是"统一"还是"对抗"，既是不明显的或者说是隐含的，也是不自觉的。但这并不说明对二者之间关系的发掘和梳理是没有价值的，因为它们之间关系的这种曲折发展，恰恰说明了价值观与生态文明之间不是互不相关的两条线，而是相互影响和渗透的统一关系。"不明显"和"不自觉"的原因不是因为二者之间没有关系，而是因为在现实层面上二者之间的关系还没有得到充分的展开，在思维层面上二者之间的关系还没有取得自觉和科学的认识。

1956 年召开的中国共产党第八次全国代表大会是我国社会主义建设的开始，也是中国特色社会主义的开端。党的八大及其路线是我国社会主义建设的有益探索，形成了很多具有历史价值的实践和理论成果。这个时期中国共产党正确把握了社会主义建立后我国社会的主要矛盾，并在解决各种矛盾时注意矛盾对立面之间的相互联系和统一，这就决定了在处理社会主义核心价值观与生态文明的关系时也遵循了对立统一的原则。从历史上看，生态文明建设的很多最初的成果都是在这个时期取得的，社会发展与环境保护之间的关系处理得比较成功。但由于此时，我国的主要任务还是尽快发展社会经济，以期以最快的速度改变我国经济上和技术上的落后局面，因此虽然此时社会主义核心价值观和生态文明在总体上是"统一"的，但中央更加注重社会发展的价值追求，对生态价值的关注仍显不足。这也就为"大跃进"中对自然环境的破坏埋下了伏笔。总之，从 1956 年到 1957 年，我国在经济、政治、文化

和环境保护各个方面都进行了有益的探索，并取得了初步的成果。但由于当时国际国内矛盾的复杂性以及领导人对国际国内形势的错误判断，导致这些探索及其成果不但没有得到巩固，反而在"大跃进"和"文革"期间遭到了一定程度的破坏。

随着 1957 年"向自然进军"号召的提出和"大跃进"的开展及其总路线的制定，我国的社会主义价值观与生态文明之间的脆弱统一被打断了。当时为了与苏联一争高下，提出了"跑步进入共产主义"的口号，并在农业和工业各方面开始了"跃进"式的发展，希望通过大规模群众运动的方式在短期内"超英赶美"，彻底扭转我国的落后局面。在这种思想指导下，"大跃进"不仅造成"浮夸风""共产风"的盛行，而且由于过分夸大了人的主观能动性而彻底忽略了自然环境对人的活动的制约性，造成了对环境的极大破坏。"在农业生产领域，各地为了扩大耕地面积开始大规模毁林开荒、围湖造田、毁草造田，水土流失和土地沙漠化日益加剧。在工业生产领域，短时间内建立了一大批设施落后、缺乏污染控制措施的小型工厂、企业"①。这种片面追求经济增长和违背社会自然发展规律的做法，导致了较为严重的环境问题，给我国的经济社会发展带来了严重困难。

在反思"大跃进"失败原因的过程中，党中央进行了纠"左"。但由于当时没有认识到"大跃进"本身的价值观与生态文明之间的背离，纠"左"没有从总体上改变"大跃进"的做法，而是将困难的原因转移到其他领域，并在"左"的政治道路上越走越远，最终酿成了十年"文革"。这也就决定了 1959 年之后到改革开放前，虽然我国对生态文明进行了局部的建设，也在某些方面改善了社会与自然之间的关系，但生态文明的重要性始终没有上升到全局性和总体性的高度，当然也不可能在马克思主义世界观的基础上认识到人与自然的内在统一性，从而在战略上实现价值观与生态文明的统一。因此，这段时期，虽然我们在水土保持、生态修复和人口控制等方面都做出了一定的努力并取得了一定成果，但始终没有超出专项治理的框架，社会主义核心价值观和生

---

① 张淑珍：《改革开放前中国共产党对社会主义生态文明建设的探索研究》，《潍坊学院学报》2020 年第 5 期，第 68 页。

态文明之间的关系没有在根本上得到改善和发展。

应该说，在新中国成立后，尤其是社会主义制度确立后始终在探索实现社会与自然之间和谐发展的路径。但由于现实情况的严峻性和社会发展的紧迫性，再加上国际国内政治局势的复杂性，使得当时的探索始终是以社会经济发展为中心的，生态文明建设始终处于为经济发展服务的次要地位，因此也不可能从总体和全局角度认识生态文明建设的重要性，当然也就不可能真正解决社会发展的价值观与生态文明之间的辩证统一与协同发展。但这个时期的初步探索，还是为我国改革开放以来处理二者之间关系提供了有益的经验积累和历史教训。只是，这个历史教训，在改革开放之初并没有得到重视和清醒的认识。

第二节　从可持续发展到科学发展

改革开放以来，中国社会进入了深刻的变革与转型时期，我国的社会主义核心价值观与生态文明都发生了全面而深刻的变化。在价值观上，改革开放前的价值观在一定程度上被解构，新的价值观在以市场经济为取向的改革历程中被建构起来，从而使价值观处于剧烈变化和重构的过程中；在生态文明上，生态文明建设开始从局部环境保护到全面生态保护再到生态文明建设，呈现出一个从不自觉到自觉、从政策动员到建章立制、从技术性修复到全局性治理的发展过程。改革开放以来到党的十八大之前，随着社会改革所带来的人们的生产生活方式的改变，使得社会主义核心价值观与生态文明之间存在着从"冲突"到协同的过程。这一过程总体上看是一个不自觉的过程，但随着生态瓶颈不断收紧，生态制约日益明显，到党的十八大前，二者之间的问题在凸显的过程中得到不断解决，也在一定程度上出现要自觉认知二者关系并自觉协调和协同发展的客观和主观上的要求。从客观上看，生态环境的恶化在 21 世纪的前十年仍在不断加剧，生态瓶颈益发成为不得不突破的重点之一；各种非社会主义的价值观进入我国，并有一定程度上影响到人们的经济社会生活。从主观上看，党和国家已经自觉意识到，如果不彻底改变发展模式，不从全局和长远的立场治理环境危机，经济社会发展必将走向不可持续的境地；如果对非社会主义的价值观采取消极放任的态度，不仅不利于社会主义市场经济的发展，甚至会威胁社会主义制度和道路本身，使得中国特色社会主义事业面临危险。

一、改革开放初期价值观与生态文明之间关系

20 世纪 70 年代末到 90 年代初，是我国改革开放的初期阶段。改革开放初期，我国的价值观和生态文明都呈现出新的特点，主要表现为价值观的深刻转型，生态文明建设逐渐受重视，环境保护日益成为一种自觉意识，但没有在实践中得到很好的贯彻。这个时期，我国的价值观与生态文明之间还没有实现相互协调和协同发展，事实上存在二者之间相互冲突的局面。

应该说，邓小平在设计改革开放时就意识了到生态文明建设的重要性，并在改革开放一开始就自觉地要求进行环境保护和生态文明建设，这是对改革开放前的认识和努力的继续。这从邓小平主张经济发展与环境保护相结合相协调，一再强调环境保护的重要性、进行环境保护的常态化、制度化、法制化等的努力中得到了体现。邓小平曾明确要求，发展是硬道理，但发展经济的同时要注意人口、资源、环境的协调发展，注意环境保护。这个时期的生态文明建设被大多数学者视为我国生态文明建设的"起步阶段""初步（奠基)阶段""1.0 版"等，之所以这样说，是因为这一时期的生态文明建设较于改革开放前更具有自觉性和主动性，但其成效甚微，生态文明建设还没有摆脱其作为经济发展的补充和辅助的地位，还没有取得应有的地位，还没有发挥应有的作用。

在生态文明建设"起步"的同时，社会主义核心价值观也发生了深刻的变化。由于"文革"时期的极左化理解和运动，导致改革开放前的"革命理想价值观"完全脱离了中国的社会现实而成为一种"空中楼阁式"的空洞理想和抽象价值，并在反对和否定个人的正当利益和权利的过程中走向了理想的反面成为一种压抑人、"异化"人的价值观。改革开放后，与改革开放相适应的新价值观处于急速的建构之中。新价值观以商品交换和价值规律为基础，以市场经济为目标取向，开始出现和形成以个人利益为基础、以物质利益为追求的新

的价值观。到了20世纪90年代，我国部分青年人在价值观上基本被"世俗化"和"物质化"。由此，我国进入了一元主导多元并存的价值观阶段，并呈现出新的特征。

改革开放初期，我国确定了"一个中心，两个基本点"的基本路线，"以经济建设为中心"成为我国一切工作和决策的立足点、出发点和归宿。为了实现我国经济的发展，经济增长成为经济生活和经济工作的重中之重。随着改革开放的深化，我国加快了工业化的进程，大量乡镇企业、"三资"企业得以建立并不断发展，经济总量随之实现了提升，温饱问题得到了基本解决。但一方面这个时期的工业主要由劳动密集型、能源密集型和资源密集型的产业构成，其发展主要依赖于对能源和资源的大规模利用；另一方面这个时期的经济发展模式以高能耗、高污染的粗放式发展为主，导致了对能源、资源的过度开发和利用，以及对环境的过度污染，使得自然环境不断恶化。虽然党和政府一直强调不走"先污染，后治理"的西方老路，也一再强调经济发展与环境保护要"两手抓"，但事实上是"一手硬，一手软"，经济发展抓得硬，环境保护抓得软，最终还是走上了"先污染，后治理"的老路。生态环境问题成为我国必须加以重视和解决的问题。

二、可持续发展中价值观与生态文明的推进

以高能耗、高污染和粗放式为模式的经济发展是不可持续的发展，社会发展也不可能只归结为经济总量的增长。随着环境危机的全球蔓延，这种从单一的经济价值出发的价值观，这种将社会发展片面理解为经济发展，又将经济发展片面理解为单纯的量上的扩张，即"唯GDP论"所导致的"卖祖宗田，吃子孙饭"的不可持续发展，在20世纪90年代已经威胁到整个人类的生存本身，导致了所谓的"末日情结"，并使得人类以悲观的情绪进入21世纪。客观看，这个时期的西方世界通过经济全球化的投资全球化，将劳动密集型、能源密集型和资源密集型产业转移到发展中国家而极大地缓解了其国内生态危机和环境压力。但由于自然是一个有机整体，自然界不同部分、不同领域处于同一个系统之中而相互影响、相互制约，西方世界生态危机的减缓并没有从根本上减轻环境恶化给人类发展造成的压力，反而在更大范围内成为人类

发展的威胁①。这进一步凸显了资本主义价值观与生态文明之间的不可调和性和不相容性。作为发展中国家，而且作为人口最多的发展中国家，我国在吸引外资过程中吸纳了不少西方转移出来的高能耗、高污染企业，使得生态危机在我国表现得尤为严重，这就迫使党和国家谋求新的可持续发展的路径，在更高层次上更自觉地修复环境、改善生态，打破环境瓶颈，探索人与自然发展的新平衡、新和谐。其实，这也是当时的国际需求和国际共识，联合国提出的"可持续发展"是对国际呼声的回应。在这一背景下，党和国家在建立和完善社会主义市场经济的同时，开始思考和探索中华民族可持续发展的道路，并在生态文明建设和社会主义核心价值观建设两方面取得新的成就。

在生态文明建设方面，1994 年呼应联合国环境与发展大会通过的《21 世纪议程》，我国通过了《中国 21 世纪议程》，在经济、社会发展以及资源合理利用、环境保护等领域贯彻可持续发展原则。为此，我国开始改变经济发展模式，提出经济发展从粗放型向集约型转变；加大了资源节约和生态保护的内容，开始加快生态保护相关立法的进程，继续完善环境保护的各项制度，在矿产资源管理领域开始建立行政问责制度；升格环境保护部门，加强中央对地方生态环境治理的统一管理等。通过一系列的政策措施的实施，我国的生态环境恶化在一定程度上得到遏制，生态和环境恶化的速度得以减缓。由于此时我国经济发展模式刚刚转变，加上实践惯性等客观因素，无论是从制度层面，还是技术层面，短期内改善自然环境都是不切实际的，因此这段时期，虽然生态文明建设在更高层次上进行，但并没有从根本上扭转环境和生态恶化的趋势。

在社会主义价值观方面，非社会主义价值观与社会主义价值观之间矛盾从隐性走向显性。面对这一局面，党和国家开始意识到社会主义价值观建设的重要性和急迫性，从而开始了对社会主义价值观的重建。这个时期的社会主义价值观建设主要表现为确立了我国社会的本质，即我国是社会主义国家；

---

① 也就是说，西方发达国家将高能耗、重污染的企业转移到发展中国家，一方面使得其国内的环境压力得以减轻，生态危机得到了缓解；但另一方面则在全球范围内造成了更为严重的环境和生态危机。换言之，西方世界通过将生态危机转移或转嫁给发展中国家和地区来减缓自己的生态危机的做法，不仅没有解决生态危机，反而使得它在全球范围内以更广的范围和更大的危害爆发。

社会主义文化的本质，即"以马克思主义为指导，以培育有理想、有道德、有文化、有纪律的公民为目标，发展面向现代化、面向世界、面向未来的，民族的科学的大众的社会主义文化"[①]；中国共产党作为执政党的核心价值观，即由"三个代表"重要思想所阐明的"立党为公、执政为民"的执政党价值观。

从 20 世纪 90 年代到 21 世纪初，在一定意义上是 20 世纪 80 年代中国转型的继续和深化。生态文明建设处于党和政府重视、企业和社会轻视的状态，是这个时期生态文明建设的主要特征，而这一特征在价值观上很明显是非社会主义价值观在经济社会生活中的反映和表现。市场经济体制的确立无疑为非社会主义价值观提供了一定程度的滋生土壤，再加上当时对社会主义市场经济的理解中，强调市场经济而忽视社会主义，使得非社会主义价值观的影响增大，成为虽然党和政府不断加强生态文明建设，但总是收效甚微的主要原因之一。这一现状，使得党和国家不得不从更高的高度和以更深远的眼光去重新认识社会主义价值观的主导性及其作用发挥问题，重新认识生态文明建设对整个中华民族的永续发展及其全人类的可持续发展的意义和作用，在新的方法论基础上进行社会主义价值观建设和生态文明建设。

三、科学发展观与"两型"社会中的价值观与生态文明

进入 21 世纪，随着我国小康社会的基本建成，已经具备了重新认识和审视我国改革开放以来所取得的历史性成就及其经验教训的条件，也为我国在更高层次上全面推进中国特色社会主义事业奠定了坚实的物质基础和社会条件。正是在这一背景下，我国的社会主义价值观建设和生态文明建设都跃升到一个新的高度，二者之间的关系虽然没有被自觉认识，但二者之间的联动共振却已经开始并初见成效。总体上看，这个时期我国意识形态领域的局势更加复杂多变，不同价值观之间的碰撞也日益复杂化，社会主义价值观建设逐步推进；我国的生态问题和环境问题进一步严重，大面积的污染伴随着资源、能源枯竭的危机，自然灾害也开始以"加速度"和"加烈度"的方式爆发，生态文明建设再也不能作为局部的环境保护和技术性的生态修复来进行了，

---

① 《十五大以来重要文献选编》（上），北京：人民出版社，2000 年，第 19 页。

生态文明必须从世界观、历史观和自然观、文明观的高度去认识其重要性，也必须将之放到关乎整个中华民族命运和未来的高度去谋划与建设。从生态文明建设的角度看，这个阶段可以概括为"生态增值、污染恶化"阶段。① 这个时期的社会主义价值观和生态文明建设以科学发展观为指导，以构建社会主义和谐社会与"两型"社会为目标，进入了一个新的时期和阶段。

经过改革开放，我国的经济发展取得了巨大的成就，人民的温饱问题得到了有效的解决。与此同时，我国的社会发展出现了严重的不均衡不充分的问题，需要以新的价值观为指导，以更加均衡的方式进行经济、政治、社会、文化建设，必须从社会主义本质出发，以人民发展与解放为核心来谋划我国的未来和前途。

正是在这一社会语境中，以胡锦涛为总书记的党中央开始从整体和系统上思考和布局我国的社会主义发展，力图在解决人与自然关系问题，建设生态文明的同时，重建社会主义价值观的话语权、主导权和领导权。党的十六届三中全会提出"五个统筹"的新的战略构想，"五个统筹"不仅要求经济、政治、社会和文化整体发展，而且要求人、社会与自然的协同发展，因此是后来的科学发展观的雏形和起点。随着我国社会、经济、政治、文化发展的整体性和全面性的展开，党中央适时提出了科学发展观，并在党的十七大把科学发展观写进党章，成为党的新的指导思想。很明显，科学发展观不仅对社会各个部分的发展提出了基本要求和原则，而且也对人与自然关系的改善与和谐提出了相应的设想，进行了科学谋划。科学发展观从生态文明建设的角度来看就是要实现人、社会和自然的和解与和谐，而其以人为本的核心要求则集中体现了社会主义价值观的要求，即社会主义发展的目的是实现人民的全面发展和自由解放。由此可见，科学发展观已经在一定程度上将社会主义价值观和生态文明结合在一起，并探索二者协同发展的原则、路径和目标。

科学发展观将中国特色社会主义建设目标确定为构建社会主义和谐社会。社会主义和谐社会不仅是不同人群共同体经济关系的相互和谐，即缩小不同

---

① 潘家华：《从生态失衡迈向生态文明：改革开放40年中国绿色转型发展的进程与展望》，《城市与环境研究》2018年第4期，第5页。

群体之间的贫富差距，全面建设小康社会；而且是不同人群共同体政治生活的相互和谐，即实现人们政治生活的民主、公正和法治。不仅是不同区域之间的和谐，即合理布局国土资源，实现不同区域之间的和谐发展；而且是人、社会与自然之间的和谐，通过节能减排建设资源节约型社会，以此改善人与自然关系，使环境发生有利于可持续发展的变化，从而建设环境友好型社会。可以说，这个时期我国的生态文明建设的目标就是建设"两型"社会——资源节约型、环境友好型社会。从科学发展观发展的维度看，生态文明在其中的地位和作用是逐步提高的。从2007年党的十七大报告提出"要建设生态文明"，到2012年党的十八大明确提出生态文明建设，将之与经济、政治、社会、文化建设一起纳入"五位一体"总体布局，并论述和强调了生态文明建设在中国特色社会主义事业中的基础性地位和全局性意义。由此，生态文明建设进入了全新的阶段。

应该说，社会主义核心价值观建设是从这个时期才正式开始的，前面的行文在一定意义上为了全文的统一才使用了社会主义价值观或社会主义核心价值观等提法。从历史上看，社会主义价值观的建设一直都在进行，虽然不同时期的侧重点不同，但这个过程始终没有中断，且从不自觉走向自觉，从不系统走向系统。在社会主核心价值观体系建设提出之前，虽然社会主义价值观一直是我国意识形态领域建设的重点，但一直没有自觉、系统地认识、提炼和谋划过社会主义价值观的内容和体系；社会主义核心价值观一直被放在精神文明建设之中，而没有从意识形态建设整体中突显出来进行凝练和系统化。以"八荣八耻"为主要内容的社会主义荣辱观的提出可以看成社会主义核心价值观建设的起点。以两两相对的方式揭示了社会主义价值导向和道德规范的有机结合，提出了社会主义应该反对什么样的价值观，坚持什么样的价值观。随后在2006年10月党的十六届六中全会通过的《中共中央关于构建社会主义和谐社会若干重大问题的决定》中明确提出了"建设社会主义核心价值体系"这个重大命题和战略任务，完整论述了社会主义核心价值体系的科学内容，提出了建设社会主义核心价值观的历史任务。2012年党的十八大明确提出了"三个倡导"，社会主义核心价值观的主要内容得到了科学凝练，社会主义核心价值观建设也进入了全新的阶段。

第三节 习近平新时代中国特色社会主义思想的新构想

党的十八大以来，随着中国特色社会主义事业的发展，我国社会主要矛盾已经从"人民日益增长的物质文化需要与落后的社会生产之间的矛盾"转化为"人民日益增长的美好生活需要和不平衡不充分的发展之间的矛盾"。这一矛盾的转换，既标志着中国特色社会主义进入了新时代，又说明了我们必须在更高的高度来对中国社会的发展进行更加科学的擘画和设计，要求我们更加自觉地将社会发展与环境友好进行整合，以实现社会与自然的和谐共处、共生共荣。在新的基础上自觉协调社会主义核心价值观与生态文明建设，不但是实现中华民族的永续发展的需要，更是为人类社会的永续发展提供中国方案、贡献中国智慧的需要。如果说，党的十八大之前我国的社会主义核心价值观与生态文明的协调统一发展主要还是一种两条线上的各自为政的自发性实践，那么从党的十八大开始，习近平新时代中国特色社会主义思想指导下的社会主义核心价值观与生态文明建设就是一种自觉行为，是在新时代对社会主义核心价值观与生态文明协同建设与发展的科学擘画指导下的科学实践。一定的价值观总会以直接或间接的方式影响人们对生态文明的认识，并最终决定其对生态文明建设的方式、方法和手段的选择。因此，只有将价值观与生态文明进行深度融合，实现协调发展，才能最大限度地发挥二者对中国特色社会主义事业的作用，才能以正确的价值观引领生态文明建设，以生态文明建设的成果强化正确的价值观，从而实现社会与自然发展的和谐共振、共生共荣。新时代中国特色社会主义实践中，社会主义核心价值观与生态文明的协同建设与发展是在多个领域和层面上展开的，包含着非常丰富的内容。因篇幅所限，本章只是在如下方面对之进行一个总体性的概述，挂一漏万在所难免。

一、"五位一体"总体布局：社会主义核心价值观与生态文明内在融合

我国对中国特色社会主义建设的认识经历了一个不断深化和全面发展的过程。自新中国成立以来，尤其是进入社会主义社会之后，党和国家就一直在探索如何实现社会主义的整体发展。我国在这条探索的道路上历经曲折，从一开始的"以经济建设为重点"到"以阶级斗争为纲"再到"以经济建设为中心"，从可持续发展到科学发展，我国对社会主义建设的认识不断从片面走向全面，从错误走向正确，从不够科学走向科学，终于在党的十八大明确提出了"五位一体"的总体布局。"五位一体"总体布局，涵盖了中国特色社会主义建设各个方面、领域和层次，科学设置了经济建设、政治建设、社会建设、文化建设和生态文明建设的整体构架，深刻揭示了这五个领域建设之间的内在统一与相互作用，从系统论的高度科学布局了五大建设之间的互动与联动，从而也对社会主义核心价值观与生态文明建设的协同发展做出了科学布局。

在"五位一体"总体布局中，生态文明和社会主义文化作为整个社会建设的两个重要领域，二者之间是相辅相成的关系。社会主义先进文化作为中国特色社会主义发展的精神因素和精神力量是经济、政治、社会和生态文明建设的主观能动性因素。社会主义先进文化的核心构成就是社会主义核心价值观，因此要发挥社会主义先进文化在中国特色社会主义建设和发展中的理论指导和价值引领的精神支持作用，就必须培育和践行社会主义核心价值观，进行社会主义核心价值观建设。历史已经证明，只有拥有正确的价值观才能处理好人、社会与自然的关系，才能实现社会的整体发展和可持续发展。因此，"五位一体"总体布局本身就要求将社会主义核心价值观融入生态文明建设之中，用正确的价值观指导生态文明建设。事实证明，在"五位一体"总体布局的整体发展中，社会主义核心价值观发挥着对其他领域的价值引领和理想导引的作用。这其中当然也包括生态文明建设，社会主义核心价值观是生态文明建设朝着正确方向发展的基本价值规范和价值追求。

生态文明是中国特色社会主义经济、政治、社会和文化建设的生态条件和生态保障，只有建立在人与自然和谐基础上的社会发展才能是真正的绿色

发展，人类社会也才能以最无愧于世界的方式获得永续发展。因此，只有跳出社会发展等于经济发展、经济发展等于"GDP"增长的狭隘眼界，从社会整体发展和人类世界整体发展的宽广眼界去审视社会发展，即从生态文明的高度去审视社会发展，才能在中国特色社会主义经济、政治、社会和文化建设中始终秉持生态理念，坚持绿色生产和绿色生活，最终实现绿色可持续发展。就社会主义核心价值观与生态文明的关系而言，与社会主义核心价值观是生态文明建设的精神力量相对应，生态文明建设不仅是对社会主义核心价值观的践行，而且也为社会主义核心价值观注入了生态内涵，使之更全面、更准确，从而提升社会主义核心价值观的科学内涵，使之在更为广大的范围内发挥价值规范、价值引领和价值标杆的作用。

因此，在"五位一体"总体布局中，社会主义先进文化建设或社会主义核心价值观建设和生态文明建设都具有全局性的意义和作用，其与经济、政治、社会建设是相互作用、相互制约和相互促进的。撇开其他建设不言，社会主义先进文化或社会主义核心价值观观与生态文明之间的内在统一是二者协调发展的基础，二者的协调发展又构成二者协同提高和相互促进的内在机理或机制。因此，在"五位一体"总体布局中，社会主义核心价值与生态文明是一种融合发展的关系，即社会主义核心价值观融入生态文明建设成为生态文明建设的价值规范和追求，生态文明融入社会主义核心价值观建设中成为社会主义核心价值观建设的生态内涵和价值践行，最终实现二者的相辅相成与协同发展。

二、"四个全面"战略布局：社会主义核心价值观与生态文明相辅相成

"四个全面"战略布局是一个不断完善的过程，首先是党的十八大提出"全面建成小康社会"，随后党的十八届三中全会提出了"全面深化改革"，党的十八届四中全会提出了"全面依法治国"，最后在党的群众路线实践教育活动总结会上习总书记提出了"全面从严治党"的要求。2014 年 12 月，习总书记在江苏考察时，系统提出了"四个全面"，即"协调推进全面建成小康社会、全面深化改革、全面推进依法治国、全面从严治党，推动改革开放和社会主义现

代化建设迈上新台阶"①。2015 年 2 月，习近平在省部级主要领导干部学习贯彻十八届四中全会精神全面推进依法治国专题研讨班开班式上的讲话，明确将"四个全面"定位为"战略布局"。至此，"四个全面"战略布局最终形成。随着我国在 2020 年完成了消除绝对贫困的历史性任务和全面建成小康社会，随着中国特色社会主义发展进入新阶段，党的十九届五中全会将"四个全面"战略布局中的"全面建成小康社会"变更为"全面建设社会主义现代化国家"，"四个全面"战略布局获得了新内涵。新的"四个全面"因此是指"全面建设社会主义现代化国家、全面深化改革、全面推进依法治国、全面从严治党"。"全面建设社会主义现代化国家"与"全面建成小康社会"之间是历史继承性关系，前者是在后者的基础上对中国特色社会主义事业的继续推进和发展。

与"五位一体"总体布局一样，"四个全面"战略布局中的四个方面也是相互联系和作用的整体，是进行"五位一体"总体建设的四条路径或四个抓手。只有在它们的协调推进中，"四个全面"的各部分才能发挥"合力"作用，从而实现或完成"五位一体"总体布局所要求的历史任务。因此，虽然"四个全面"中没有直接包含社会主义核心价值观和生态文明建设的内容，但毋庸置疑的是，"四个全面"必然内含社会主义核心价值观和生态文明，社会主义核心价值观和生态文明也要在四个方面的协调推进中实现其建设任务。"全面建设社会主义现代化国家"既需要社会主义核心价值观的引领，也需要生态文明提供生态保障和环境支持，因此离不开社会主义核心价值观和生态文明建设的持续深化和发展。社会主义现代化国家是一个既包含以社会主义核心价值观为内核的社会主义先进文化，又包含青山绿水的优质生态环境的全面协调发展的社会主义强国。因此，这个现代化强国是一个"富强民主文明和谐美丽"的国家。换言之，基本实现社会主义现代化就是在社会主义核心价值观与生态文明协同建设和发展中推进国家经济、政治、社会的现代化，推进国家治理能力和治理体系现代化的过程。

"全面深化改革"是中国特色社会主义发展的主要途径和动力，是新时代中国特色社会主义事业取得成功的必由之路，当然既是社会主义核心价值观

---

① 《十八大以来重要文献选编》(中)，北京：人民出版社，2016 年，第 247 页。

和生态文明建设的必由之路，也是二者协同发展的主要途径，内含着二者协同发展的必然要求和可能性。社会主义核心价值观与生态文明各自的发展都离不开全面改革，二者之间的协同发展也离不开全面改革。全面改革的基本要求是实现国家治理体系和治理能力现代化，是构建科学合理互动的社会系统和稳定安全发展的社会环境，是各项制度之间的相互衔接、相互配合、相互融合与相互促进，这其中也包括社会主义核心价值观建设与生态文明建设之间的制度衔接、融合与促进的要求。随着中国特色社会主义各项制度的融合，社会主义核心价值观的培育和践行制度与生态文明建设制度之间必然也会走向融合，从而使得社会主义核心价值观与生态文明在改革中不断实现制度融合与措施融合，进而走向协同发展，这就为社会主义核心价值观与生态文明建设的协同发展提供了现实可能性。全面深化改革强调的是"全面"，即各个领域、各个层面和各个环节都要在顶层设计的指导下进行改革以实现整个社会系统的良性运行和科学发展，社会主义核心价值观与生态文明是社会系统和建设的组成部分，当然也要符合整体发展的需要而实现相互配合与协同，直至走向融合。

"全面依法治国"是我国走向法治国家的必经之路和不二选择。依法治国为中国特色社会主义事业和建设提供了有效的制度保障和法治基础，从而使得中国特色社会主义的各项制度设计和制定能够依法合规地进行，也使得各项措施的出台与实施能够有法可依，使得各项社会治理活动能够在法制规范下有序进行。全面依法治国不仅要求建设更为全面的法治体系，更要求法治体系中的基本法与专门法之间，各专门法之间要做到协调统一，形成一个覆盖全社会、全领域和全层次的有机法治体系，以保证整个社会运行的有序性。社会主义核心价值观建设和生态文明建设作为新时代中国特色社会主义的两个重要建设领域当然也要遵循依法治国的原则，以法治思维来进行。同时，随着我国法治体系的完善，各项法律制度之间的融合度不断提高，从而促使社会主义核心价值观和生态文明建设在法治轨道上的不断靠拢、协同和融合。

"全面从严治党"是中国特色社会主义事业顺利发展和取得成功的主体保障和关键因素。中国特色社会主义最本质的特征就是中国共产党的领导，中国共产党是中国特色社会主义各项事业的领导核心和关键因素。全面从严治党是加强党的队伍建设，是进行党的建设伟大工程的根本保证和基本路径。从社会主义核心价值观和生态文明的统一与协调角度看，全面从严治党既是对社会主义核心价值观的领导力量的建设，也是对生态文明领导力量的建设，这是因为无论是社会主义核心价值观的培育和践行，还是生态文明建设都离不开党的领导，都必须在党的统一领导下才能沿着中国特色社会主义的正确方向不断向前推进和发展。首先，共产党员和干部既是社会主义核心价值观的倡导者、培育者，更是其践行者，是践行社会主义核心价值观的表率和模范。共产党员对社会主义核心价值观的践行，会对全体社会成员践行社会主义核心价值观起到重要的导向作用和示范作用，因此只有全面推进从严治党才能从理论上、组织上和思想上锻造一支自觉培育和践行社会主义核心价值观的核心力量和中坚队伍，才能养成风清气正的社会道德氛围。其次，共产党员和干部也是生态文明建设的核心和中坚，只有共产党员以社会主义核心价值观为指导，从生态理念的高度从事生态文明建设，才能带领群众养成绿色生产和生活的习惯，实现我国社会的绿色发展，构建人与自然生命共同体，实现社会发展与自然发展的互促互融。最后，全面从严治党既能够实现党领导人民以社会主义核心价值观为指导从事生态文明建设，又能够实现以生态文明建设为培育和践行社会主义核心价值观提供场域和路径，在人与自然关系的改善与和解中实现社会与自然从和谐共处到共生共荣，不仅能够实现中华民族的永续发展，而且能够为整个人类的永续发展贡献中国智慧，提供中国方案。

三、新发展理念：社会主义核心价值观与生态文明系统联动

新发展理念既是新时代中国特色社会主义发展的客观需要，也是"五位一体"总体布局和"四个全面"战略布局的必然要求，更是我国发展模式转变的必然结果。随着我国发展模式的转变，我国已经从高速度发展转变为高质量发展，原来发展的动力已经不足以满足高质量发展的需要；而随着全面小康社会的建成，人民对美好生活的需求不再是一种局部生活改善和提高的需求，而是对社会综合均衡发展以及人与自然融合发展的需要，这必然要求有新的符合我国新发展阶段的能够实现系统协调发展的发展理念。正是在这一历史

语境中，党中央适时提出了新发展理念，即"创新、协调、绿色、开放、共享"的发展理念。

新发展理念从两个方面体现了新时代、新阶段我国社会发展的系统性及其要求。一方面，新发展理念强调了社会发展不同领域之间的协调、联动，其目的是实现社会发展的公平公正，在经济上即要实现共同富裕。创新、协调、绿色和开放是落脚点，归宿是"共享"，是整个社会各个领域的平衡充分发展。另一方面，新发展理念的各个部分也是内在的系统性的关系。创新是为了更好地协调发展、绿色发展和开放发展、共享发展；协调需要通过创新来实现，也必然是一种开放式的、共享式的社会与自然的和谐发展，即绿色的发展；绿色发展同样是在创新与协调中实现的，是人类社会对自然的一种开放式的发展，是人与人之间、人与自然之间的共享发展；开放同样包括两个维度，一个是国内各个领域、阶层、区域之间的开放、协调与联动，另一个是对外的国家间的开放、协调与联动，是国际与国内两个大局之间的系统融合，其中必然包含着人对自然的开放；共享既是创新、协调、绿色和开放发展的最终归宿和目的，也是在创新、协调、绿色和开放之中实现的，没有前四个理念的实现也就不会实现真正的共享发展。因此，我们必须从系统论的高度，运用系统的方法来理解和坚持新发展理念，不仅实现国内的系统发展，更要实现人类世界的系统发展，促进人类命运共同体的构建和实现。

协调发展，从物质文明与精神文明发展的角度揭示了社会主义核心价值观与生态文明之间的内在统一及其相辅相成。很明显，生态文明属于物质文明建设领域，而社会主义核心价值观属于精神文明建设领域，协调发展因此就是社会主义核心价值观与生态文明的协调发展，从而将二者统一在社会系统的整体发展之中，实现二者的相互促进。绿色发展从直接意义上讲就是要求以生态优先发展社会的各项事业，尤其是经济发展要做到"绿水青山就是金山银山"。但如果没有社会主义核心价值观的富强与和谐、美丽的引领，也就不可能真正实现生态理念在经济社会发展中的外化与贯彻，也就不可能真正实现绿色发展。因此，绿色发展内在包含着社会主义核心价值观与生态文明之间的协同发展。开放发展不仅是国家、地区之间的相互开放，更是社会与自然之间的相互开放，也就是说人类要以开放的态度面对自然。所谓开放的态度就是人与自然打交道要秉承平等、公正的价值原则对待自然，在实现人与自然和谐共生的过程中实现人类的发展，这就必然要求将社会主义核心价值观与生态文明建设结合起来、协调起来、统一起来，以实现人与自然的共同发展与共荣发展。共享同样不仅是指社会各阶层共享发展成果，实现人际之间的公正和友善，而且包括人与自然之间的公正与友善。换言之，所谓共享发展，要求社会发展与自然发展是相互统一与和谐共生的，社会发展不能以牺牲自然为条件，而是要做到在社会发展中实现自然的恢复和发展，从而实现人类活动成果与自然共享，不仅实现人对自然的友善，而且实现自然对人的友善即环境友好。毋庸赘言，无论是协调、绿色、还是开放、共享，都必须通过创新来实现，创新发展因此构成了人与自然、社会与自然协同发展的手段、途径和方式，当然也是实现社会主义核心价值观与生态文明协同发展的手段、途径和方式。

由此可见，新发展理念内含着物质文明与精神文明建设的统一与协调，也内含着社会发展与自然发展的统一与协调，它是将物质文明与精神文明、社会发展与自然发展、人的发展与人类世界的发展放置到一个内在统一的有机系统中来谋求人类发展的理念。在这一理念中，不仅要求生态文明建设以社会主义核心价值观为引领，而且要求生态文明建设既是社会主义核心价值观的践行与外化，以物化成果表现和实现社会主义核心价值观，同时又是对社会主义核心价值观的丰富、提升和全面化，使得社会主义核心价值观的内容更全面、结构更合理、目标更远大，对社会成员的价值引领与规范更加具有可行性和感性支持，使得社会主义核心价值观可感、可知、可行，从而最大限度地发挥其对中国特色社会主义的指导作用与引领作用。从新发展理念的系统方法出发，我们可以发现它是将人、社会、自然作为一个具有内在相互联结、相互作用的整体来谋划发展的，这里的社会主义核心价值观与生态文明可以看成是同一个系统内部的两个相互作用的子系统，二者之间的协同发展不仅有利于各自的良性发展，而且会发挥系统整体作用，从而使得人类社会系统、人类世界系统都能在二者的协同中实现最大程度的良性发展、可持续发展和永续发展。在这一点上，新发展理念不仅是新时代中国特色社会主义发展的科学理念，也为整个人类世界的发展提供了科学理念，是中华民族对整个世界发展做出的独特贡献，是人类发展的中国智慧。

在习近平新时代中国特色社会主义思想的指导下，我国在社会主义核心价值观与生态文明两个领域的建设都取得了长足的发展，取得了丰硕的成果。在社会主义核心价值观的建设方面，社会主义核心价值观已经成为整个社会成员的最大公约数，成为引领全社会进行社会主义伟大事业的精神力量，成为实现中华民族伟大复兴中国梦的价值引领、价值追求和价值规范，社会正日益走向风清气正的良好局面，广大中国青年正在以中国特色社会主义共同理想和共产主义远大理想为精神指引，以昂扬的精神加入新时代中国特色社会主义的伟大事业中。生态文明建设方面，我国已经成功实现了对大气污染、水污染和土壤污染的治理，通过大规模发展绿色产业，绿色能源的开发和利用，以及野生生物的保护政策的落实，我国的自然环境和生态系统也得到了极大的改善，生态文明建设也取得了举世瞩目的成就，绿色生产和绿色生活正日益成为我国社会发展的主要方式。社会主义核心价值观与生态文明之间虽然还没有在制度层面实现协同发展，但二者各自发展过程中所发生的"共振"现象，正日益显露出二者之间的内在关联性和协同发展的必要性与可能性。一些地方在制度设计上也开始关注二者之间的协同，并在实践中取得了一些初步成果。这些都为我们从理论上揭示二者之间的内在联系并在此基础上揭示二者之间的协同机理提供了现实条件和理论上的需要与可能。

社会主义核心价值观与生态文明建设都取得了巨大的进步和发展，二者之间本就存在着相互联系、相互作用的关系，是内在的相互影响的关系。马克思主义已经科学地揭示了这一点，中国文化的"天人合一"理念也包含着二者之间的统一性关系，而西方学者在反思工业文明的过程中也发现了只有从根本上改变资本主义制度、转变人们的价值观才能实现社会发展与自然发展的共赢共生，才能实现人类社会和文明的可持续发展。新中国成立以来，中国共产党在不同的历史时期一直在探索社会主义核心价值观与生态文明建设之间的相互协调和协同发展，虽然由于一些历史的和现实的原因，这个过程出现过曲折，但总的趋势一直是朝着二者之间的协同发展与内在统一的方向前进的。回顾社会主义核心价值观与生态文明建设的理论与实践历史，我们可以发现，二者之间的协同发展不仅是必要的，而且是可能的，而新时代中国特色社会主义实践所取得的成就，更是使得二者之间协同发展产生的良性结果不断展现出来。

　　站在"两个一百年"奋斗目标的历史交汇点和中国特色社会主义发展的新阶段，从理论上揭示社会主义核心价值观与生态文明之间的内在联系和统一，找到二者协同发展的内在机理，并在实践中通过制度整合、目标设定等方式实现二者之间内在联动与协同发展不仅具有现实的基础，而且具有长远的意义。因此，在新的历史条件下，在生态文明建设的语境中理解社会主义核心价值观，在社会主义核心价值观的语境中理解生态文明建设，并找到二者协同发展的内在机理，不仅是一个重要的理论问题，更是一个重要的实践课题。意识形态领域的安全和环境安全已经成为国家总体安全的重要组成部分，意识形态领域安全有赖于社会主义核心价值观的培育和践行，环境安全也需要生态文明建设来实现，揭示二者之间的内在统一并找到二者之间的协同发展，因此也是总体国家安全的需要，是解决稳定与发展关系的重要手段和路径。同时，如果超越将生态文明当作社会一个领域的眼界，从生态文明是人类历史进程中正在显现出来的、能够从整体上取代工业文明的一个更高阶段的人类文明形态来看待二者之间的关系，那么社会主义核心价值观建设其实就是生态文明得以形成和发展所内含的必要的精神力量和精神动力，二者之间的内在统一性就更为明显和重要。因此，我们应该站在马克思主义世界观的高度，站在历史唯物主义的高度，站在人类世界发展规律和人类历史发展规律的角度，科学认识社会主义核心价值观与生态文明协同发展的理论与现实可能性和内在机理，及其协同发展的时代的、历史的、人类学的重要性，才能不仅为实现中华民族的永续发展，而且为整个人类的永续发展提供理论上的支持和实践上的指导。

第五章　社会主义核心价值观
以生态文明为语境

　　社会主义核心价值观是我国社会主义市场经济发展到一定时期的内在需要，也是中国特色社会主义发展到一定历史阶段的必然。随着市场经济的发展，我国出现了社会利益的分化，从而出现了利益的多元化，这必然导致社会价值观的多元化。"当今时代，社会思想观念和价值取向日趋活跃，主流的和非主流的同时并存，先进的和落后相互交织，社会思潮纷纭激荡"[1]。利益与价值观的多元化，一方面张扬了人们的个性，激发了社会发展的活力；另一方面也导致了价值观上的混乱，导致了个人主义、利己主义和拜金主义的盛行，在市场经济中成长起来的一代人中，这种现象更是严重。这种现象的出现，明显造成了对社会主义核心价值的冲击，导致社会主义核心价值对整个社会生活的指导作用与主导作用的削弱，形成巨大的张力。面对市场经济和社会发展中所出现的种种冲击、削弱社会主义核心价值的主导地位的现象，构建社会主义核心价值，培育和践行社会主义核心价值观就成为中国特色社会主义建设中异常重要的问题。因此，提出并构建社会主义核心价值观是我国社会发展的必然，也是必要。同时，随着我国经济的发展，粗放式的经济增长方式，以及对GDP的过分追求，也导致了我国环境的急剧恶化，各种环境与生态问题日益突出并开始成为我国进一步发展的瓶颈因素。这就要求中国特色社会主义的建设不仅要从制度上改变原有的发展方式，更要从观念上

---

　　① 习近平：《习近平谈治国理政》第2卷，北京：外文出版社，2017年，第328页。

改变原有的关于发展的价值观。因此，无论是市场经济本身的发展，还是我国社会生活的发展，都要求构建社会主义核心价值观，从而用社会主义的先进价值引领我国的各项事业，并通过社会主义核心价值观来凝心聚力，将中国特色社会主义事业引向健康的轨道与方向。

第一节　社会主义核心价值观从酝酿到成熟

社会主义核心价值观是中国特色社会主义发展的需要和必然，是中国特色社会主义事业不断推进过程的产物。纵观社会主义核心价值观的发展史，我们可以发现社会主义核心价值观的形成经历了三个不断明晰、不断凝练、不断递进和不断深化的过程，即社会主义荣辱观阶段（2006 年 3 月到 2006 年 10 月）、社会主义核心价值体系阶段（2006 年 10 月到 2012 年 11 月），和社会主义核心价值观阶段（2012 年 11 月至今）。① 社会主义荣辱观的提出与践行是社会主义核心价值观的酝酿和萌发期，所要解决的问题是如何正确理解荣誉与耻辱，从而树立正确的荣辱观；社会主义核心价值体系的提出与建设是对社会主义荣辱观的提升与系统化，同时也是社会主义核心价值观提出的制度设计与规范阶段，所要解决的问题是我国应该建立什么样的价值体系的问题；社会主义核心价值观的提出与深化是社会主义核心价值体系建设的需要，也是对社会主义核心价值体系的核心理念、价值的凝练、概括和表述阶段，是社会主义核心价值体系建设的深化与升华。

---

① 有学者将社会主义核心价值观的发展划分为酝酿阶段（2006 年 10 月至 2012 年 10 月）、提出阶段（2012 年 11 月至 2013 年 11 月）和深化阶段（2013 年 12 月至今）。我们认为，这一划分，第一忽视了社会主义荣辱观在社会主义核心价值观发展中的地位与作用，因为正是社会主义荣辱观的提出才开始了对社会主义核心价值体系的建设进程；第二没有凸显社会主义核心价值体系建设的提出所具有的历史意义，因为如果没有社会主义核心价值体系建设的需要也就不会有社会主义核心价值观的凝练、提出和深化的过程。很明显，在社会主义核心价值观的发展过程中，社会主义荣辱观、社会主义核心价值体系都构成了这一历史的重要节点。参见李文阁：《论社会主义核心价值观的形成、内涵与意义》，《北京师范大学报（社会科学版）》2015 年第 3 期，第 5-7 页。还有学者将党的十六届六中全会到十八大期间称为社会主义核心价值观的探索期。参见左亚文：《社会主义核心价值观的凝练与深化》，《江西社会科学》2013 年第 1 期，第 5-6 页。

一、社会主义荣辱观

市场经济的发展既带来了我国经济的快速发展，也导致了源于资本逻辑的各种个人主义、享乐主义、拜金主义对我国传统美德的冲击和对社会主义集体主义价值基础的冲击，各种社会丑恶现象层出不穷，假冒伪劣充斥市场，各种毒食品严重危害人民的身体健康，社会诚信体系几近崩溃，很多人的价值观出现了严重扭曲，对各种危害人民的丑恶现象不以为耻反以为荣。面对这种种的道德危机和价值观危机，首先需要明确的就是如何从价值观的高度厘清什么样的行为是道德的、合理的，什么样的行为是不道德的、不合理的，换言之，就是要明确以什么为"荣"，以什么为"耻"。正是鉴于此，2006 年 3月 4 日，胡锦涛总书记在参加全国政协十届四次会议民盟、民进界委员联组讨论时提出，要引导广大干部群众特别是青少年树立以"八荣八耻"为主要内容的社会主义荣辱观，即"坚持以热爱祖国为荣、以危害祖国为耻，以服务人民为荣、以背离人民为耻，以崇尚科学为荣、以愚昧无知为耻，以辛勤劳动为荣、以好逸恶劳为耻，以团结互助为荣、以损人利己为耻，以诚实守信为荣、以见利忘义为耻，以遵纪守法为荣、以违法乱纪为耻，以艰苦奋斗为荣、以骄奢淫逸为耻。"这是社会主义核心价值观构建的起步阶段。

"八荣八耻"社会主义荣辱观，从荣誉与耻辱这两个基本道德概念入手，揭示了社会主义对公民道德的基本要求。既坚持从正面发扬包括"爱国守法、明礼诚信、团结友善、勤俭自强、敬业奉献"[①]等的社会主义价值观，又旗帜鲜明地反对那些危害祖国、背离人民、好逸恶劳、骄奢淫逸等消极的价值观，从而实现公民素质的整体提升。"八荣八耻"社会主义荣辱观，既继承与发扬了中华民族的优秀道德传统，又立足于我国社会主义建设的实际和时代精神，是中华传统美德在当代的发展和集中体现。家国情怀一直是中华民族的优秀道德传统，也是爱国主义的基本底蕴；中华文化从源头上就具有深厚的民本思想，这一思想与马克思主义的群众史观具有内在的契合性与相洽性，为人民服务更是中国共产党的根本宗旨之一；在悠久而博大精深的中华文化的浸

---

① 《十五大以来重要文献选编》(下)，北京：人民出版社，2003 年，第 1982 页。

润与滋养下，中华民族更是一个勤劳、善良、勇敢的民族，诚实守信更是这个民族始终坚守和传承的基本的道德规范和要求。

社会主义荣辱观是科学发展观的应有之义。科学发展观以发展为第一要务，以建设社会主义和谐社会为基本目标，而要实现科学发展，建设社会主义和谐社会，其核心是"以人为本"，即实现人的全面自由发展。也就是说，培养什么样的人，如何实现人的自由全面发展既是科学发展和建设社会主义和谐社会的基础，又是科学发展和建设社会主义和谐社会的最终目的和价值归宿。只有实现了全体人民素质的全面提高，才能实现社会主义和谐社会，最终实现人的自由全面发展。毋庸讳言，道德素质的提高是公民素质整体提高的组成部分，是人的自由全面发展的价值基础和价值保证。康德说过道德是科学的拱心石，离开了道德保证的科学发展往往会偏离正确的轨道和方向，从而导致目的与手段之间的倒置与异化。因此，社会主义荣辱观为我国公民的道德素质，尤其是青年人的道德素质的培养和提升提供了基本保证和价值引导，是保证我国的中国特色社会主义事业健康发展的价值基础，是科学发展观的价值内涵和道德规范。

社会主义荣辱观以两两对比的方式，揭示了社会主义核心价值的最为基本的要求，明确了社会主义需要摈弃的对象，从而提出了社会主义核心价值观的最初的内容，也为社会主义核心价值体系的构建提供了出发点和基本目标。

二、社会主义核心价值体系

2006 年 10 月，党的十六届六中全会通过的《中共中央关于构建社会主义和谐社会若干重大问题的决定》，第一次明确提出了"建设社会主义核心价值体系"这个重大命题和战略任务，并指出"社会主义核心价值体系是兴国之魂，是社会主义先进文化的精髓，决定着中国特色社会主义发展方向"。社会主义核心价值体系是在社会主义荣辱观的基础上，对社会主义核心价值观构建与培育的进一步发展，是以社会主义荣辱观为基础的对社会主义核心价值观的体系化与理论化，从而进一步明确了社会主义核心价值观建设的具体要求、内容及其内在统一性。

社会主义核心价值体系是一个具有内在统一性的，包括不同方面和层次的系统，主要包括"马克思主义指导思想、中国特色社会主义共同理想、以爱国主义为核心的民族精神和以改革创新为核心的时代精神、社会主义荣辱观"。社会主义核心价值体系从四个方面完整地规定了社会主义价值观建设的指导思想、理想信念、时代精神和道德标准，从而使社会主义核心价值观建设具有了更为丰富的内容和精准的目标以及建设方向与抓手。

马克思主义是无产阶级解放和全人类解放的思想武器和理论指南，同样是我国社会主义建设事业顺利发展的思想基础和精神底蕴。因此，马克思主义指导思想构成社会主义核心价值体系的灵魂。正如习近平总书记在庆祝中国共产党成立 100 周年大会上指出的那样："中国共产党为什么能，中国特色社会主义为什么好，归根到底是因为马克思主义行！[①]"中国共产党正是在坚持马克思主义基本原理同中国实际相结合中，带领中国人民取得了新民主主义革命的胜利，由此开始了中华民族从站起来到富起来和强起来的伟大历史征程，先后形成了毛泽东思想、邓小平理论、"三个代表"重要思想、科学发展观和习近平新时代中国特色社会主义思想，在不断赋予马克思主义以勃勃生机的同时，不断开创科学社会主义事业的新局面，彰显了科学社会主义的活力，也使得中国特色社会主义进入了一个前所未有的新时代。

中国特色社会主义是中华民族走向伟大复兴的必由之路，也是为人类最终实现共产主义和人的全面自由发展与解放的历史阶段。因此，中国特色社会主义共同理想构成了社会主义核心价值体系的主题。近代以来的中华民族的历史是一部从耻辱走向独立，从落后走向复兴的历史，在这一历史进程中，我们党带领全国人民找到了一条正确的道路，即中国特色社会主义。这条道路在坚持马克思主义基本原理和理想的基础上，根据我国实际情况，赋予科学社会主义鲜明的中国特色，为中华民族的伟大复兴注入了强大的动力，并赋予其勃勃的生机。中国特色社会主义共同理想，反映了我国最广大人民的根本利益、共同愿望和普遍追求，具有强大的感召力、亲和力、凝聚力，能

---

① 习近平：《在庆祝中国共产党成立 100 周年大会上的讲话》，北京：人民出版社，2021 年，第 13 页。

够将不同的社会阶层、不同的利益群体团结在这一伟大主题的周围，心往一处想、劲往一处使，从而为中华民族的伟大复兴和人类解放事业做出自己的贡献。

中国特色社会主义是中华民族的伟大事业，其精神源泉只能来自延绵几千年的中华民族的民族精神；中国特色社会主义又是人类发展与解放的一部分，其精神内涵必然包括人类发展的当代实际所形成的时代精神。因此，民族精神和时代精神构成社会主义核心价值体系的精髓。中华民族的民族精神是指以爱国主义为核心的团结统一、爱好和平、勤劳勇敢、自强不息的精神；中华民族的时代精神则是指勇于改革、敢于创新、开放包容的精神。民族精神融于时代精神，时代精神内涵民族精神，二者相辅相成，水乳交融在中华民族的血脉中，塑造着中华民族的生命力、创造力和凝聚力，共同构成中华民族的精神人格，是实现中华民族伟大复兴中国梦的精神动力。

知礼明义，扬荣弃辱是中华民族道德传统的核心，也是中国特色社会主义核心价值体系的基础。因此，社会主义荣辱观构成中国特色社会主义核心价值体系的价值基础。中华民族自古就是一个追求道德高尚的民族，中国人的最高价值追求从来都是实现人生的完美，实现道德品质的完善，因此荣辱观念是中华民族道德观念中最为基础和核心的观念之一。对于中国人而言，止于至善是人格完善的标准与追求，只有在道德上知善恶、明荣辱才能成为一个合格的人。毋庸赘述，只有分清荣辱，明辨善恶，人才能成为具有正确价值观的人，社会才能成为道德高尚的社会。在新时代中国特色社会主义的新进程中，在已经实现第一个一百年的伟大目标和开启第二个一百年伟大目标的中国特色社会主义新阶段，在实现中华民族伟大复兴中国梦的过程中，在将我国建成富强民主文明和谐美丽的社会主义现代化强国的伟大事业中，巩固马克思主义的指导地位，树立中国特色社会主义理想信念，弘扬伟大的民族精神和时代精神，说到底就是要确立起人人皆知、普遍奉行的价值标准和行为指南。以此而言，社会主义荣辱观既是中国特色社会主义核心价值体系的基础，也是中国特色社会主义的价值归宿。

三、社会主义核心价值观

从社会主义荣辱观到社会主义核心价值体系的提出，我国在构建社会主义核心价值观上目标日益明确，内容日益完善，但无论是社会主义荣辱观还是社会主义核心价值体系都没有提炼出社会主义核心价值体系的内核。社会主义荣辱观的总字数多达180余字，社会主义核心价值体系的表述也比较繁复，都不能做到简明扼要、通俗易懂和易于践行，不利于社会主义核心价值观的宣传、教育、培育和践行，从而不利于社会主义核心价值体系的建设。因此，在党的十六届六中全会第一次明确提出"建设社会主义核心价值体系"的重大命题和战略任务，指出社会主义核心价值观是社会主义核心价值体系的内核之后，学界就开始了对社会主义核心价值观概括与凝练的深入探讨。[①]党的十七届六中全会更是强调了提炼和概括出简明扼要、便于传播践行的社会主义核心价值观对于建设社会主义核心价值体系的重要意义。

正是在此基础上，2012年11月，十八大报告明确提出了"三个倡导"，即"倡导富强、民主、文明、和谐，倡导自由、平等、公正、法治，倡导爱国、敬业、诚信、友善，积极培育社会主义核心价值观"。由此，中国特色社会主义核心价值观正式提出，社会主义核心价值观的基本内容也得以呈现。社会主义核心价值体系的建设由此也就以培育和践行社会主义核心价值观为主要内容和主要抓手与途径。社会主义核心价值观是对社会主义核心价值体系的高度凝练和概括，是新时代中国特色社会主义的意识形态建设和社会道德建设的价值目标和价值取向，也是培育良好的社会风气和弘扬正确的价值

[①]　国内很多学者就社会主义核心价值观凝练的必要性、遵循的基本原则，社会主义核心价值观与社会主义核心价值体系之间的关系，以及社会主义核心价值观的内涵、表述方案等方面都进行了深入的探讨。其中应该注意的是左亚文的《社会主义核心价值观的凝练与深化》(《江西社会科学》2013年第1期)，钟明华、黄荟的《社会主义核心价值观内涵解析》(《山东社会科学》2009年第12期)，方爱东的《社会主义核心价值观论纲》(《马克思主义研究》2010年第12期)，熊艳、杨越、郭平的《论新时期社会主义核心价值观的科学提炼》(《前沿》2011年第12期)，李文阁的《论社会主义核心价值观的形成、内涵与意义》(《北京师范大学学报(社会科学版)》2015年第3期)等论文。关于社会主义核心价值观的表述方案，张书林和张智在2013年各自进行了概括，其中所涉及的重要论文在此不再一一列出。可以说在社会主义核心价值观的凝练表述上，学者并不满足于现在的12个词，而是力求更加凝练与简洁。参见张书林：《近两年来社会主义核心价值观研究综述》，《理论建设》2013年第1期；张智：《当代中国社会主义的价值自觉》，《教学与研究》2013年第10期。

观的出发点、立足点和归宿点，具有重要的时代价值、现实价值和历史价值。

随着改革开放的进一步深入，我国的国情正在经历着深刻的变化，就国内而言，随着社会主义市场经济的不断完善，利益主体多元化带来了价值主体的多元化和思想意识多元化，各种价值观念和社会思潮也纷繁复杂。面对这种价值观上的多元多样多变的复杂局面，要想牢牢掌握党在意识形态领域的领导权，牢牢把握社会主义价值观的主导性地位，就必须积极培育和践行社会主义核心价值观，扩大主导价值观念的影响力，凝心聚力建设中国特色社会主义。同时，随着我国国际地位的提高和国际影响力的提升，国际敌对势力也正在不断加紧对我国实施西化分化战略图谋，各种"中国威胁论""中国衰败论"甚嚣尘上，各种歪曲、否定中国共产党领导下的中国革命史、中国特色社会主义建设史，乃至从根本上否定中华民族的历史文化的言论层出不穷，严重污染了我国意识形态领域，造成了国民思想上和价值观上的极大混乱。因此，面对境内外各种针对中国特色社会主义价值观的污蔑、抹黑和否定，以及各种非社会主义价值观的流行、风靡的新态势，要想在思想文化领域牢牢掌握意识形态的主动权，就必须以社会主义核心价值观培育和践行为切入点，牢固树立和坚定"四个自信"，讲好中国故事，提高国家文化软实力。

葛兰西曾经指出，文化作为社会的黏合剂，在社会治理和社会稳定中具有特殊的作用，它能够使民众在价值观和思想意识上对现实社会体系产生认同感和归属感，从而形成共同的价值观。① 阿尔都塞更是将意识形态作为国家机器，论述了其对生产关系和社会关系生产与再生产的作用和微观机制。② 由此可见，培育和践行核心价值观，有效整合社会意识，是推进国家治理体系和治理能力现代化的重要方面和应有之义。随着中国特色社会主义进入新时代，社会主要矛盾发生深刻变化，对社会治理和社会建设也提出了新要求。而要根据新形势推进国家治理体系和治理能力现代化，就必须解决好人民群众对中国特色社会主义的价值认同与对社会主义祖国的情感归属问题。因此以中华民族伟大复兴中国梦为目标取向，在全社会大力培育和践行社会主义

---

① 参见[意]葛兰西：《狱中札记》，汪民安、张云鹏编，曹雷雨、姜丽、张跣译，郑州：河南大学出版社，2015年。

② 参见[法]阿尔都塞：*Lenin and Philosophy and Other Essays*，Monthly Review Press 1971.

核心价值观，整合社会思想文化和价值观念，掌握价值观念领域的主动权、主导权、话语权，引导人们坚定走中国道路，具有特殊意义与价值。

　　健康稳定和良性发展的社会必须要有正确价值的引领和科学理论的指导，这是提升一个社会的公民和民众的道德水平和精神境界的不二选择。其中，核心价值观作为人们共同的价值追求和价值标杆，在一定程度上构成了社会的精神支柱和行为引领，对纯洁人们的精神世界、提升人们的精神境界、建设人们的精神家园，具有基础性、决定性的作用。正确的价值观是一个国家、一个民族发展的指针和矫正器，如果丧失了正确价值观的引领，即使在经济上取得很大的发展，这个国家或民族的人民也不可能获得真正的发展，而只能成为物质的奴隶，成为一群精致的利己主义者。① 新时代中国特色社会主义中人民对美好生活的需求，必然要超越对经济利益的追求而实现道德的高尚化和精神境界的现代化，这就必须积极培育和践行社会主义核心价值观，锻造面向世界面向未来的中国精神。

第二节　社会主义核心价值观内容概述

　　2013 年 12 月，中共中央办公厅印发《关于培育和践行社会主义核心价值观的意见》，明确提出，以"三个倡导"为基本内容的社会主义核心价值观，体现了中国特色社会主义发展的要求，是对中华优秀传统文化和人类文明优秀成果的继承与创新，是我们党凝聚全党全社会的价值共识，是现阶段全国人民社会价值观具体内容的最大公约数。这就在十八大报告的基础上进一步明

---

　　① 2020 年以来的新冠肺炎疫情在西方世界的反反复复，从社会意识和价值观上看，恰恰暴露了资本主义价值观的深层次的缺陷。资本主义以资本逻辑为底蕴的个人主义、利己主义价值观，一方面形成了"事不关己高高挂起"的自私心理，以至于在疫情初发时，不仅不对我国施以援助，反而借机对我国的抗疫政策和举措进行各种污蔑和攻击，少数人甚至重提"东亚病夫"的说辞；另一方面将"自由""人权"进行抽象化解释，不愿意以一定程度的个人牺牲换取整个国家和民族的卫生健康。更具讽刺意味的是，当西方的防疫出现失误，导致严重后果的时候，西方的一些政要不是反思自己制度、文化上的问题，反而大肆借助"人权"问题，制造各种阴谋论，极尽"甩锅"之能事，推卸自身的责任，表现出极度的自私自利性。这次新冠疫情用事实说明了正确价值观的重要性，西方防疫的失败，其自私自利的个人主义价值观是重要原因之一。

确了"三个倡导"的十二个词构成了社会主义核心价值观的基本内容。社会主义核心价值观是社会主义核心价值体系的最深层的精神内核，涵盖了中国特色社会主义发展的所有领域，确定了不同层面中国特色社会主义核心价值观的基本要求和目标，是核心价值体系基本理念的统一体，贯穿于社会核心价值体系基本内容的各个方面。三个层面的社会主义核心价值观因此是既有分层又是一体的关系，共同构成当前中华民族的共同价值标准、价值规范和价值目标。

一、国家层面的核心价值观①

社会主义核心价值观首先要明确的是中国特色社会主义在国家层面上的价值追求，即明确我们要建设什么样的国家的问题，要实现什么样的现代化的问题，"毫无疑问，我们所需要的是一个全面发展的、健康的现代化"②。因此，"富强、民主、文明、和谐"，是从价值目标层面对中国特色社会主义国家建设目标和基本价值理念的凝练，是最高层次的社会主义核心价值观，在社会主义核心价值观中处于核心和统领地位。

"富强"即富裕强盛，是社会主义现代化国家整体要求和应然状态。要想建设现代化的社会主义强国，首先必须夯实物质基础，并实现国家的强盛和人民的幸福，因此实现国家的富强就成为社会主义核心价值观的首要内容。富强首先来自社会主义的本质要求。邓小平指出，"社会主义的本质，是解放生产力，发展生产力，消灭剥削，消除两极分化，最终达到共同富裕"③。马克思和恩格斯也指出，社会主义的首要任务是尽快发展生产力。④ 解放和发展生产力既然是社会主义的本质要求，那么社会主义国家的发展首先就要使生产力获得充分的发展，从而极大丰富社会物质财富，最大限度地满足人民群

---

① 十九大报告中在"富强、民主、文明、和谐"之后加上了"美丽"，即建设"富强民主文明和谐美丽"的中国。这既是对国家层面价值观的丰富，更是对社会主义核心价值观与生态文明内在统一和协同发展的科学揭示。这充分说明了社会主义核心价值观与生态文明之间不仅可以做到互融互促，而且可以做到协同发展，实现对中国特色社会主义事业发展的合力作用。

② 左亚文：《社会主义核心价值观的凝练与深化》，《江西社会科学》2013年第1期，第6页。

③ 邓小平：《邓小平文选》第3卷，北京：人民出版社，1993年，第373页。

④ 参见《马克思恩格斯文集》第2卷，北京：人民出版社，2009年，第52页。

众的物质利益，为人的全面自由发展提供物质基础。因此，"实现共同富裕是社会主义的本质要求，是我们党坚持全心全意为人民服务根本宗旨的重要体现，是党和政府的重大责任"①。国家富裕是国家强盛的基础，所谓强盛，就是要在富裕的基础上增强国家的综合国力，不仅要增强国家的硬实力，而且要增强国家的软实力。就硬实力而言，国家强盛不仅要有强大的经济实力，而且要有强大的国防实力，这两个实力是保证我国社会主义事业发展的基础和支撑。就软实力而言，国家强盛必须是人民思想水平的提高和道德素质的提升，是人民文化生活的健康丰富和精神境界的高尚化，这是实现中华民族人格独立和精神自立的根本保证。此外，富强不仅要求社会发展本身的富强，还应该实现社会的永续发展，即要保证这种富强不是短期的而是长期的，这就必然要求我们科学处理社会发展与自然发展之间的关系，实现自然与社会物质能量变换的良性循环，最终实现社会与自然的和谐共生。

"民主"和富强一样，也直接源于社会主义的本质要求。马克思和恩格斯早在《共产党宣言》中就指出，社会主义革命的首要任务之一就是无产阶级上升为统治阶级并争得民主。② 马克思和恩格斯之所以批判资本主义民主，是因为资本主义的民主只是少数人的民主，而不是人民群众的民主；只是形式上的民主，而不是实质上的民主。③ 社会主义对资本主义的扬弃，不仅表现为经济生活的革命，解放和发展生产力，而且要求政治生活的革命，实现人民的民主。由此可见，民主不仅是人类社会的美好诉求，更是社会主义的本质要求。民主是社会主义本质的构成要素之一，是社会主义的基本价值理念和价值追求的重要内容。只有实现了真正的民主，人民群众的历史主体地位才能

---

①　习近平：《在全国脱贫攻坚总结表彰大会上的讲话》2021 年 2 月 25 日，中国新闻网（https：//www. chinanews. com/gn/2021/03-18/9435019. shtml）。

②　参见《马克思恩格斯文集》第 2 卷，北京：人民出版社，2009 年，第 52 页。

③　有一种观点认为，马克思主义是反民主的理论。这是对马克思主义的误读和误解，甚至是故意歪曲。很明显，资本主义民主是资本家的民主，而不是工人和其他劳动人民的民主，其实质是资本家利益分配的政治游戏。在西方社会，人民群众实际上是被排除在民主之外的，他们手中的那一票既不能决定谁成为国家或政府的领导人，也无法成为自己权利的护身符。正是因为这个原因，马克思主义才明确地反对资本主义民主，因为在资本主义社会中，无产阶级其实只是带着隐形镣铐的现代奴隶而已。马克思主义从来不反对民主，只是反对资本主义或资产阶级民主。参见马克思《资本论》第一卷中的相关论述。

得到真正的体现，人民群众创造历史的能力才能得到真正的发挥，因此社会主义的民主从本质上讲就是全过程人民民主，其实质和核心是人民当家作主。这既是社会主义民主异于资本主义民主之所在，是社会主义的生命力的源泉和社会主义发展的动力之源，也是人民创造美好幸福生活的政治保障。只有充分发展社会主义民主，保障人民群众当家作主的权利，才能充分发动人民群众，调动人民群众创造历史的积极性，在实现人民美好生活的同时，实现社会主义的健康发展和社会主义的长治久安。

　　"文明"作为社会进步的重要标尺，从物质和精神两方面在一定程度展现社会的进步程度和社会风貌。这里的"文明"既可以是一个事实概念，即人类所创造的一切文明成果及其所呈现出来的基本样态；也可以是一个过程概念，即人类活动所导致的人类社会不断复杂化、高级化、现代化的趋势或方向，也就是人类社会及其生活的进步。① 社会文明的第一个方面表现为物质生活的进步，即人们的物质生活方式和社会物质系统的和谐程度。这种文明首先表现为社会生产水平的提高和物质财富的丰富化，即社会物质基础的进步；其次表现为生产关系的合理化与科学化，即人们利益关系的改进与和谐化；最后表现为社会系统的有机化，即社会各个要素和层次之间不断协调和融合，社会生态良性发展。社会文明的第二个方面表现为精神生活的进步，即人们的思维模式的科学化、道德素质的高尚化和审美素质的完善化程度。就思维模式而言，文明是指人们的思维不断从蒙昧走向科学，更加理性地对待他人、社会和自然；就道德素质而言，文明是指人们的道德素养不断提高，道德行为日益向善；就审美素质而言，文明是指人们能够在明辨美丑的基础上具有良好的审美能力，善于发现美和弘扬美。社会文明的这两个方面共同发展、相互促进导致社会不断文明化、现代化，其中物质文明是社会整体文明和精

---

　　① 文明的总特征是人类活动方式的进步性，但其具体的标准并非是单一的。由于不同国家或民族有着不同的历史和文化传统，因此对文明的理解及其标准也不尽相同，同时，由于人类发展的不同阶段对文明含义的理解也有差别，因此不同时代所谓的文明在其标准和内容上也不尽相同。这就决定了文明既是一个具有普遍意义和价值的范畴，又是一个历史的具体的有着特殊含义和内容的范畴。这就要求我们在理解一个国家、一个民族，乃至一个时代的文明时，要结合该民族、国家和时代的特征。因此，对社会主义核心价值观中的"文明"的理解要结合当代中国的实际，以及中国在人类发展中的历史方位来进行。

神文明的物质基础和物质条件，精神文明是整个社会文明和物质文明的精神底蕴和价值引领。在一定意义上讲，一个社会的文明程度的提高最终要落实或归结到精神文明的提高，即整个社会成员精神生活的丰富化和精神境界的高尚化。① 社会主义作为人类解放的重要阶段，其重要特征之一就是发展出比资本主义更高的社会文明，因此文明是构成社会主义国家的价值核心之一，是社会主义制度优越、生活优越和精神高尚的重要标志，是社会主义本质和要求的集中体现。

　　"和谐"是人类对未来社会的美好愿望和追求，不论是古希腊的理想国，还是我国古代的大同理想，都包含着对和谐的向往于。"和谐"更是社会主义社会的本质特征和要求之一，社会主义的本质就是要从根本上超越人与人之间的剥削、压迫和相互"异化"，实现无阶级、无剥削、无压迫的"自由人联合体"。和谐既是一种状态，也是一种过程，即人类社会走向和谐的历程；既是一种事实，也是一种境界，即人们对和谐的向往和追求。"和谐"是中国文化的核心理念，几千年来的中华文明基本内核之一就是"和合"的观念，前文所述之"天人合一"理念从根本上讲也源自这一核心观念。因此，中国文化是一个以"和"为核心理念的文化。中国人在世界观或本体论上讲究阴阳和合，主张万物是在阴阳二气的相合相融中生化出来的；在自然观上追求人与自然的和谐共生，主张"天人合一"的理念；在人生观上强调人与人之间的和谐相处，主张"和而不同"的理念；在历史观上追求人与社会之间的和谐互动，主张"大同社会"的理想。因此，和谐社会是中国文化对社会发展的内在追求和崇高理想，中国特色社会主义和谐社会是在新的历史条件下对我国和谐社会理想的

---

　　① 物质文明在人类历史中的作用毋庸置疑也不可忽视，但也不能过高地评估其历史意义和价值。物质文明是人类文明的物质层面，也是人类文明的物质基础，因此社会文明程度的提高首先必然是物质文明的发展。但物质文明也只是社会文明的物质基础和条件，不能代表整个社会的文明程度和文明水平，如果将社会文明片面地理解为物质文明，必然会导致人们精神生活的庸俗化、空虚化和动物化，整个社会不但不会走向更高的文明，反而会走向退化、低级化，导致整个社会文明程度的下降。西方的文化批判所揭示的资本主义社会中文化产业化所营造的"繁荣"喧嚣背后的文化"荒漠化"，说明资本逻辑下人的"物化"所导致的社会文明的退行性变化，以及这一退化所造成的种种社会文化和现实问题。这也是我国建设社会主义先进文化和社会主义核心价值观建设过程中需要注意的问题。文化产业化可以促进文化产品的多样化和数量上的扩张，但如果不能正确认识文化产品的社会作用，文化产业的发展不但不会导致社会生活的高尚化，反而会导致社会生活的低俗化。文化不能被资本所绑架，这是社会主义条件下，文化产业发展和繁荣必须遵守的底线和原则。

继承、发扬与创新。它在汲取了中华"和"文化基本精髓的基础上，以科学社会主义高度和历史规律的深度重新理解和规定和谐社会的内容及其价值目标。最后，社会主义的本质要求所要实现的和谐社会是人类世界的真正和谐，是人类从必然王国想自由王国飞跃过程中的和谐，是实现人与自然、人与人、人与社会之间的自由全面发展的和谐，是人从狭隘的生活中解放出来的"社会化了"的和谐。这个和谐社会就是作为"自由人的联合体"的共产主义，在那里，每个人的自由发展成为所有人的自由发展的条件。因此，社会主义社会本身就内含着对和谐的追求。由此可见，和谐既是社会主义社会的本质特征也是社会主义社会的价值追求之一，它集中擘画了学有所教、劳有所得、病有所医、老有所养、住有所居的各社会阶层、各社会领域、各社会群体之间和谐相处的生动局面，是社会和谐稳定、持续健康发展的重要价值引领和精神保证。

二、社会层面的核心价值观

国家价值观的实现，一方面要通过国家发展的整体形象得到表现，另一方面要通过社会生活的合理化得到表现。或者说，国家价值观在一定程度上要表现在社会生活和社会整体面貌上。因此，社会主义核心价值观在包含国家层面的价值观的同时，还必须明确社会层面的价值观，社会层面的价值观既是国家层面价值观的具体化，也是国家层面价值观的现实化。国家层面价值观能否实现，在多大程度上实现，就看人们的社会生活是否和在多大程度上实现了"自由、平等、公正、法治"。由此，"自由、平等、公正、法治"构成了社会主义核心价值观的第二个层面，即社会层面的核心价值观。它反映了中国特色社会主义的基本属性，是我们党矢志不渝、长期实践的核心价值理念。

"自由"既是一个哲学范畴，也是一个政治范畴和社会范畴。从哲学上讲，自由是人们在充分而客观地认识了规律的基础上所实现的人的行为的高度自觉，借用恩格斯的话说，自由就是对必然的认识和对世界的改造。这是从人类整体发展的角度对自由的哲学规定，因为人类只有实现了思维的高度自觉才能在行为上实现真正的自由，即所谓"从心所欲而不逾矩"的状态。① 作为一个政治范畴和社会范畴，自由则是指在一定的社会生活中，对人的意志自由、活动自由和发展自由的尊重和维护，即让每一个人在不损害他人和社会整体利益的基础上的思想、行为和发展实现最大限度的自主和受到最小限度的限制。因此，自由一方面是一个历史现象，是一个在历史中不断发展的境界；另一方面是一个具体的境遇，是一个在具体生活境遇中的行为及其现实条件本身。自由不是一种超越所有界限的随心所欲，而是将规律、规则内化于心的自觉与选择。人类历史上，由于对自由的抽象理解，导致人们在追求自由的时候走向了所谓的"绝对自由"。这种没有任何限制和制约的"随心所欲"在人类历史中从未出现也不可能存在。自由，总是在一定的现实境遇中，在一定的社会和自然规则的制约下做出的最大化选择，因此从来都不是绝对的。② 人类社会的发展内含着对自由的追求和实现，这也是马克思主义追求的社会价值目标之一。在马克思主义看来人类的解放就是要实现人的自由全面发展，自由本身也成为人们自由全面发展的条件之一。作为社会主义国家，中国特色社会主义核心价值观必然包含着人们社会生活中自由的不断实现，科学发展观的核心"以人为本"指的就是要实现人民的自由全面发展。

"平等"是指在社会生活中人与人之间的人格平等、地位平等与权利平等。和自由一样，平等也是人类发展的重要尺度和价值追求。平等同样是一个现实的历史的范畴，是在人类历史推进中逐渐获得和发展起来的。从历史上看，平等是资本主义取代封建主义的过程中，随着商品经济的普及而获得的一种人的权利，这也是资本主义的历史贡献之一。但在阶级社会，平等始终是不完全的平等，总有一部分人被排除在平等之外。在奴隶社会，奴隶就被排除在平等之外。资本主义的历史功绩之一，就是实现了"全民"的政治平等，即

---

① 参见《马克思恩格斯选集》第3卷，北京：人民出版社，1995年，第455-456页。

② 那种在观念中将自由最大化和绝对化的做法，虽然看起来很诱人，但由于其无法在现实中得以实现，最终只能陷于空想而走向唯心主义。很明显，就像马克思、恩格斯在《德意志意识形态》中所批判的那样，脱离现实的精神自由和字句上的革命不但不是科学的、革命的，甚至是保守的、反动的。当萨特将"自由"作为人的本质，并将之归结为"意志自由"而绝对化的时候，他的"绝对自由"因此也只是精神上的玄思而已。还有，西方有些民众在抗击新冠疫情过程中对所谓"自由"的坚持，则是另一种唯心主义，即将自由无条件化的抽象理解为所谓的"绝对自由"。

所谓"法律面前人人平等"。但即使资本主义实现了人们在政治上的平等，也没有改变其平等的狭隘性和实际生活中的不平等。① 青年马克思曾指出，在资本主义社会，人们的生活被严重的二元化了，即在政治领域实现了平等，但在经济生活中却存在着严重的不平等。而这种经济生活中的不平等，必然导致政治平等的虚幻性和欺骗性。② 所以，资本主义社会中所谓政治上的平等也只能一方面是带引号的"全民"平等，另一方面是带引号的"平等"本身。这种形式上的平等，晚年马克思称之为"资产阶级权利"。在马克思主义看来，真正的平等必须是以人们物质生活条件本身的平等为基础的人与人之间的关系，是形式平等与实质的平等相统一的历史现象或历史过程。因此，真正的或实质平等是马克思主义的核心价值追求之一，也是中国特色社会主义核心价值观的重要组成部分。社会主义核心价值观中的平等，首先要求地位平等，给予社会成员平等的经济地位、政治地位和社会地位，消除地位歧视和地位限制；其次要求人格平等，在尊重个人的人格的基础上保障人们的人格独立和尊严，消除人格歧视；最后要求权利平等，在尊重和保障人权的基础上，实现人人依法享有平等参与、平等发展的权利，消除特权现象和特权思维。

"公正"即社会公平和正义。公正不是脱离历史或在历史之外的社会关系格局，而是随着历史发展而不断变更其内涵和形式的历史现象。与所有社会生活价值观一样，公正也是一个从片面到全面、从形式到内容的不断发展的过程。在当今社会，公平是指在社会生活中，在自由平等的基础上实现人们在社会生活的各个领域中能够得到无歧视的对待，社会各阶层和各群体都能够在规则统一的基础上享受同等的权利并履行相应的义务，不因为社会分工不同、经济收入不同和政治身份不同进行区别对待，甚至对某些人或群体进行歧视性对待，即在社会生活中做到一视同仁。公平在一定意义上讲，是自由与平等在社会生活中的价值实现，又是自由与平等的基本保障，只有真正实现了自由、平等才能真正在社会生活中实现公平，反之只有真正实现了公平才能真正做到自由与平等。正义则是指在社会生活中要以正确的善恶、美

---

① 参见《马克思恩格斯选集》第 3 卷，北京：人民出版社，1995 年，第 448 页。
② 参见《马克思恩格斯文集》第 1 卷，北京：人民出版社，2009 年，第 28-30 页。

丑标准为基础，以善和美培养社会的正气，抵制和消除一切不利于社会发展和人民发展的丑恶现象及其产生的根源，在处理人与人之间的关系上做到"持中为正"、不偏不倚，在处理义与利的关系时要"以义辖利"，树立正确的义利观。正义不仅是自由、平等、公平的发展结果，也是自由、平等、公平的社会环境与价值氛围。只有实现了自由平等公平的社会才是一个充满着正气的正义社会，反之只有崇尚正义的社会才能真正实现社会生活的自由平等与公平。此外，公平与正义又必须是统一的，离开公平的正义往往会变成狭隘的"义气"，离开正义的公平又很容易成为维护小集团利益的借口。因此，虽然公平和正义可以分开来讨论，但其作用的发挥应该是"公正"本身。社会主义社会的价值观之一甚至是最高的价值观就是要实现人的解放、人的自由全面发展，这种解放和自由全面发展的重要构成之一就是社会生活的公正性，因此也必然要追求社会生活的公正，缺失了公正的社会不会是一个自由与平等的社会。公正因此构成社会主义核心价值观社会层面的核心价值理念之一，是保证人们社会生活的稳定、和谐，以及人与人之间团结友善的重要价值规范和标准。

"法治"是人类社会发展的政治追求，也是当代社会治理的核心要素。法律作为社会生活的基本规则和行为准绳，是一定的社会生活实现有序、良性发展的规范约束和制度保证。就一定意义而言，法律是人们在一定的社会生活中形成的规律的表现，一定的法律总会反映一定的社会生活的内容及其社会关系的基本规律，这些内容和规律是制定和执行法律的基础，也是法律所需要规范的对象。在不同的历史时期，由于人们的社会生活方式及其关系的不同，社会规范及其起作用的方式也会不同，相应的法律体系和法律制度也会不同。在我国两千多年的封建社会中，在社会生活中起主导作用的社会规范不是法律，而是以儒家伦理为基础的道德，在一定意义上讲，是用道德取代法律，或将道德法律化。这种做法一方面损害了法律，导致人治社会的出现，另一方面也损害了道德，使之成为戕害人的"软刀子"。随着社会主义的发展和社会主义市场经济的不断完善，法律作为基本的生活规范发挥着越来越重要的作用，社会主义的政治文明建设也必然会走向法治阶段。法治既是中国特色社会主义民主政治的重要内容，也是治国理政的基本方式，是实现自由、平等、公平、正义的制度保证；也是中国特色社会主义核心价值观的重要内容，是指导人们进行社会交往和社会生活的价值要求。作为核心价值观，法治一方面要求人们在社会生活中尊重法律、维护法律的尊严，营造人人遵法守法的社会氛围，另一方面在治国理政中要坚持法治思维，坚持法律面前人人平等的基本原则，树立规范意识。坚持法治理念，还需要厘清道德与法律的边界，让属于道德的归道德，属于法律的归法律，从而使道德与法律这两个规范既各司其职又形成合力，实现德治与法治的有机结合，从而最大限度地全面深化依法治国。

三、个人层面的核心价值观

国家层面和社会层面的核心价值观的实现，必须落实到社会成员的个人道德素质和文明素质的提高上。马克思主义理解历史的出发点是现实的个人，即作为历史的剧作者和历史的剧中人的处在一定的社会关系中从事着现实物质生活的生产与再生产的有血有肉的具体的人。这就说明了历史不是由某种抽象的人格创造的，也不是由某种抽象的精神力量创造的，而是由追求一定目的的人们在"粗糙的物质生产中"（马克思恩格斯语）创造的。因此，一切社会的发展，归根结底是人的发展，一切社会价值的实现，归根结底是人的价值的实现。因此，不论是何种层次上的价值观，最终都要与个人价值相结合，通过个人价值的实现来得到培育和践行。因此，公民个人的价值观是整个价值观的出发点，也是落脚点，是价值观建设的主体成分。离开个人的价值观是空洞的、抽象的价值观，不可能得到公民的认同和践行。这就决定了社会主义核心价值观必然包含公民个人层面的价值观，并通过公民个人价值观的培育和践行而得到真正的践行和实现。"爱国、敬业、诚信、友善"，作为个人层面的社会主义核心价值观具有特殊的重要意义。它覆盖社会生活的各个领域，是公民必须恪守的基本价值准则和规范，也是评价公民道德行为选择的基本价值标准，更是公民社会活动所追求和要实现的价值目标。

"爱国"是中华文化血脉中的主流之一，中国的文化基因中始终都有爱国主义。中华文化始终认为个人与国家之间具有内在的血肉联系，并将个人命运与国家命运紧密联系在一起，认为振兴国家是个人价值的最大实现。此所谓"国家兴亡，匹夫有责"。正是在爱国情怀的滋养和感召下，中华民族的历史上涌现出大量的爱国英雄，他们是中华民族的脊梁中不可或缺的一环。近代以来，在爱国主义的旗帜感召下，一代代爱国人士为了救亡图存抛头颅洒热血，以自己的一腔热血挽救中华民族于危难之中，并在中国共产党的领导下最终赢得了民族的解放和独立，实现了中华民族站起来的历史使命，开启了中华民族发展的新纪元。也是在爱国主义的感召下，在新中国成立后，大量在海外留学、工作的学子和科学家历尽艰辛回到祖国，为社会主义的建设事业奉献出自己的力量，为中华民族伟大复兴做出了不可磨灭的贡献。爱国，首先是个人与自己祖国命运与共的一种现实关系。无论个人走到哪里，祖国的命运都是其个人命运的一部分，祖国盛则个人强，祖国弱则个人衰。正所谓，"覆巢之下无完卵"，没有统一而独立的祖国，个人价值始终得不到真正的实现；① 其次是一种情感，是建立在个人对自己祖国的依赖关系基础上的一种深厚情感，这种情感往往会随着时间的流逝而日益浓烈，表现为认同感、归属感和自豪感的不断递进与升华的过程；最后是调节个人与祖国关系的行为准则，它是个人价值实现的一个重要尺度，调节着个人与祖国之间的关系。爱国与否决定着个人如何对待自己的祖国，从而做出完全不同的选择。如果爱国则会选择为祖国的发展与强盛做贡献，并自觉地维护祖国的形象；如果不爱国则会选择背离祖国、危害祖国，并千方百计地诋毁、抹黑自己的祖国。在当代中国，爱国就是爱社会主义祖国，同社会主义紧密结合，既是中华文化价值观的当代表现，又是社会主义价值理念的核心要素之一。具体而言，在当代中国，爱国就是要求人们勠力同心、团结一致，共同把祖国建设成为现代化的社会主义强国，实现中华民族伟大复兴中国梦。

"敬业"是个人实现其价值的主要路径，也是爱国主义的体现和实现方式。

---

① 在当今世界的国际交往中，国家主权仍然是保障其公民权利的基本与核心的权力。因此，只要国家存在，只要国际交往仍然是以国家为主体的交往，主权就仍然大于人权。西方世界为了维护和巩固其霸权地位，鼓吹"人权高于主权"的谬论，以人权为借口大肆、悍然干涉别国内政，任意在其他国家制造混乱以颠覆其合法政府，造成了那些国家民众的深重灾难，其人权遭受了极度的践踏。中东地区的动荡不安所导致的大量难民无家可归，其人权在国家丧失主权后已经无从谈起。当然，西方世界也受到其行为后果的"反噬"，欧洲的难民危机以及美国当前的难民困局都说明西方正在"搬起石头砸自己的脚"，也说明了"人权高于主权"论的破产。

个人是现实的个人，总是在一定的社会关系中创造自己的生活并实现其人生价值。个人从事一定的职业，这个职业是社会分工和个人能力相结合的结果。职业源于分工，是社会生产发展到一定程度上的产物。在生产力发展到出现社会分工的阶段，社会劳动开始出现专门化和专业化，分化成不同的劳动领域，并出现固定化的现象，与此相应，在某一个劳动领域、具有相对固定性的劳动就成为所谓的职业。在生产力还没有发展到消除固定分工的水平时，因固定分工而形成的职业也就成为人们从事社会实践，创造自己的生活和"创造历史"的主领域和主渠道、主方式和主手段。在私有制条件下，由于劳动不属于无产阶级，因此职业本身对无产阶级来说是一种"异化"，是在监督的强迫劳动，因此不是劳动者本质力量的实现，而是资本力量的实现。在社会主义社会，随着生产资料公有制的确立，职业本身失去了异化的性质而成为人们实现自我的手段，职业因此在一定程度上成为事业。① 新时代倡导"敬业"的现实社会基础，就在于中国特色社会主义的制度本身。在这种情况下，随着社会分工日益精细化与专业化，职业对一个人成才与成功的作用日益重大。只有那些热爱并敬重自己职业的人，才能全身心地投入到自己的工作之中，并将自己的职业与事业统一起来，在职业技能精进的过程中成就自己的人生，实现自己的人生价值。同时，爱国不是抽象的，而是具体的，是在公民个人的社会实践中体现出来的，是在公民个人的社会实践中得到实现的，敬业是这一体现和实现的较为集中的表现。换言之，公民个人尊重并热爱自己的职业，就可以通过自己的职业成就对祖国发展做出贡献，表达其爱国情怀。祖国的发展和民族的强盛，不是纸上谈兵的结果，而是各行各业的劳动人民用自己的辛勤劳动造就的，正是个人的职业成就汇成中华民族伟大复兴的滚滚洪流。由此可见，敬业是社会主义核心价值观中公民个人道德素质的一部分，既是公民的私德又是社会的公德。敬业要求每个公民都要恪守职业道德、忠于职守、发扬匠人精神，在事业上精益求精，充分体现了社会主义对职业精

---

① 即使在社会主义社会，由于劳动本身还没有从谋生手段中解放出来，因此职业与事业之间还存在着差距。在很多情况下，职业是由社会分工决定的，个人在选择职业时，还不能做到真正的自由，因此还具有一定的"强迫"性质。这也是马克思、恩格斯在《德意志意识形态》中批判分工并认为人类解放要以消灭分工为前提的重要原因。当然，要消灭的分工是指固定分工，而非分工本身。

神的要求和道德诉求。

　　"诚信"是中华民族优秀的道德传统，也是中华文化对人的基本道德规范之一。在中国道德文化中，诚实守信是做人的根本要求，儒家将之视为"五常"之一，要求做人必须以信为本，"仁、义、礼、智、信"中，"信"是前四者的总结，是它们最终所达到的总要求。所谓"人无信不立"，就是要求人之为人必须首先是一个诚实守信的人。因此，在中国文化中，一个不能守信的人是不会成为真正的人的，失去了诚信也就失去了为人的根本。中国文化中蕴含着众多的关于诚实守信的营养成分，存在大量与诚信有关的故事和成语，其中"一诺千金"就是最为典型的例子。由此可见，中华文化中始终存在着对诚信的要求，诚信也始终是中国人遵循的基本道德规范和价值准则。诚信同样是西方文化中的重要内容，西方所谓的"契约精神"，其基础和本质也是诚信精神。[①] 因为只有做到诚信才能真正具有契约精神，才能真正遵守契约的约定。同时契约精神还是诚信的集中体现，因为拥有了契约精神就会信守彼此的约定而不会恶意违约。[②] 在一般对诚信的理解中，诚信是与经济利益相联系的经济原则，但作为道德范畴，诚信贯穿于人们整个社会生活之中。不仅经济活动要恪守诚信，人和人之间的其他交往也要信守承诺，即使是政府行政活动也要遵守诚信原则，只有全社会（无论是自然人，还是其他的组织或法人）都能够做到诚实守信，这个社会的道德水平才能得到提升，人与人之间的关系才能实现真正的和谐，社会关系也才能得到真正的维护和发展。如果人以及社会组织（法人）等在交往中丧失了诚信原则，那么人和人之间、社会组织与社会组织之间都会陷入尔虞我诈的恶劣风气之中，最终导致整个社会生

---

　　①　从本质上看，我们认为西方的"契约精神"与我国的"诚信守诺"之间是有差别的，其差别就在于中西方文化对人性的理解。西方文化从"人性本恶"出发理解人，其契约精神虽然包含诚信原则，但却是一种以契约条文为约束的诚信；中国文化从"人性本善"出发理解人，其诚信精神源自人性"善"的基础，因此是比西方更高的道德要求。

　　②　有人认为，商品经济是天然的诚信经济。但这个问题要具体分析。在商品经济中，交易双方要在遵守契约的基础上达成守诺，虽然也是诚信的表现，但却是一种狭隘的诚信。因为，如果交易双方的约定本身是建立在对经济活动的其他参与方或整个经济系统有危害的基础上，那么它们之间的诚信恰恰成为对整个经济乃至社会的最大的不诚信。资本主义在资本逐利本性支配下所发生的各种假冒伪劣、以次充好、以假充真等等乱象，其本质上是违背诚信原则的。我国在建设社会主义市场经济体制过程中，也出现过类似的情况，从而导致我国整个社会诚信体系遭到了严重破坏，也说明了这一点。

活的无序化和人人自危的境地。作为社会主义道德建设的重点内容，诚信强调的是诚实劳动、信守承诺、真诚办事、诚恳待人。在诚信原则中，政府或公权力单位或组织起着至关重要的作用，这既是社会诚信体系建设的关键部位，更是政府公信力提升的关键所在。

"友善"的基本含义是指人与人之间的亲近和睦的关系，也指人在待人接物时亲切友好的态度和品格。友善的这两个方面的基本含义中品格是基础性的含义，友善首先是人与人的交往过程中对待他人的一种基本品格，以及由这一品格所营造出来的人与人之间的一种关系。换言之，友善的关系是由友善的品格造就的。如果人人友善，则社会关系友善；如果人人不友善，社会关系则不可能友善。友善的社会关系就是和谐的社会关系，因此，友善作为道德范畴，是和谐价值观在人际交往中的一种具体体现，是社会和谐在个人品质中的具体化。从友善与和谐的关系看，只有人人都具有友善品格，人际交往才会形成相互之间的亲近与和睦，从而实现人与人、组织与组织、个人与组织，以及个人与社会之间的和谐友好，最终实现社会的和谐稳定。这说明，友善与和谐这两个价值观虽然属于不同的层面，但二者之间通过人们的社会交往发生了相互作用，实现了相互融通。这也在一定程度上说明了，社会主义核心价值观的三个层面之间是相互联系和相互作用的整体，是一个有机的统一体。从中华文化的角度看，友善还是"和"文化在人际交往中的具体体现和现实化，是以"和"为基础的一种为人处世之道，是中国人人格中的重要组成部分，也是中华道德传统的优秀成分。因此，友善也是中华优秀文化传统在当代的继承和发展，是与新时代中国特色社会主义相结合的具有时代特征的价值观，既包含着中华文化的基本元素，又体现了社会主义的本质要求。在阶级社会中，由于人们之间存在着利益上的对立，友善品格的培养往往受到利益争斗的干扰而不能得到真正的实现。这在资本主义的"零和博弈"游戏和交往中得到最为集中的体现，萨特的"他人是坟墓"的哀叹则是其哲学表达。与资本主义"以邻为壑"的人际关系不同，作为社会主义社会，由于我国已经实现了人民根本利益的一致性，消除了人们之间由于利益对立而导致的相互敌视与以邻为壑式的人际关系，为友善提供了最为稳固的经济基础，也为培养人们的友善品质提供了基本的社会环境和道德氛围。具体而言，作为社会主义核心价值观的一个方面，友善强调的是公民个人应以亲、诚、惠、容的态度与他人交往，公民之间应互相尊重、相互理解、互相亲近，友好和睦，从而构建社会主义的新型人际关系，最终形成和谐的社会关系，建设社会主义和谐社会。

第三节　生态文明语境中的社会主义核心价值观

社会主义核心价值观是我国社会主义建设与发展中的价值观问题，是用社会道德的最大公约数来凝聚民心、聚全社会之力实现中华民族的伟大复兴，主要处理的是社会关系与社会生活中的思想(观念)问题。换言之，社会主义核心价值观所要解决的是人们在中国特色社会主义建设和发展中应该怎么做，朝什么方向做，以及达成何种价值目标等问题，属于意识形态领域的工作，是社会主义先进文化建设的核心内容，也是社会主义公民道德建设的主要内容。看起来，它与生态文明及其建设没有直接的关联，属于两个完全不同的领域。但在生态文明的语境中，作为全民遵守的价值观，社会主义核心价值观的内涵和外延都必须进行重新理解和规定，即要以更宽广的眼界和更深刻的抽象去发掘社会主义核心价值观的内容，即一方面超越狭隘的社会学眼界看到人与自然关系，另一方面超越技术性层面发现其世界观、自然观层面。或者说，只有从世界观、自然观的深度以社会与自然的统一即人类世界为对象，才能深刻而全面地把握社会主义核心价值观的内涵，真正全面、真实和科学地学习、领会与践行社会主义核心价值观。换言之，生态文明及其建设已经成为了社会主义核心价值观的现实与实践语境，社会主义核心价值观因此必然包含生态文明及其建设的内容。[①] 在前文中，我们在揭示社会主义核心价值观的主要内容时，已经初步涉及了相关方面，本节将更为具体地论述生

---

① 社会主义核心价值观的生态文明建设语境，目前还没有得到真正的重视与研究，只有零星的学者展开了二者之间关系的研究。参见于洁：《社会主义核心价值观的生态论分析》，《长白学刊》2013年第3期。但于洁的研究不但没有完整涵盖社会主义核心价值观的生态文明建设语境，而且将生态文明看成是属于社会意识领域的现象明显是也是偏颇的。

态文明及其建设语境中社会主义核心价值观内涵中的生态文明意涵。

一、以生态和谐为导向，推动人、社会与自然的共生共荣

在生态文明语境中，生态文明理念已经是国家层面的社会主义核心价值观的应有之义，渗透在国家层面核心价值观的各个方面。以生态文明为语境，将会发现，国家发展是社会与自然协同发展的过程，四个方面的价值追求都必然包含着如何处理人与自然的关系，实现人与自然的和谐共生的问题。在国家价值观中，和谐是最终的价值指向，富强、民主、文明的综合实现就表现为社会和谐，建成社会主义和谐社会。因此，在生态文明语境中，国家层面的核心价值观，就是以和谐理念为指向实现人、社会与自然的共生共荣，最终实现人的发展与自然发展的和谐共生关系。十九大报告指出，新时代中国特色社会主义建设的目标是建成"富强、民主、文明、和谐、美丽的社会主义现代化强国"。这里的"美丽"既充分说明了国家层面的核心价值观的实现离不开生态文明建设，更是充分说明了生态文明理念是国家层面核心价值观的重要组成部分。

在生态文明语境中，富强不仅包含国家社会学意义上的综合实力的增强，还是系统论意义上的综合实力的增强，甚至要从世界观的高度去理解。也就是说，富强不仅包括经济、军事和文化等方面综合实力的增强，还要包含自然资源保护和自然环境改善，即国家富强是包含生态文明在内的富强，是社会与自然协同发展过程中表现出来的人与自然的整体优化与系统优化，或者说是一定区域内的人类世界的富强。从历史唯物主义的角度看，社会与自然之间存在着双向中介的关系，自然的发展离不开人类社会的发展，人类社会的发展也离不开自然的发展，所以富强就是指在社会与自然的双向中介中实现社会与自然的良性互动；人类社会存在与发展的基础始终是建立在人对自然改造的基础之上的，始终以自然为前提和基础；社会发展是人类对自然的超拔与深入的双向运动过程，是社会与自然不断在新的实践基础上的曲折融合过程。由此可见，社会虽然是与自然完全不同的物质存在形态，但二者之间始终通过实践进行物质能量的变换，从而形成二者互为条件、相互依存而又相互促进的对立统一关系。社会发展即历史始终是要在自然中并通过处理

其与自然的关系来获得发展的，国家富强作为社会发展的一个重要标志和价值追求，也始终包含着自然发展，是社会与自然相统一的富强。既然社会发展始终是在与自然的互动和互促中实现的，历史既非单一的社会史，也非单一的自然史，而是社会与自然交互作用的人类世界史，是人类世界整体发展过程。那么，富强就是包括生态优化在内的综合国力的增强，是以生态文明为基础的富强，即生态富强。

民主是一个政治范畴，是指政治领域里的"主权在民"。因此，民主当然主要是指政治生活中人的权利的实现，是民众自主参与社会治理和自由表达政治意志的政治制度。从这个意义上看，民主只是一种社会制度和社会状况，也只是社会发展的一种价值追求和目标，与自然和生态文明没有直接的关系。但在生态文明语境中，民主就不能不把自然包括在社会发展的政治进程中，不得不包括人与自然之间的民主，这是民主含义在生态文明中的扩展。这里的民主已经不再是狭义的政治术语，而是在广义的角度对之进行的新的理解和规定。在这里，作为人类世界的两个"成员"：人和自然在人类世界发展的过程中也都享有民主，共同决定人类世界的发展方式、发展方向和发展前途。因此，从生态文明语境出发，人们应该认识到自然虽然不能像人类那样有意识地、自觉地影响人类世界的发展，但作为人类世界的重要组成，其也会对人类世界的发展产生影响，也会发挥其应有的作用。同时，还要认识到，虽然自然不能像人类一样表达自己的意志，但也有自己的"权利"和"意志"，即对人类世界发展的"自然意志"。因此人类世界的发展必须充分认识到人与自然之间"民主"的全部意义，必须以尊重自然、顺应自然为前提，必须认识到自然存在的合理性及其内在价值，从而实现人与自然之间的民主。从这个意义上讲，所谓民主就是人类在自身发展的过程中不仅要尊重自然存在的权利，还要尊重自然作为自组织系统的自我修复和再生的权利即发展的权利。人类不是以征服者的角色面对自然，要充分认识到人与自然之间的关系不是主人与奴隶之间的关系，而是一种相互影响和相互促进的关系，从而在谋划人类社会发展的时候才能充分尊重自然，达成与自然的和解，并以此为基础真正实现人类的解放，达到在充分认识自然规律的基础上实现人类活动的自觉与自由，最终实现人类世界的全面发展。从人类世界发展的高度，注重人类世界发展中人与自然的"民主"。以此所理解的民主，可称之为生态民主。

如前所述，文明作为人类进步的标尺，包括物质文明与精神文明两个维度。物质文明的实现恰恰是在人对自然的改造过程中实现的，因为无论是生产力的发展，还是物质财富的丰富，还是物质生活的便利化，都是人类改造自然的结果。因此，文明就不是一个与自然无关的社会进步，而是一个社会与自然之间的物质能量变换过程。物质文明越是发达，人与自然之间的物质能量变换也就越是在更高水平和更大规模上展开，文明也就越是与自然相联系，人与自然关系越是在更高层次上的展开。这就说明，人类所创造的物质文明成果，是人与自然合作的结果，借用重农学派的名言"劳动是财富之父，土地是财富之母"，我们可以说"劳动是文明之父，自然是文明之母"。在这个意义上，只有人类与自然进行合作才能发展出真正的物质文明，才能从世界观的意义上发展出真正的世界文明。这要求人们必须从二者合作的角度文明对待自然，从而实现人与自然良性合作过程中的人类世界的永续发展。反之，如果人类物质文明的发展建立在对自然的掠夺和戕害的基础之上，人类物质文明的发展是不可能持续下去的，人类社会也就不可能获得永续的发展基础和发展活力，人类世界也不可能得到真正发展。工业文明所带来的种种环境和生态困境已经充分说明了这一点。因此在生态文明语境中，人类的物质文明发展是一个包括生态文明于自身之内的社会与自然和谐发展的文明样态。与此相关，人类的精神文明也必然是消除极端人类中心主义的人类对待自然的善良与友好的态度，人类精神生活的文明化因此就是人类对待自然态度上的科学化与文明化。在生态文明的语境中，文明是人类与自然和解及和谐基础上的物质昌盛和精神高尚。所谓文明就是生态文明。

和谐首先是指人与人之间、人与社会之间的关系，但在生态文明语境中，和谐不仅是国家发展目标上的最高价值追求，也是人与自然关系发展上的最高价值目标。一般意义上，和谐是指社会关系的和谐，即是指人与人之间、不同的利益群体、不同社会阶层之间的和谐，还包括个人与集体、社会之间的和谐。但如果加上生态文明的维度，在生态文明语境中，和谐还包括人（社会）与自然之间的和谐，也就是说包括人类世界两大组成之间的和谐。如前文所述，人与自然和谐的理念是中华文化中最为优秀的传统之一，集中表现就是"天人合一"的理念，其对当代社会发展，尤其是生态文明建设的启示作用与现实意义，是值得我们进行深入研究的课题。中华文明在"天人合一"理念的指导下，在几千年的发展历史中总体上保持了人与自然之间的和谐，这是中华文明对人类文明做出的独特贡献。工业文明由于忽略了人与自然的内在统一性，在过度张扬人的能动性的同时导致了人与自然之间越来越紧张的矛盾，最终导致了环境成为人类继续发展的障碍和重要瓶颈之一，使得人类发展出现了前所未有的来自自然的威胁。从历史上看，工业文明取代农业文明的过程也是打破人与自然和谐，导致人与自然关系日益紧张甚至走向对抗的过程。正是在对工业文明的痛定思痛中，人类开始重新审视人与自然的关系，中华文化中的古老智慧才在当代重新焕发出生机。人们开始认识到，如果不能实现社会与自然的和谐，社会发展就不可能获得长久而持续的物质支持和源源不断的生产力，社会关系的和谐最终也会被破坏，重新陷入生存斗争的激烈化而导致的对立与对抗，这在当今一些国家对能源与资源争夺的局部冲突中得到了体现。20世纪以来的战争，不论是世界战争还是局部战争，归根结底都是资源与能源争夺战。由此可见，作为国家层面的核心价值观的和谐，不仅是社会关系发展的价值诉求，更是人类与自然共生发展的价值诉求。生态文明内含于社会主义核心价值观之中，其所追求的和谐不只是人际关系的社会和谐，而更是人与自然关系的生态和谐。

二、以法治思维为指导，实现人、社会与自然的有序发展

社会关系是人类存在与发展的现实场域，社会生活的本质就是如何科学处理社会关系，实现社会关系的和谐与社会生活的有序化。社会关系的基础性关系是生产关系，而生产关系是在人们改造自然获取物质资料的过程中即生产过程中结成的物质关系。正如马克思、恩格斯所指出的那样，在物质生活的生产与再生产的过程中天然地包含着双重关系，一个是人与自然的关系，另一个是人与人的关系，这就是生产力与生产关系的关系，其统一体就是生产方式。① 在生产方式中，生产力是人类生产的内容，生产关系是人类生产的

---

① 参见《马克思恩格斯文集》第1卷，北京：人民出版社，2009年，第532页。

形式。很明显，在这一双重关系中人与自然的关系即生产力具有更为基础的地位和作用，生产关系即人与人的关系是为生产力服务的。因此人们的社会生活是在人们改造自然的过程中丰富和发展起来的，离开了人对自然的改造，人类的社会生活将无法想象，也无从谈起。① 从本质上讲，社会生活层面的核心价值观同样是包含着人与自然关系的价值观，是人与自然关系在社会关系中的升华与实现。社会生活的和谐化，最为重要是社会生活的有序化，即人们都能够在遵循社会生活的基本规则的基础上实现社会生活的自由、平等、公正，换言之，法治是社会生活的制度保证和规范基础。既然社会生活以人与自然关系为基础，那么也就可以说，社会层面的社会主义核心价值观就是以法治思维为指导实现人、社会与自然的有序发展。

首先，如前所述，自由既是指人的社会活动的自由，也是人对自然的自由即人们改造自然的自觉自由的活动。青年马克思在对象化劳动中对劳动的规定就是如此，虽然此时的马克思还没有达到对自由自觉的活动的科学理解和规定，但其中所包含的人的对象性活动的观点则预示着人类对自然活动的自由思想的最初的萌芽。因此人的自由是一种在社会活动与对自然活动的双重关系中的活动状态，是一种综合性的自由。只有社会活动的自由，或只有对自然的自由，都不是完整意义上的自由。人对自然的自由也因此是人类自由的最为主要的内涵之一和人的解放的重要维度之一，这已经是在生态文明的语境之中了。在这个意义上讲，作为社会主义核心价值观的自由概念就必然既包括社会活动的自由，也包括人对自然的自由。人对自然的自由是一个包含着多重意蕴的范畴。首先是对自然规律的充分认识，因此黑格尔才将自由规定为"对必然的认识"②，这是人的自由发展的基础，是人的自由发展的观念维度；其次是在把握规律的基础上对自然的自觉改造，即自由的实践（劳动），这是人的自由发展的的现实条件，是人的自由发展的行动维度；再次是

---

① "……生产物质生活本身……是人类从几千年前直到今天单是为了维持生活就必须每日每时从事的历史活动，是一切历史的基本条件"。自从历史唯物主义揭示出了这一基本事实对整个历史发展的全部意义之后，人们就不得不将人与自然的关系纳入到对社会、历史的理解之中。《马克思恩格斯文集》第 1 卷，北京：人民出版社，2009 年，第 531 页。

② 黑格尔将自由规定为对必然的认识，这一观点后来被马克思、恩格斯继承和发展。马克思和恩格斯，尤其是恩格斯，认为自由不仅是对自然的认识，更是对必然的改造。

人们在对自然自由的基础上的人的社会活动的自由，这是人的全面自由或者说人的自由的最终实现，是人从必然王国向自由王国的飞跃。因此，在生态文明语境中，作为价值追求的自由，是一种以人对自然的自由为基础的人的思维自由与行为自由的综合体，也是人以联合的力量驾驭自然和社会力量而实现的解放，因此是人类解放的最为丰富和完备的含义。也正是在这个意义上，马克思主义认为人类的解放是一个历史的过程，是人类活动的自觉性的提高过程，所谓共产主义是"人类从必然王国进入自由王国的飞跃"，就是人类在消除了人对自然和社会的盲目性之后的自觉性，是人类在遵循自然规律和社会规律基础上的个性发展和能力发展，以及人与自然和社会关系的全面化。①

　　其次，平等在生态文明语境中不仅要强调人与人之间的平等，而且要求人们以平等的态度对待自然，即实现人和自然之间的平等。人类是自然界长期发展和进化的产物，本身就是属于自然的，是自然系统中的一个组成部分，人类不是一种超越自然的存在，历史始终是在自然中发展的过程，因此才构成了所谓的"自然的历史"。由此观之，人并没有优越于自然的地位，人类社会始终是自然发展到一定阶段上的产物，且始终在自然中以自然为前提获得发展，人与自然存在之间是天然的平等的关系。同样，自然是人类赖以生存和发展的物质前提，人类的发展始终是社会与自然之间物质能量变换的过程，自然存在不是某种外在于人类活动的亘古不变的自在之物，而是人类发展进程中的内在要素，这就是所谓的"历史的自然"。由是观之，自然也没有优越于人类的地位，自然在人类实践中越来越成为历史的一部分，即人类实践活动的结果与因素，自然与人之间也是天然的平等的关系。自然与人之间的互为中介或者相互平等的关系，在青年马克思那里具有重要的意义。青年马克思将自然称为人类"无机的身体"，并揭示了人的能力都是在劳动过程中一步步丰富和发展起来的，人类与自然之间是一种平等的物质交换和能量变换的

---

① 参见《马克思恩格斯选集》第 3 卷，北京：人民出版社，1995 年，第 633–634 页。

过程。① 而劳动就其本质而言是人与自然之间的物质变换过程，是人通过自己的活动实现的人与自然关系的协调，不存在谁征服谁、谁统治谁的问题，即人类与自然之间存在着天然的统一性和平等关系。所谓的"自然统治人"，或者"人统治自然"，是工业文明所建构起来的人与自然关系的构架，是资本为了最大限度地利用自然来获取最大限度的利润所营造出来的意象，换言之，是资本所创造出来的意识形态神话。② 自然是人类的"家园"，人类是自然的"精灵"，人类与自然之间是相互依赖、相互影响和相互作用的关系，人与自然物之间的关系也因此是一种平等的合作关系，而非不平等的对抗关系。虽然人类的生存方式与其他的动物不同，在人与自然的关系中，人类作为能动的主体处于主动的地位，但只有尊重自然并以平等的态度对待自然，人类才能建立起与自然之间的和谐关系，最终实现人类的永续发展，这是生态文明语境中社会主义核心价值观的平等的应有之义，可以称之为生态平等。

再次，公正既是人类社会生活中自由与平等的综合与体现，也是人与自然关系中自由与平等的真正实现。公平在生态文明语境中，不仅是指人与人之间的公平，更是人与自然之间的公平。人类与自然物之间是平等的关系，人类对待自然就像对待其他人那样要有公平的态度，建构公平的关系，实现公平的结果。因此，人类不能因为自身的能动性而自视高自然一等，蔑视其他自然存在，而是应该在尊重其存在价值的基础上的以公平态度与之打交道，实现生态公平；人类更应该破除极端人类中心主义为了追求人类利益最大化而具有的对自然存在的纯粹占有和利用态度，不能为了人类利益而残害和戕杀自然物，超越自然的界限去利用自然。同理，正义不仅存在于人际关系之中，还存在于人与自然的关系之中，即人们在改造自然获得社会发展的物质

---

① "自然界，就它自身不是人的身体而言，是人的无机的身体。人靠自然界生活……"，"只是由于人的本质客观展开的丰富性，主体的、人的感性的丰富性……才一部分发展起来，一部分生产出来……一句话，人的感觉，感觉的人性，都是由于它的对象的存在，由于人化的自然界，才产生出来的"。《马克思恩格斯文集》第1卷，北京：人民出版社，2009年，第161、191页。

② 鲍德里亚在批判马克思的时候，认为劳动就是人类对自然的技术统治，指出马克思主义将劳动作为重要前提落入资本主义意识形态的巢窠，因此认为马克思主义并没有超越资产阶级的政治经济学。鲍德里亚的这种观点，很明显与马克思主义的"劳动"本义相左，二者之间具有本质上的区别。鲍德里亚如果不是误读了马克思，就是故意歪曲马克思主义。参见［法］鲍德里亚：《符号政治经济学批判》，夏莹译，南京：南京大学出版社，2015年。

资料的时候，必须根据正义的原则来展开自己的活动，在对待自然时要科学公正地理解人与自然的关系，不将人类对自然的拥有狭隘地理解为占有，从而避免为了人类的利益而不惜牺牲自然。换言之，要从人的"无机的身体"角度去理解自然以及人与自然的关系，要像对待自己的"有机的身体"一样去对待自然，从而实现人与自然关系中的生态正义。生态正义，不能仅从经济角度去考察和思考，而是要超越狭隘的经济利益眼界，从新型义利观考察、处理和构建人与自然的关系。新型义利观不仅是指人们在各自的人际交往中注重义，更是指人与自然的交往中要注重义，如果不能实现人与自然关系的正义，人类就会偏离人与自然关系的正确轨道而导致行为上的不义。生态公平与生态正义的总和就是生态公正，是人与环境关系中新的价值规范和价值标准。因此，在生态文明语境中，公正是人际公正与环境公正的统一体，二者不可偏废。

最后，不论是社会生活中的自由、平等和公正需要有法治的保障，人与自然之间的自由、平等与公正也离不开法治。马克思曾经指出，人们自己创造自己的历史，但从来不是随心所欲地创造，人们创造历史的活动总是处于一定的现实条件之中，总是会受到一定的规律的制约。这里的"历史"要从人类世界的角度去理解，即从包含自然于自身之内的"人类世界史"的角度去理解。我们既不能将自然完全融化在社会之内来理解自然，更不能在理解人类史的时候忽视自然史应有的意义。① 也就是说，社会运行的有序化，人类历史发展的有序化，不仅是人际关系的有序化，还是人与自然关系的有序化。前文已经说过，法律是人类活动规律的反映，是规律在人类活动中的规则化。因为人类活动既包括社会交往活动也包括改造自然活动，而且这两种活动是相互交融和相互作用的，这就决定了法律既是人们社会生活行为的规范，也是人们改造自然、与自然打交道的规范。法治也因此不仅是社会生活有序化的制度基础和制度约束，也是人与自然关系有序化的保障性要素。人们改造

---

① 卢卡奇在理解自然与历史的关系时，提出了"社会存在本体论"，将自然完全融入了社会之中，从而在相当程度上忽视了自然在人类发展史中的地位和作用，从而也不可能真正科学地理解人类历史。从这个意义上看，卢卡奇倒真的落入了资本主义意识形态的巢窠，秉承了工业文明的意识形态。参见 [匈] 卢卡奇：《关于社会存在的本体论》，重庆：重庆出版社，2000 年。

自然要遵循双重规律，一个是自然本身的规律，另一个是人与自然关系中的规律。人们在改造自然的过程中不仅要受到自然规律本身的约束，而且要受到人与自然关系规律的约束，这些规律在人们的现实活动中就会以法律的方式发挥作用。人们在讨论改造自然时，大多只是要求人们遵循自然规律，受到自然规律的约束，却很少讨论人与自然关系的规律，很少要求人们遵循人与自然关系的规律。这是我们考察人类改造自然活动时需要加以注意和重视的问题，因为人们改造自然的同时必然会形成人与自然的关系，这一关系本身也会有其内在的规律需要我们去遵循。由于人们长期在主奴关系构架中展开人与自然的关系，因此人们在所谓遵循自然规律时，不是去探求如何在人与自然关系和谐的限度内改造自然，反而是将自然规律的效用最大化，使之为人类最大限度地利用自然服务，其结果必然是导致人与自然关系的失衡与恶化，导致生态危机的出现。这说明，人与自然的关系是有规律可循的，因而处理人与自然关系也需要法治。因此，法治思维就不仅是治国理政时应遵循的思维方式，而且是建设环境友好型社会时应遵循的思维方式；法治也就不仅是社会生活层面的基本价值理念，而且是人与自然交往层面的基本价值追求，是人类生活有序化的必然要求。在生态文明语境中，法治价值观的培育和践行，就是要以法治思维为指导实现人、社会与自然的有序发展。

三、以友善品德为目标，构建人、社会与自然的命运与共

公民个人的价值观是社会主义核心价值观最为具体和基础性的价值观，是实现国家和社会层面核心价值观的落脚点，或曰立足点。因此，在生态文明语境中，公民个人层面的核心价值观的培育与践行是国家和社会层面核心价值观生态文明内涵在个人价值观上的实现和落实。作为现实的个人，公民个人是在一定的社会关系中进行自己的物质生活及其条件的生产和再生产的个人，是人类物质生活的生产与再生产的主体，也是整个社会关系之网的网上纽节，一切价值的实现都必然也必须依托公民个人的具体的现实的活动。既然国家和社会层面的核心价值观在生态文明建设语境中都包含着人与自然关系层面的价值观，那么具体到公民个人，其价值观也必然包含着对待自然的价值标准、价值规范与价值追求，是将人与自然关系融入自身的价值观

整体。

爱国无疑是指对自己国家的热爱，包括对国家的历史、现实、文化的热爱，以及以此热爱为基础的为国家的发展和强盛做出贡献、奉献自己的意愿。国家当然主要是指由一群人所结成的政治共同体以及与之相应的文化共同体，但任何国家及其历史都是在一定的自然环境中存在和展开的，因此都包含自然于自身之内。这是"历史的自然"与"自然的历史"在国家历史中的体现与实现。① 由此可见，在生态文明语境中，爱国的含义不能只从制度和文化方面去理解，而应该把祖国所处的自然环境纳入爱国的范畴之内，爱国因此也就是爱祖国的山水和自然。从历史方面看，爱国不仅是指爱祖国的人文史，还要爱祖国的自然史。中华民族在几千年的历史长河中，通过自己的智慧不仅造就了辉煌灿烂的人文成果，形成了博大精深的文化内容，而且深刻地影响和改变了祖国的山川河湖海，造就了独具中国特色的地理风貌。它们共同构成了中华民族的历史，一部中华民族的历史就是中华儿女在改造自然过程中不断创造文明的进程。从现实看，爱国不仅是要爱中国特色社会主义制度、道路，还要爱我们的自然环境和自然生态，包括人们用实践"创造"出来的生态环境。爱国就是爱这个作为人文自然综合体的国家。中国特色社会主义是实现中华民族伟大复兴的必由之路和我们创造美好生活的现实路径，而我们所处的现有自然环境则是中华民族实现伟大复兴的物质前提和现实时空，因此我们要建设的社会主义国家不仅是富强中国，而且是美丽中国，即包括绿水青山在内的富强民主文明和谐美丽的社会主义强国，唯此才能最终建成幸福中国。从文化角度看，爱国不仅是爱在历史延绵中积淀和传承下来的悠久而优秀的中华文化传统，而且要在秉承中华文明中的爱国爱自然的文化血脉的基础上，② 在马克思主义指导下，根据中国特色社会主义建设的现实，将自然

---

① 虽然世界历史已经随着资本主义发展和全球化的进程越来越成为一种趋势，但不可否认的事实是，当今的人类历史仍然是以国家发展为主要单元来发展的。因此，人与自然关系首先是在国家范围内得以建构和展开的，无论是"历史的自然"，还是"自然的历史"也都是在不同国家内历史与自然的互为中介。

② 中华文化传统中，从来都不乏讴歌和赞扬祖国自然山水的优秀文化成果。可见，自古以来中国人的爱国都包含着对祖国山河的热爱，爱自然因此也是流淌在中华文明血脉中鲜活的营养，是中华文化优秀基因的一部分，也是社会主义先进文化的重要组成部分。

环境的美好和生态环境的优化作为当代中国文化的内涵和组成部分，从生态文明的高度建构中华文化的现代形态，建设社会主义先进文化，坚定中华民族的文化自信。

敬业是对公民个人的职业道德操守和遵守职业道德程度的价值评价，是公民个人层面的核心价值观之一。如前所述，职业是在分工及其固定化的基础上形成的，或者说，职业是固定分工的结果。人类发展史上的第一次具有历史意义的分工是养殖业和种植业的分工，这其实是人们在处理人与自然关系中的分工，其后的分工在某种意义上都是建立在这一分工的基础之上的，即使工业归根到底也是与自然打交道。这就说明，在生态文明语境中，敬业还要包括对自然的尊重，换言之，敬业不仅是对职业本身的敬重，还是对职业中人与自然关系的敬重，以及对作为对象的自然的敬重。因此，在生态文明语境中，敬业首先要求从业者充分认识到自己的职业活动与自然环境之间的关系。这些关系有直接的、有间接的、有明显、有隐含的，但不管是何种关系，职业活动都会对自然环境的改变和发展产生这样或那样的影响。因此，都要充分估计其对自然影响的程度，在把握影响度的基础上实现对自然的敬重。其次要求从业者从自己的职业出发以敬重自然的态度开展自己的职业行为。在这个意义上讲，提升职业技能不只是个人技术熟练度的提升，还要包括其对待自然能力的发展。因此，敬业就要求从业者在提升自己的职业技能的同时，要时刻注意保护自然环境并促进自然环境的改善和优化，从而使自己所从事的行业成为建设环境友好型社会的生力军，而不是破坏环境的力量。最后要求各行各业都要构建起包含生态理念的职业道德规范。没有哪一个行业或职业不对自然产生影响，因此各行各业都要树立起绿色理念，在生产和消费中确立保护环境的基本职业规范和职业道德准则。具体来说，在生态文明语境中，任何一个行业规章、任何一个职业道德都应该包含维护环境、改善生态和融职业与生态为一体的职业道德，使得每个人在敬业的同时做到敬重自然，在爱岗的同时爱我们的自然环境，从而打通人的发展与自然发展和谐共进的职业通道，在对职业技能的精益求精中成为生态文明的建设者。一般而言，行业或职业既有可能与自然和谐相处，也有可能与自然相互冲突，但只要从生态文明的角度去理解职业，我们就会发现即使是与自然相互冲突的职业行为，也可以在观念和态度的改变中实现职业活动与自然之间关系的重构，从而实现和谐，至少是趋向和谐。因此，在生态文明语境中，敬业本身不仅不与自然相冲突，而且有可能是实现人们爱护环境、保护自然的重要途径，使得职业成为生态文明建设的重要手段，从而越是敬业也就越对生态文明建设有利。

诚信是人的立身之本，既是人与人交往的基本价值规范之一，也是调节人与自然关系的基本价值准则之一。人与人之间的社会交往从基础上看，是人们之间的劳动交换关系，是人们之间的劳动活动及其成果的交换过程。劳动是调节人与自然关系的最为基础性的活动，因此人与自然之间的关系是建立在劳动基础上的物质能量变换关系，即人与自然之间的交换关系。具体而言，人类社会的存在基础就是物质资料的生产与再生产，这是人与自然之间展开的物质和能量的交换过程，在这一过程中自然为人类提供了生存与发展必须的各种资料，人类则由此获得了发展的可能。与此同时，人类对自然的改造，向自然输入了人的目的、意图和能量，既改变了自然物的样态，又改变了它们之间的关系，从而使得自然在"为我"的基础上发生了新的变化，从而为自然的转变和发展提供了新的可能和方向。在这一人与自然的交换关系中，由于人类的存在与发展首先源自自然的馈赠，因此人应该以真诚之心对待养育自己的自然母亲，应该在每一次对自然的改造中都要感谢自然的赐予。人类发展所需要的物质资料从来都不是所谓的神明的恩赐，而是自然的赐予，是人类通过自己的劳动从自然之中获取的，这是我们在改造自然时必须诚信的根本原因之一。人类改造自然既源自人类生存的客观本能，又源自一定历史规定的现实需要，在人类需要的历史发展中，人与自然的关系也处于一种不断变化的进程之中。这一进程一方面表现为人类更加深入地进入自然内部获得更大的改造自然的能力，另一方面表现为自然更深入地进入人类历史深处成为历史发展的内在要素。这是历史与自然的"互为中介"的过程，也是二者不断融合的过程。在这一相互渗透和相互融合的关系中，人应该信守与自然达成的默契，在改造自然造福人类的同时，尊重自然并将自己的活动限制在维护自然系统的正常运转和自然自我修复能力的范围之内，通过与自然之间的诚信交往实现社会发展与自然发展的双赢，而不是恣意地掠夺自然和戕害自然。否则，人类就很容易在对自然的背信弃义中受到自然的报复，导致自然环境恶化对人类生存的反噬和威胁。自然不会欺骗人类，但人类欺骗自然的结果必然会招来自然的报复，从而导致人类自食其果，这也是所谓的人类"自掘坟墓"。一言以蔽之，人类只有以诚信的态度对待自然，自然才会真正成为人类的家园和朋友，人与环境之间才能达成互惠互利的良性互动与和谐共生。

友善从一定意义上讲是公民个人层面价值观的综合，是一种将爱国敬业诚信融为一体的为人处世的基本态度和道德修养。为人处世不仅是与人打交道处理社会关系的活动，也是与物打交道处理人与自然关系的活动。这里的"世"应是总体意义上的世界，即自然与社会的统一体，或曰"人类世界"。人类既是在改造物质世界的过程中发展的，也就是在与物打交道的过程中发展的；也是在一定人与人的关系中通过这种关系以及改造这种关系来获得发展的，即在与人打交道的过程中发展的。为人处世，就是与人打交道和与物打交道。存在主义所说的"在世之中"，就是指人总是要和形形色色的人和物打交道，总是处在一定的处境之中，这个处境在现象学那里就是指生活世界，它构成了人的活动的基本环境和背景，是人活动的基本场域。虽然存在主义在一定程度上否定了人们改造自然（物质）的历史意义，但其对生活世界的描述却在一定意义上揭示了人与世界关系的真实内容，即物和人及其关系构成了人们活动的基本场域和背景。马克思主义对历史的理解同样是从人与世界打交道出发的，尤其是从与自然打交道出发的。马克思主义通过人类物质生活的生产与再生产，特别是物质资料的生产与再生产的科学分析与理解，揭示了人类社会存在与发展的基础和规律，从而解开了人类历史之谜。由此可见，马克思主义认为人际关系生成与发展的基础和根源是人们的物质生产过程。这集中体现在生产关系与生产力的关系之中，很明显，生产关系是为生产力服务的，它是生产力发展的社会形式。由此可见，友善的人际关系归根结底是从人与自然的友善关系中产生的，并为人与自然关系的改善而服务。从根本上讲，如果没有对自然的友善，人与人之间的友善其实是不可能真正形成和维持的。在前面我们已经论述了社会主义社会为友善提供了基本的条件，但那里所说的是人际关系，那么加入了生态文明的维度，友善就不只是一种人际关系，而且还是一种人与自然的关系，友善强调的同样是人与自然之间的互相尊重、相互理解、互相亲近、友好和睦，从而建设环境友好型社会。公民个人层面的社会主义核心价值观是以诚信品格为基础，以友善品德为目标实现人、社会与自然的友好相处，在建设环境友好型社会的基础上，在人与自然和谐共生的过程中构建人与自然的生命共同体。

第六章 生态文明：以社会主义核心价值观为语境

文明①是人类进步的现实尺度，人类历史的发展表现为人类文明的不断创建和更新。在人类漫长的历史进程中，经历了从野蛮走向文明的过程，而文明本身又经历了不同发展阶段。在不同的历史阶段，人类由于生产力和生产关系的发展而生发出不同的文明形态。这些文明形态既标志着不同的社会生产和生活模式，也标志着不同的人与自然的关系模式。从根本上讲，不同的文明形态是人与自然关系的不同构架，标志着人们在处理人与自然关系的基础上如何处理社会与自然以及社会内部的各种关系。因此，我们考察人类的不同文明模式或文明形态时，总是会从考察人与自然的关系出发，从人与自然关系的解决中破解人类文明的密码，从而揭示人类文明的本质和规律，找到人类文明发展的出路和归宿。在马克思主义看来，共产主义就是在实现人与自然和谐发展的基础上的人的自由全面发展和解放。人的解放首先是人从自然必然性中的解放，标志着人们改造自然时的自觉自由状态，然后才是社会关系的解放，因此生产力的极大发展才构成了人类解放的现实的直接的物质基础和条件；人们的全面发展首先是人的能力的全面发展，是人在改造自

---

① 文明有两个方面的含义，一个是指人类活动及其成果的总和，这种文明就是人类发展的不同形态或阶段，本身不具有方向性或价值性含义，只是一种事实性概念，即文明本身并无优劣之分，只有高低之别；另一个是指人类社会或历史发展的进步性与先进性，是指人类行为方式不断摆脱野蛮、愚昧而趋向文雅、科学的过程或方向，这种文明是标志人类进步的重要范畴和标准，是一种价值判断，含有一定的优劣评价。在第二种意义上，人类的历史发展表现为人类行为方式的文明化。在社会主义核心价值观中，"文明"是指后者，而在这里讨论的"文明"是指前者。

然的劳动过程中自己能力的丰富化和全面化过程，在此基础上才会有社会关
系的全面发展，共产主义因此才是"每个人的自由发展成为所有人的自由发展
的条件"的"自由人的联合体"。生态文明是在人类实践基础上的人与自然关系
的和解与和谐，这一进程本身是人类对自然的自觉和自由的开始，也是人类
解放的现实物质基础的构建。由此可见，我国的生态文明建设必然与社会主
义核心价值观之间存在着内在的联系，它一方面构成了社会主义核心价值观
培育与践行的实践语境和实践路径之一；另一方面又以社会主义核心价值观
为基本的价值取向，受到社会主义核心价值观的引领，即以社会主义核心价
值观为自身的语境。

第一节　超越工业文明

文明是一个历史现象，是人类历史的进步样态。自从人类走出野蛮时代
以后，人类文明就在不同的生产力水平上呈现出不同的特征，生成不同的文
明样式。因此，根据人与自然关系的不同模式和人类生产活动的不同方式，
我们认为，人类文明大致可分为三种形态，即所谓的农业文明、工业文明和
生态文明。① 农业文明是自人类进入文明社会就开始了的一种文明形态，这一
文明的主要特征是以农业生产为主体；工业文明是资本主义产生以来的，尤
其是工业革命以来的文明形态，这一文明的最大特征就是工业化大生产；生
态文明是自20世纪生态主义和环境保护运动出现后所倡导的新型文明形态，

---

① 有学者将人类文明划分为原始文明、农业文明、工业文明和生态文明四个阶段或形态。这种
划分照顾到了原始社会人类的生产与生活，但从一般意义上讲，文明出现的标志是文字的出现，因此
原始社会阶段还不具备文明的基本要素，因此并不具备典型的文明形态。更何况，如果说原始社会是
人类一种文明形态的话，将之称为原始文明就会导致文明划分标准的非同一性和多样性。如果一定要
将原始社会称为一个文明形态，笔者认为应该叫作狩猎采集文明（有学者称之为渔猎文明）更为合适，
但这里的文明已经是一个非常宽泛的概念了。在这个意义上，"文明"具有广义和狭义之分。广义的文
明即是指人类所创造的一切物质和精神成果，原始社会的人类活动成果因此是文明的早期形态，由于
其生产方式主要是狩猎和采集，因此被称为狩猎采集文明。狭义的文明就是指有文字以来的人类活动
成果，即相对于原始社会人类的"野蛮""蒙昧"等状态而言的人类新发展阶段。我们在这里所讨论的文
明是指狭义上的文明，即有文字以来的文明。

这一文明的最大特征就是实现人与自然和解之后的和谐相处。这几种文明之间的更迭无疑是人类在生产过程中产生的人与自然关系的基本形态（构架），并由此形成的基本文化模式。在当代，在中国继联合国提出"可持续发展"之后首次提出生态文明以来，生态文明已经成为国际共识，各个国家和地区都在倡导生态文明建设，力图将生态理念和生态价值观融入各个国家和地区的发展过程之中，重建人与自然之间的关系。[①] 中国特色社会主义"五位一体"总体布局同样将生态文明建设作为极其重要的方面和内容，并以新发展理念为指导，将生态文明贯穿到中国特色社会主义建设的各个环节和方面。在我国，生态文明经历了一个从局部性概念到全局性概念的转变过程，生态文明建设也经历了一个从纯技术改良到整体性建设的过程。要完整、准确、全面地理解生态文明及其建设在当代中国乃至整个人类世界的意义，就必须从全局性的角度，从历史观的高度将生态文明理解为人类文明发展的新形态、新阶段，因此，我们在这里所讨论的生态文明是指作为人类一个独立的文明形态的概念。

一、农业文明中人与自然关系的构架

农业文明，又称农耕文明，是指以种植业为主要产业，以农耕生产为主导生产方式，以自然经济为主要经济形态的一种文明形态。农业文明是一个系统性的总和概念，既包括物质生产方式和经济形态，也指与之相适应的政治法律制度和社会意识形态。在这里，我们只是就其中所包含的人与自然关系的维度对农业文明进行分析和理解，以期揭示其中人与自然关系的基本构架。农业文明是人类生产力发展的结果，是随着生产力的发展和第一次社会大分工而出现的取代以狩猎采集生产方式为主的原始社会而出现的一种文明形态。在工业文明出现前的几千年的历史中，人类的主要文明形态是农业文

---

① 生态文明是中国共产党首先提出的修复和改善人与自然关系的概念，是对"环境友好型社会"的进一步发展和深化。生态文明的提出，是中国共产党和中国人民对世界文明发展做出的独特贡献，是在马克思主义基础上对 20 世纪中期以来人类的环保、绿色和平运动及生态主义运动的总结和深化，是马克思主义世界观、自然观、历史观和生态观在当代的最新发展。可以相信，随着生态文明成为被普遍接受的文明理念和文明形态，人类与自然关系将发展到新的层次和水平，人类的生产方式和生活方式也将发生质的转变。

明，它是迄今为止历史跨度最长的文明，也是对人类文明、文化影响最为深刻的文明。① 因此，就像有人将奴隶社会和封建社会统称为前资本主义社会一样，有人将农业文明直接称为前工业文明。目前国际学术界公认，农业文明具有五个发源地，即古巴比伦、古埃及、古希腊、古印度和中国古代②。其中，古巴比伦农业文明可能是最早发展起来的农业文明。中国的农业文明虽然在起源上不是最早的，但其发达程度是最高的，历史延续是最长的，历史形态是最完备的，历史发展水平也是最高的。其他的古文明由于各种原因基本上都中断了，有的甚至被别的文明所取代，只有中华古文明历经沧桑而延绵至今，其中农业文明直到 20 世纪四五十年代才开始大规模向工业文明转化，因此一般将中国的农业文明看成是农业文明的典型形态③。

农业文明的生产以种植业为主要形式，讲究的是深耕细作，粮食是其主要产品，也是当时社会财富的主要构成。因此，在农业文明中，土地是最为重要的生产资料，对土地的依赖性因此成为农业文明的主要特征之一。在农业文明中，生产主要通过耕种土地的方式进行，生产的节奏由自然的变化来决定，即所谓的"顺天时"，生产成果主要由农作物的自然生长来决定。这就决定了农业文明中人们对土地的依赖其实质是对自然的依赖，自然的节奏决定了人们生产的节奏，人们的生产活动其实只是对自然的一种辅助，是受自然决定的行为。还有，土地是一种不动产，不能够进行时空上的转移，因此

---

① 也许有的人会指出，在古代还存在着游牧文明、商业文明等。但纵观历史，我们会发现，农业文明在人类进入文明时代之后一直处于主导性地位。所谓游牧文明、商业文明等，在古代是一种非主导性的文明，或者说是相对于农业文明的亚文明。

② 历史上出现的早期文明，大多都在历史发展中被其他文明所取代而出现了中断，虽然有些地方现在的名称与古代相同，但已经不是同一种文明，故在标注这些早期文明的时候，往往在前面加上"古"字以示区别。中华文明是一个没有中断的一直延续至今的文明，所以从起源上讨论中国文明时，不能称为"古中国"，而只能称为"中国古代"。

③ 正是因为这一点，很多人产生了对中国文明的误解，认为中国农业文明一直延续至今，或者说当代的中国文明仍然是农业文明。这也和中国工业文明起步较晚、发展的时间较短有关。虽然在近代由于西方列强对中国的入侵，工业文明开始在中国出现并得到了发展，但直到新中国第一个五年计划，我国才开始了大规模的工业化进程，因此中国工业文明的发展只有短短的几十年的时间。值得注意的是，中国用几十年的时间完成了从农业文明向工业文明的转变，而这一转变在西方经历了几百年的时间。同时，作为一个后发的国家，中国现在又在跨越工业文明而开始进入生态文明，这是中国发展的历史机遇。中国错过了工业文明起源的时机，但不会错过生态文明的肇始机会。从一定意义上讲，中国是生态文明及其建设的引领者和示范者，因此是生态文明的创始者。因此，我们可以自豪地说，中国创造了人类文明新形态。

农业文明中人口的流动性很小，基本上都被固定在一定的区域内。这种对土地的依赖和相对稳定的人口状况，导致了生产者对土地所有者的一种人身依附或半依附关系。在农业文明中，生产的成果即农产品主要用于自己的消费，手工业和商业不是农业文明的主要产业，尤其是商业始终处于边缘地位。农业文明的经济形态是自然经济，商品生产和交换一直处于不发达的状态，因此农业文明在经济上的主要特征就是自给自足性，这一点中西方没有明显的差别。但在政治体制上，中西方则具有明显的不同，中国农业文明的主要政治体制是封建君主专制制度，而西方农业文明的主要政治体制则是领主分封制，而且是一种以基督教为主导的政教合一制。① 从历史上看，中国的政治体制更有利于农业文明的发展，因此中国的农业文明无论是从形态上看，还是从发达程度上看，都要先进于西方的农业文明。

农业文明的生产方式决定了农业文明中人与自然关系的基本构架，在这一构架中，人在自然面前的能动性受到限制，受动性是其主要方面。

首先，自然在农业文明中处于主导性地位。所谓自然的主导性，是指在农业文明中，人们的生产活动是在自然直接赋予的资料基础上进行的，农业生产本身并没有超越自然变化的范围，是自然在人的干预下的运动改良。在农业生产中，主要的生产资料都是由自然界直接赋予的，人们的生产其实只是对这些自然物的改良。农业文明中最主要的生产资料是土地和种子，它们都是自然的"恩赐"。第一，作为农业生产中最重要的生产资料，土地直接是自然存在。"耕地（水等等）可以看作是自然产生的生产工具"。② 土地的肥力本身是一种自然力，人们对土地的耕作其实是对自然力的强化，总体上还是由自然主导的过程。因此，虽然人们可以通过改良土壤的方式来使土地变得更加肥沃，但土地本身始终是一种自然物，人们的生产实际上是在自然提供的现有条件下进行的，受自然的支配。正是在这个意义上，重农学派提出了"劳动是财富之父，土地是财富之母"的论断。也正是在这个意义上，李嘉图

---

① 有学者认为欧洲工业文明之前的文明是游牧文明，这种观点不符合历史事实。进入中世纪，欧洲的主要文明形态已经从游牧文明进入农业文明，但由于其政治体制上的原因，欧洲长期处于分裂和战争的过程之中；同时由于基督教的教会统治使得禁欲主义在欧洲长期处于文化的主导地位，欧洲的农业生产及其文明形态始终处于落后状态。这最终导致欧洲长期处于贫穷与落后的状态。

② 《马克思恩格斯文集》第1卷，北京：人民出版社，2009年，第555页。

在分析地租时，将绝对地租的基础理解为土地的肥力，认为最为贫瘠的土地决定了地租的最低水平。也因此，马克思在批判李嘉图时，认为他的地租理论是向重农主义的倒退。第二，农业生产的另一个主要的生产资料是种子，其与土地一样也是自然存在。种子虽然是人们培育出来的，但这也只是对自然物果实的改良，种子就其本质而言仍然是一种自然物，农业生产过程也因此是一种对自然物的改良与驯化的过程，没有改变自然本身。农业生产就其实质而言是在人类辅助下的自然过程，自然在农业生产过程中始终处于一种主导性的地位，或者说农业生产是一个自然主导的过程，由此产生的人与自然的关系就是人对自然的依附关系，这种依附关系延伸到人际中就是一部分人对另一部分人的依附关系。总之一句话，在农业文明中，人类的活动是在自然的主导下进行的，人受自然的支配。

其次，自然在农业文明中起着支配性作用。所谓自然的支配性作用，是指农业文明中人类的生产活动受到自然节律的支配，是按照自然规定的范围进行的，自然在总体上规定了农业文明中人们生产和生活的基本模式。"在自然产生的生产工具的情况下，各个个人受自然界的支配"①。众所周知，农作物的生长、成熟是一种自然过程，这一点就决定了农业生产受自然的支配。第一，在农业生产中，生产周期是由自然物的生命周期决定的。人基本上不可能自主地改变农作物的生长周期和成长节奏②，农业生产的节律完全是自然本身的节律。这就决定了农业生产必须注意时令的变化，在不同的时节种植和栽培不同的农作物。农业生产不能错过自然的节奏，否则将导致生产无法正常进行，甚至导致更大的灾难③。我国的二十四节气就是人类顺应自然的节奏而总结出来的，这是中国智慧的重要表现，也是中国农业文明先进于西方的重要原因之一。第二，农业生产总是在一定的自然条件中进行的，自然条

①　《马克思恩格斯文集》第 1 卷，北京：人民出版社，2009 年，第 555 页。

②　我国的寓言"揠苗助长（拔苗助长）"虽然告诉人们"欲速则不达"的道理，但同时也说明了农业生产中农作物的生长节奏不是人类可以改变的，只能是一个自然的过程。人既不能加快这个过程，也不能延缓这个过程。

③　因此在农业文明中，人们普遍认为自然节律是不可违背的，如果违背了自然节律必然会受到惩罚。我国清代文人李汝珍所著的长篇小说《镜花缘》讲的就是由于百花违背自然节律在冬天开放而引起严重后果的故事。

件在农业生产中起着决定性的作用。作为自然物，农作物总是在一定的自然环境中孕育、生长、成熟的，总是在一定的自然区域内存在。这就决定了农作物具有区域性特征，不同的区域培育与当地的自然环境相适应的农产品，也就是所谓的"土特产"。而所谓的"一方水土养一方人"，不仅是指农作物的区域性，更是指农业文明中农业生产的区域性决定人文的区域性特征。同时，农作物生长、成熟所需要的气候、水文、土壤等自然因素直接决定了农业的收成，也就是说农作物生长的好坏、收成，都是由自然条件决定的，人类活动在其中并不能起主导作用。这种现象，在我国就叫作"靠天收"，即如果老天"仁慈"，气候和水文等自然系统是风调雨顺的，则农作物生长得好，农产品的收成高，反之则收成低，收多收少完全由老天说了算。由此可见，在农业文明中，人们的生产活动总体上受到自然的支配，不仅决定农业文明具有地域性特征，也决定了农业文明中自然对人类社会经济政治制度和文化的支配性地位。从农业生产中自然条件在生产过程中这种支配性作用可以看出，农业文明严重依赖于自然条件和自然环境，这就致使人们发现自己只能顺从自然，否则就会被自然惩罚。这就决定了，农业文明中人与自然的关系是人对自然的顺从关系。

再次，人的活动在农业文明中起着辅助性作用。所谓人类的辅助性，是指在农业文明中人类只是作为自然的辅助者而存在，在农业生产中只起着改良自然、扩大农产品产量的辅助性作用。正因为农业生产过程是一个由自然主导的、自然起决定性作用的过程，农业生产从本质上讲是一个在人为干预下的自然过程，人在农业生产中只是一个参与者。在农业生产中，人们的作用先是表现为改良土壤、增加土壤肥力。人们通过深耕土壤的方式改良土壤墒情，通过对土壤施肥来增加肥力，对土壤进行灌溉以增加含水量，即通过对土壤的改良、增加土壤肥力的方式辅助自然为农作物的生长提供更好的土壤条件。然后表现为为农作物提供良好的生长环境和条件，保证农作物健康、顺利的成长。在保证土壤条件的基础上，人们还要在农作物的生长过程中清理与农作物"争夺"营养的杂草，以及治理各种不利于农作物生长的害虫以减少病虫害，消除农作物生长过程中的不利甚至有害的因素和可能，以保证农作物更好地生长和成熟，最终获得一个好的收成。再就是表现为改良农作物本身的品质，增强农作物的生长能力。要想获得好的收成，农作物生长的条件固然重要，农作物本身的品质则是决定性的因素，因此提升农作物自身的品质也就成为农业生产的重中之重。人们提高农作物品质的主要手段是育种，然后通过栽培、养护等活动，一方面使农作物获得更好的适应环境的能力，另一方面保证农作物具有较高的结果能力，最终获得更多的收成。人们在农业生产中的这些活动，从本质上讲，只是在农作物的自然生长的基础上进行的一种辅助性工作，因此，农业文明中人类的生产活动是从属于自然过程的一种介入性行为，而不是真正意义上的主体性行为。人的主体性在农业生产中还没有完全实现，人的能动性因此也没有得到真正发挥。当鲍德里亚指出在农业文明中人们将收成看成是自然的恩赐时，他是正确的。他的错误在于否定了人类农业劳动的历史作用，从而否定了这也是人类的生产，最终否定了人类实践的历史意义和价值。①

　　最后，在农业文明中人们追求一种人与自然的和谐关系。从规律上看，农业文明时期是人与自然关系的第一个发展阶段，是人与自然和谐共处的阶段。这个阶段，人与自然的和谐是在自然主导和支配下的和谐，人类在一定意义上是被动与自然和谐相处的。但不论是否是被动的，人们对人与自然和谐相处的追求则是这个时期人与自然关系的事实。在农业生产方式中，人作为自然的辅助者，其生产活动是自然存在与运行过程中的一种介入性因素，但这个介入性因素并不会改变自然的进程，因此在总体上仍是属于自然的。正是因为农业文明中人与自然的这种现实关系，导致人们在理解自然对人类的价值以及人对自然的价值时，是从人与自然的内在统一的角度展开的，将自身当作自然的一分子。从这种统一性出发，人们认为只有顺从自然，实现人与自然的和谐才能达到自己的目的，实现自己的价值。同时，在农业文明中，人类与自然之间的物质交换是一个可以直接感受到的过程，人类改良自然环境，自然环境就会给予人类更为丰厚的回报。在农业生产中，人们通过

---

①　参见[法]鲍德里亚：《生产之镜》，杨海峰译，北京：中央编译出版社，2005年；《象征交换与死亡》，车槿山译，北京：译林出版社，2006年。在这里，鲍德里亚认为只有工业生产活动，才叫作生产劳动，从而否定了资本主义之前人类生产活动所有的历史意义，并站在反"生产主义"的立场上主张人类回到前资本主义的"象征交换"。张一兵（张异宾）教授将鲍德里亚的这种思想称为"草根浪漫主义"。

劳动调节自己与自然的关系，实现二者之间的物质能量变换，这一过程通过农作物收成的丰歉被直接地"直观"到。这与工业文明中的生产是不同的。在工业生产中，工业品的生产过程及其数量都不受自然的直接制约，是一个单向的人对自然的改造过程，而不是双向的人与自然的交流过程。因此，在工业文明中人们对自然的改造过程不是对自然的供养，而是对自然的索取，财富的增长在使用价值的数量上失去了可比较的意义。也正因为如此，重农主义在理解生产劳动时，将农业生产看成是唯一的生产劳动，认为只有农业生产劳动才会导致财货的增值。重农主义虽然已经进入了工业文明的语境，但却保留了农业文明的认知，因此在工业文明看来重农主义的生产劳动概念是不够"科学"的。在农业文明中，人与自然的统一与和谐，是可知可感的，或者说是一种可以直观的"感性"。同时，在农业文明中，人类只有在尊重自然、顺应自然并与自然和谐相处的基础上，才能获得自己生存与发展的物质资料，并实现社会的发展。这就决定了，人与自然和谐关系的构建，成为农业文明中最基本的和首要的价值观。

总而言之，在农业文明中，人通过自己的劳动从自然界中获取更多的自然物，追求在实现人与自然顺畅的物质能量变换的基础上实现人类社会的发展。在这里，人类劳动的目的主要不是工业文明中对自然的索取和征服，而是以自身的自然力调节人与自然关系，并实现二者的和谐发展与共生共荣。在农业文明中，人在尊重自然的基础上，力求实现人与自然之间的平等交往和互惠互利，这是农业文明中人与自然关系的基本构架，也是农业文明的核心价值观之一。但农业文明也由于其自身的这些特点导致人类活动的自由度受到了严重的限制，人类在人与自然的关系上处于一种相对被动的状态，人类活动的自觉性也长期处于一种比较低的水平。这虽然保持了人与自然的和谐，但同时也导致人类生产力的发展长期处于较低的水平和较慢的速度。在农业文明发展的后期，由于农业文明本身的问题再加上封建制度的制约，使得人类的进一步发展遭遇了严重的阻碍。超越农业文明的更有利于人类发展的文明形态，开始成为人类发展的新需要，这个文明就是工业文明。

二、工业文明及其缺陷

工业文明是指以工业化为重要标志，以机器大生产为主要生产手段，以商品和市场经济为主要经济形态的人类文明形态。工业文明最主要的生产方式是资本主义的生产方式，即以生产资料资本家(集团)私人占有为所有制的，以雇佣劳动制度为基本劳动制度的，以剩余价值生产为绝对规律的，以机器大生产为主要生产手段的生产方式。在此基础上，则是庞大的为这一生产方式服务的政治法律制度和观念系统，由此构成一个完整的、有机的社会形态及其文明样态。

工业文明是以工业革命即所谓第二次浪潮为起点发展起来的人类文明，是迄今为止最富活力和创造性的文明，具有鲜明的历史性特征。首先，工业文明是人类发展和解放进程中非常重要的一个环节。工业文明导致生产力的迅猛发展，正如马克思、恩格斯所指出的那样，工业文明在其出现不到一百年的时间所创造出来的生产力比之前人类所创造的生产力总和还要多还要大。① 生产力的迅猛发展说明人类所掌握的技术不断丰富，技术水平不断提高，为人类解放提供了越来越多的先进的技术手段。与此同时，生产力的迅猛发展促使社会财富极大丰富，人类日益摆脱了生存竞争而走向自由自觉的劳动，这为人类的解放与自由全面发展创造了现实的物质基础和物质条件。因此，工业文明是人类发展和解放过程中极其重要的历史阶段，是人类解放的物质准备阶段。其次，工业文明是一种高效和创新的文明。工业文明中，人们为了追求利益的最大化，必然追求在最短的时间内生产出最大量的商品，其结果必然是劳动生产率的不断提高，导致经济和社会运行的高效化。同时，这种对高效的追求不断驱使着科学技术加快发展和生产组织方式加速更新，使得创新成为工业文明的重要"基因"和发展的内在驱动之一，这就使得工业文明成为一种迄今为止最具创新能力和创造力的文明。马克思所说的资本主义生产方式是一种革命的生产方式，指的就是工业文明所具有的这种活力和创造性。最后，工业文明还是一种主体性和能动性的文明。工业文明将自然

---

① 参见：《马克思恩格斯文集》第2卷，北京：人民出版社，2009年，第36页。

科学普遍运用到生产过程之中，极大地张扬和发展了人类的能动性，从而使人类的主体地位和主体作用得到了充分发挥。相对于农业文明中的辅助者角色，在工业生产中，人们不仅是生产过程的组织者、调控者，而且是能动的改造者甚或"创造"者——工业产品不再是自然直接赋予人类的，而是人类自主"创造"的。人类不仅改造了"第一自然"，而且创造了"第二自然"。因此，在人与自然的关系上表现出人的主导性、主动性，从而彰显了人对自然的主体性和能动性。同时，工业文明中人类的生产日益摆脱自然的限制而表现出一种自由性，这从另一方面彰显了人类的能动性。随着工业文明的发展，自然环境对工业生产的限制和制约作用日趋缩小，工业生产不仅超越了地域对生产的限制，而且工业生产的生产周期和节奏也不再受到自然的限制而拥有了自己的周期与节奏，使得人类生产活动变得越来越"自由"，越来越主动和能动。正是在这个意义上，青年马克思将劳动的本质规定为人的自由自觉的对象化活动。其实，人类劳动的革命性、创造性和自由性，都是在工业文明的生产过程中得到彰显和强化的。

工业文明是农业文明发展到一定程度的产物，是生产力与生产关系矛盾发展的结果，是对农业文明中社会基本矛盾的解决，因此是对农业文明的超越。工业文明对农业文明的超越是全方位的，其历史特征本身就是超越农业文明的具体表现。但从根本上说，工业文明对农业文明的超越一是表现在直接的生产力发展上，二是表现在生产方式的变革上。在生产力方面，工业文明无论是在劳动资料、劳动对象，还是在劳动成果上都与农业文明不同。就劳动资料而言，工业生产是以机器为主要工具而进行的劳动，这就超越了农业文明生产的低效性；就劳动对象而言，工业生产是对原料的加工而不是对土地的耕种，这就超越了农业文明生产的狭隘性；就劳动成果而言，工业生产的结果不是直接的自然物，而是人造物，这些结果不是自然可以直接赋予的而是人的活动的结果，这就超越了农业文明生产的被动性。因此，相对于农业文明，工业文明的生产力已经是一种全新的生产力，是对农业文明生产力的全面超越。在生产方式①方面，工业文明中社会生产的技术方式是以大机器为主要生产工具，建立在社会分工更加精细和专业化基础上的一种联合生产和社会化生产，即社会生产的环节日益多样化和外部化，要求不同的生产环节实现一种外部联合与全社会协同。这与农业文明中分散的、以手工工具为主要生产手段的、以行会制度为基础的自给自足的生产方式相比是一种全新的生产方式；工业文明中社会生产的组织方式是生产资料资产阶级私有制基础上的雇佣劳动制度，即所有生产资料归资产阶级占有，无产阶级则通过出卖自己的劳动力为资产阶级生产剩余价值来获取自己的生活资料。这种社会生产的组织方式就是资本主义生产关系，这一生产关系与农业文明的生产关系——奴隶主通过占有生产资料和奴隶的人身而实现对奴隶的剥削、地主通过占有主要生产资料而实现对农民劳动的剥削——虽然同属剥削性的生产关系，但它们之间具有质的差别，是私有制范围内的不同质的生产关系。

工业文明虽然实现了对农业文明的超越而将人类文明带入了一个新的时代，并为人类的自由全面发展和解放创造了条件，因而具有历史意义和人类学意义，但是工业文明由于是以资本主义生产方式为基础而发展起来的文明，不仅没有超越私有制的狭隘本性，而且强化了私有制的狭隘性和自私自利性，在推动人类发展的同时也存在着严重的缺陷。随着工业文明的发展，其缺陷日益暴露出来，并已经造成了严重的后果。

首先，工业文明所依据的理性存在严重的缺陷。工业文明所依赖的理性是启蒙理性，是在反宗教反教会，争取人的独立与尊严的过程中形成的一种理解世界、理解人的基本价值和基本理念。在人类解放的过程中，启蒙理性发挥过非常重要的作用，正是在启蒙理性的指导下发生了工业革命和资产阶级革命，使人类获得了对自然的能动性，也将人类从宗教的统治下解放出来，使人获得了历史的主体性地位。但是随着工业文明的发展，启蒙理性发生了反转，从解放人的精神力量转变为控制人的精神力量，造成了对人的存在本

---

①　这里的生产方式可以说是广义的生产方式，它包括两个方面的含义，即技术方式和社会组织方式。就技术方式而言，生产方式是指人们的生产技术手段、方法及其组合方式；就社会组织方式而言，生产方式就是人们以何种社会形式来组织生产，以何种形式发挥生产力。用马克思、恩格斯的话来说，就是"生产什么"和"怎样生产"的统一。（参见《马克思恩格斯文集》第 1 卷，北京：人民出版社，2009 年，第 520 页。）

身的威胁。霍克海默和阿多诺在《启蒙辩证法》中分析了启蒙理性之所以发生反转的原因，并认为正是启蒙理性本身的缺陷导致了法西斯主义的出现。① 究其因，应该说是由于启蒙理性的核心理性是工具理性。工具理性将所有事物包括人在内理解为工具，主张并追求将世界上的一切都纳入到可计算可控制的范围之内，以发挥其最大的工具效用。在这种理性的指导下，人类建立了现代自然科学体系，并通过工业实现了对自然的控制和统治，使得人类在自然面前从胜利走向更大的胜利，到了 20 世纪似乎已经将自然完全纳入了人类的控制和支配之下。工业文明的发展表现为人类在自然面前的高歌凯进，直到 20 世纪生态危机的爆发。工具理性在实现了对自然完全控制以后，开始了对人自身的控制，将人类行为也纳入到可计算可控制的范围，从而将对自然的控制发展到对人自身的控制、支配与统治。当人的行为也成为直接计算基础上的控制对象的时候，人的个性、自由、尊严都化成了冰冷的数字而遭到了蔑视。人本身的工具化，在国外马克思主义的语境中，是人类的全面异化，是人的发展的倒退。在他们看来，历史不是人类走向自由和解放的过程，而是走向异化、受控和被操控的过程。自从青年卢卡奇开辟了生产力异化批判，对工具理性的批判就成为国外马克思主义和文化批判理论批判当代资本主义的主要理论活动之一。② 从生态文明的角度看，工具理性对自然的支配与控制的理念是导致当代各种环境与生态问题的思想根源，自然自身的价值和尊严在这种控制与统治中都变得无关紧要，唯一重要的是其助力人类（经济）利益实现的价值，人类对自然的拥有变成一种狭隘的直接占有与支配。

其次，工业文明所赖以产生和发展的社会制度存在严重缺陷。③ 资本主义

---

① 参见 [德] 霍克海默、阿多诺：《启蒙辩证法》，渠敬东、曹卫东译，上海：上海人民出版社，2006 版。

② 参见 [匈] 卢卡奇：《历史与阶级意识》，杜章智、任立、燕宏远译，北京：商务印书馆，1992 年。

③ 有学者认为"将生态危机归咎于资本主义扩张是不正确的"，并以我国出现的生态危机为例来进行证明。笔者认为，这种观点只见现象不见本质，即只是看到生态危机的现象本身而没有看到其真正的制度根源。虽然我国也出现了严重的生态危机，但其背后的根本原因仍然是源自资本主义制度的基本逻辑——资本逻辑，而我国之所以能够在生态文明建设上取得真正的令人瞩目的成就，恰恰就在于我国的社会主义制度对资本逻辑的超越。在后文，我们将会涉及到对我国生态危机历史原因的分析。参见张宗明、曹彦彦：《马克思主义自然观与生态文明建设对当代的影响研究》，《山东社会科学》2016 年第 6 期，第 45 页。

是工业文明赖以生发的现实社会基础和条件。资本主义之所以被称为"资本主义"，是因为这个社会的经济基础是资本支配下的生产方式，本质上是资本的生产方式，其生产关系当然就是资本的生产关系，一般称为资本主义生产关系。因此，在资本主义社会，资本是一种"普照的光"，它将一切都纳入到自己的逻辑之中，使资本主义社会中的一切都带上资本的色彩。因此，资本逻辑就构成了资本主义社会的基本逻辑，成为支配包括经济政治社会和文化生活的根本逻辑，乃至唯一的逻辑。① 所谓资本逻辑就是利益最大化的逻辑，其核心逻辑是资本追求利润的最大化——本质上是追求剩余价值最大化。当资本追求利润最大化的逻辑从经济领域扩展到社会生活领域时，就形成了追求利益最大化的社会活动逻辑，即人们在进行社会活动时都是从自身利益最大化的原则出发，最终形成所谓的"精致的利己主义"。整个资本主义社会及其制度的深层根源和逻辑原发点是资本的本性和逻辑，整个资本主义社会及其制度都是围绕着资本并为资本服务的，都是为了实现资本的冲动。因此，资本逻辑构成资本主义社会制度的核心，是资本主义制度真正的内核。因此，从制度层面上讲，资本逻辑才是工业文明出现严重偏差和问题的基本制度根源。资本主义生产关系所遵循的资本逻辑，导致人类在追逐物质利益最大的过程中，一方面促进了生产力的快速发展和物质财富的极大丰富，从而造就了所谓的"丰裕社会"②；另一方面使得人类丧失了精神家园，导致了西方文化批判所说的"文化沙漠"，用马尔库塞的话来说就是导致人的发展的"单面性"或"单向度性"，人成了经济动物。③ 在人与自然的关系上，工业文明中人的这种单面化发展，一方面是人对自然的"胜利"，是人的能动性极度张扬，

---

① 也正是在这个意义上，马克思才将那个社会称为资本主义社会而不是资产阶级社会。因为，在这个社会中，不论是雇佣工人，还是资本家都受到了资本逻辑的支配，都处于一种"异化"状态。二者之间不同只在于，工人在这一异化中感受到了痛苦，而资本家却感受到了快乐与成功的喜悦。

② 这种"丰裕"一方面是马克思所揭示的庞大的商品堆积，是商品数量和种类的极大丰富，另一方面则是社会经济的两极化，是普通民众有效需求的相对缩小。因此，这种丰裕本质上还是一种相对的丰裕，是大多数人消费能力相对不足基础上的商品堆积。这其实是换了形式的相对过剩，其中所隐藏的经济危机的种子随时都会发芽生长而酿成危机。20世纪中期开始的"消费社会"通过将人"询唤"或者"编码"为消费者，通过营造虚假的需求和过度消费来克服资本主义的这一矛盾。这是鲍德里亚等人所批判的"消费意识形态"的深层社会根源，所谓的"符号政治经济学批判"只是抓住了"符号"这一表层原因。

③ 参见[美]马尔库塞：《单向度的人》，刘继译，上海：上海译文出版社，2008年。

人在自然面前赢得了绝对优势和对自然的支配权；另一方面则是人对自然的过度利用，人对自然的改造严重超越了自然可以承受的限度，导致了自然自组织系统的严重破坏，最终导致了人的发展与自然发展之间的张力与抵牾，各种环境问题和生态问题不断出现并日益严重。工业文明制度缺陷本身所导致的人对自然的"胜利"，因此并非是人对自然的真正自由和解放，而是更深层次上的不自由。

最后，工业文明的文化存在严重的缺陷。工业文明的理性缺陷和制度缺陷导致其文化上的缺陷，这种缺陷正越来越成为人类反思自己行为的重点领域。工业文明的文化是所谓的(极端)人类中心主义，它是工业文明的理性前提和制度基础的产物，是它们发展到一定程度的必然结果。工业文明促进了人类的解放，也催生了人类的自大。在工业文明的发展过程中，神的世界终结了，人的世界在神的退隐中被开辟出来。其结果是，政教合一的政治体制结束了，人类从上帝的统治下解放出来，世俗政权取得了独立性，人对上帝的依赖消失了。同时，随着人们改造自然的主动性和能动性不断增强，人与自然之间的关系也发生了"颠覆性"的变化——从自然"支配"人到人"支配"自然，人对自然的态度也因此发生了变化。这两种变化的结果是人类活动状况的改善，再加上工具理性和资本逻辑的支配，产生了人类中心主义①的文化。人类中心主义将人看成是世界的中心，甚至是"唯一者"②。世界上的其他存在都围绕着人类这一中心而存在，其意义都是由人类所赋予的③，其唯一的价值就是成为人类谋取利益的工具。不仅如此，人类还将自己看成是世界的主人，是世界的创造者和统治者。工业生产造成了一种假象，似乎人类成为像

---

① 人类中心主义是西方生态主义和后现代主义批判西方当代文化的主要对象之一，但在批判过程中，有学者指出，人类中心主义本身并不存在问题，存在问题的或者是极端人类中心主义，或者是人类中心主义的社会基础——资本主义制度。在这里，笔者统一使用"人类中心主义"这一范畴，只有在需要强调的地方才使用"极端人类中心主义"。"极端人类中心主义"也可以看做是"近代人类中心主义"。具体情况前文已有较为充分的论述。

② "唯一者"是19世纪德国青年黑格尔派哲学家麦克斯·施蒂纳提出的关于人的概念。施蒂纳反对关于人的"类"概念，主张个人的重要性，认为每一个人都是这个世界上的唯一存在，因而都是"唯一者"。"唯一者"是这个世界唯一的存在和唯一的中心，其他人和物都是这个"唯一者"的工具，是其实现自己目的的手段。因此可以说，施蒂纳的"唯一者"概念集中体现了人类中心主义的核心观念。参见［德］麦克斯·施蒂纳：《唯一者及其所有物》，金海民译，北京：商务印书馆，2007年。

③ 注意康德的名言："人为自然立法"。

上帝一样的"造物主"，是自己创造的事物的决定者、支配者和统治者，即主人。这种假象反映在人们的观念中，就导致人类错误地认为自己能够像上帝一样决定其他事物的命运，在西方文化批判的语境中，这种情况叫做"人以上帝自居"的情况。最后，人类中心主义在价值关系上陷入了狭隘的人类利益中心论，认为人类利益是一切事物存在的合理性与合法性基础，即凡是有利于人类利益的存在就是合理的，而不管这个利益本身是否是正当的；凡是能为人类带来利益的改变都是正当的，而不管这种改变给这些事物和世界造成何种的危害。由此，人类中心主义在人类与自然的关系上，建构起人与自然关系的基本构架——主人—奴隶关系。在这一关系构架中，人类是自然的主人，自然是人类的奴隶，人类为了自身利益的最大化，可以随意开发和利用自然，可以肆无忌惮地对自然进行无度的索取，最终导致自然环境和生态系统的严重失衡而日益紊乱。和所有的自组织系统一样，自然系统被人类破坏之后，必然会进行自身系统的重建，以恢复自身的平衡。一旦这种破坏达到一定的程度，以致自然无法用常规方式重建系统平衡时，自然就会用非常规的方式恢复自我平衡，其现象就是各种各样的环境灾害和生态灾害。因此可以说，人类中心主义是各种环境和生态问题乃至危机产生的观念原因或文化根源。

在工业文明的理性、制度和文化的合力作用下，工业文明在造成人类社会的物质财富的极大丰富和社会生活的极大便利，推动了人类文明进步的同时，也导致了包括资源能源危机、环境污染、生态脆弱、气候变化等一系列生态问题与危机。生态问题是工业文明的伴生现象，只是在工业文明发展的初期，这些问题还没有造成普遍性的灾难后果，人们也还沉浸在对自然胜利的幻象之中，还没有发现生态问题所蕴含的对人类发展本身的全部消极意义。① 随着工业文明的发展和全球扩张，这些危机无论在广度还是程度上都变得越来越严重，已经直接而严重地威胁到了人类自身的生存与发展。于是"异化"开始了：作为人类家园和母亲的自然从人类发展的现实条件异变成人类发展的阻碍因素，成为人类进一步发展的最大阻力。正是在对工业文明的缺陷

---

① 我们应该重温恩格斯在《自然辩证法》中那段振聋发聩的警告，再也不能沉醉于"对自然的胜利"了。

及其后果反思的基础上，人们开始追求一种超越工业文明的新型文明形态，这一形态就是生态文明。

三、生态文明对工业文明的超越

生态文明是我国首先提出的重建人与自然关系的概念，是中国特色社会主义对人类文明发展做出的新贡献。因为生态文明概念还处在完善的过程之中，不同的学者根据其对生态文明的不同理解给出了不同的定义。总体而言，生态文明的含义大体包括这样几种：一是广义的生态文明，即指与农业文明、工业文明不同的新型人类文明形态；二是狭义的生态文明，即指社会文明的一个方面，与物质文明、精神文明、政治文明一起构成了社会文明；三是文化意义上的生态文明，即指一种可持续发展的理念；四是制度层面的生态文明，即指一定社会制度的本质属性，准确而言是社会主义制度的本质属性。①我们认为，只有从世界观和历史观的高度去理解生态文明的含义，才能深刻理解和全面把握生态文明对人类发展的全部意义和其实现的现实路径。因此，本书的"生态文明"是广义上的生态文明，即指人类文明的一种形态，它是在反思工业文明的基础上而产生的超越工业文明的新型文明形态。至此我们可以给生态文明下一个定义：生态文明是指以人与自然和谐相处为基本理念，以生态(绿色)生产为主要生产方式，实现人与自然和谐共处、共生共荣的一种人类文明形态。虽然生态文明从某种意义上还处在理念完善、制度设计和实践路径探索的起始阶段，但我国的生态文明建设所取得的举世瞩目的伟大成就，已经充分预示了生态文明将取代工业文明而成为人类新的文明形态。

人与自然的和谐相处是生态文明的基本理念。这一理念认为人、社会与自然是一个具有内在统一性的有机整体，人的活动在促使社会、自然发生合目的改变的同时，社会、自然的改变也会促使人的活动改变。人与自然的关系是一种双向转化的关系。人通过实践将自己的本质力量对象化到自然，从而改变自然物的存在形态和自然系统的变化，并在这一过程中确证了人的本

---

① 参见"百度百科"（https://baike.baidu.com/item/生态文明/8476829? fr = aladdin）；石莹、何爱萍：《生态文明建设：一个研究进展评述》，《区域经济评论》2016 年第 2 期，第 152–160 页。

质，这是人向自然转化的过程。在人改变自然的同时，自然也在两个方向上向人转化。一个方向是，自然物被改造后成为人类实践的工具，作为人类器官的延伸而成为人类本质力量的一部分，扩大了人类的力量，改变了人本身；另一个方向是，自然的本质在实践中向人展现出来，使人类认识和把握了自然规律并内化为自己的行为准则，进而提升了人的活动能力和活动自觉性，最终改变了人的内在本质和素质，实现人的变化。"人创造环境，同样环境也创造人"①。人的改变和环境的改变在实践中所实现的一致性，是人与自然内在统一与相互作用的基础和机制。人与自然之间的这种天然的、必然的内在统一性，为人与自然之间的和谐共生提供了客观基础和现实可能。生态(绿色)生产构成生态文明的基本生产方式。在生态文明中人类的生产以尊重自然为前提，以维护自然系统的平衡与再生为基础，以人与自然和谐共生为目的，这种生产是在重构人与自然和谐关系的基础上实现人类发展的生产。因此，所谓生态生产不是纯粹的物质财富的生产，而是在实现物质财富生产的同时优化自然环境从而实现人类物质财富的丰富与自然环境的发展相协调统一。这种生产，一方面是低耗费生产，即实现自然资源的节约利用和高效利用，将对自然的开发和利用降到最低程度；另一方面是低污染生产，即实现污染物排放的最小化，将对自然的损害降到最低水平。这种生产又称为绿色生产，是在对自然保护优先的前提下进行的对自然的改造，即生态优先的生产。生态文明的价值追求是人与自然的和谐共生、共荣发展。人类发展的最终目标是实现人的自由全面发展，但与工业文明不同，生态文明所追求的人的自由全面发展，不只是指人的对自然的自由度的扩张，不只是指人的能力本身的全面化和社会关系自身的全面发展，更是指人与自然在相互作用中实现二者的和谐共生，实现人、社会、自然有机体整体的总体发展和全面发展。这时的人与自然关系是一种摆脱了单一性的多维度、多层次和多方位的全面和谐的关系。人类文明发展的最终目的是实现人的自由全面发展，实现人的解放，但只有实现了人类世界的全面发展才是人的真正的自由和全面发展，自由人的联合体不仅是人与人之间的自由联合，而且是人与自然的自由联合。

---

① 《马克思恩格斯文集》第 1 卷，北京：人民出版社，2009 年，第 545 页。

　　生态文明是人们在反思工业文明的过程中提出的，也是人们在重构人与自然和谐关系的过程中逐步变为现实的。因此，生态文明是对工业文明的超越，是人类文明发展的新阶段和新形态，代表着人类文明发展的新方向和新水平。与工业文明的缺陷相对，生态文明对工业文明的超越主要表现在如下方面。

　　首先，超越工具理性，倡导系统理性，重建人类文明的新理性。如前所述，工业文明所依据的工具理性是造成人对自然的过度利用和控制以及对人的利用与控制的理性根源，因此要超越工业文明，就必须首先超越工业文明的这一理性前提。这是生态文明实现的对工业文明的第一个超越。所谓系统理性，是指强调人类世界是一个有机的系统，作为这一系统的组成部分的人与自然在人类世界存在与发展中是互为条件和相互作用的系统关系，自然的价值不是单一经济价值，而是复合系统价值的理性。这一理性反对从工具性关系去考察人与自然之间的关系，反对人类将自然工具化，以及对自然及其存在物的支配和控制。系统理性首先将不同事物之间的关系理解为质性不同的关系，反对将事物简单地从量上进行比较，承认世界的多样性。工具理性追求将事物进行量化评价，消解了事物质的不同，而系统理性则强调事物的质性存在的基础性，从而认为世界上的事物是多样性的存在，其差别不能仅从量上比较。其次，系统理性认为事物之间的关系是多维度、多层次或多方面的关系，因此其间的相互作用也必然是多重性的。工具理性将事物之间的关系简化为单一的数量关系，人与自然关系简化为单一的经济上的量的关系，而系统理性则认为事物之间的关系除了量的关系，更重要的是源自质的不同而产生的关系，是一个复杂的关系统一体。最后，从系统理性生态系统的角度考察价值。与工具理性认为自然只具有工具性价值不同，系统理性认为人类与自然是一个生命共同体，自然具有不依赖于人的内在价值，以及对整个人类世界的系统价值。系统理性超越了工具理性，强调自然界和生态系统具有超越工具性关系的多重关系，承认自然的内在价值和系统价值，这就为人类重新认识人与自然的关系提供了基本的理性支撑，使人类能从正确的价值观出发来处理人与自然的关系，从而构成了生态文明的核心理念。

　　其次，超越资本逻辑，倡导生态逻辑，重建人类文明的新制度。构成工业文明制度基础的资本主义制度及其资本逻辑，是生态文明所要超越的另一个重要对象。在一定意义上，工具理性和资本逻辑是一个硬币的两面，资本逻辑（追逐利润最大化的本性）是工具理性的客观基础，工具理性是资本逻辑的观念反映，二者相互映照和强化导致人们将一切事物都当作实现利益最大化的工具。在资本逻辑的驱使下，人们把所有存在物的价值都还原为经济价值并认为占有物质财富越多越好，具体表现为占有价值越多越好，导致人们物欲的膨胀和贪念的滋长，形成拜金主义和享乐主义。这种对物的占有"越多越好"的理性被称为经济理性。① 这种价值单一化的结果，必然是忽视人和自然存在的非经济价值关系，一方面不可能看到人的价值实现除了对物的无限度的占有之外，还有更多更重要的价值实现；另一方面不可能发现自然的价值在功利主义的有用性之外，还有包括系统价值、审美价值等超功利性的价值。这就是资本逻辑或经济理性的狭隘性和片面性。以资本逻辑为基础的经济理性的狭隘眼界，是导致工业文明破坏和伤害自然环境和生态系统从而导致生态危机的根本原因。正是资本逻辑将所有的价值都简化为经济价值，将所有的价值关系都简化为经济占有关系，并鼓吹占有越多越好，最终导致人们对自然的无度开发、掠夺和压榨。资本主义制度的基础是资本及其逻辑，换言之，资本主义制度就是资本逻辑和资本关系的制度化，因此，解决工业文明中的生态危机的根本出路是超越资本逻辑，也就是超越资本主义制度，在制度变革的基础上超越资本逻辑，重建生态逻辑。生态逻辑在承认自然存在的内在价值的基础上，承认事物价值的多样性，认为包括人与自然在内的存在都是价值的综合体，经济价值只是其中的一种。在此基础上，生态逻辑强调人是自然系统的一个组成部分，是整个生态系统的一环，人的价值的实现与自然价值的实现是辩证统一和互促互进的关系。对资本主义制度的超越最为现实和切近的制度就是社会主义制度，正是由于社会主义制度超越了资本逻辑，超越了资本追逐利润最大化的狭隘眼界，才能真正科学地审视人与

---

① 在对科技异化以及生态危机原因的分析中，很多人将其原因归结为人类的贪婪或贪欲，即所谓的经济理性。但是，这种观点其实是一种本末倒置，只是将动因归结为主观上的原因，而没有发现主观上的贪欲也罢，经济理性也罢，其实都是资本逻辑在人们主观内的反映和表现而已。不是贪欲导致了人对自然的无度掠夺，而是资本逻辑驱动了人的贪欲才导致了生态危机的发生。

自然的关系，并以生态逻辑来重塑人与自然的和谐关系，实现人与自然之间和谐共生①。

再次，超越人类中心主义，倡导"天人合一"，重建人类文明的新文化。人类中心主义在人类与自然的主—奴关系构架中处理人与自然之间的关系，从片面追求人类利益最大的立场出发，导致人类对自然的滥用，并以征服自然为最高的价值取向。人类中心主义是资本逻辑、工具理性和经济理性的文化综合，是导致生态危机和环境危机的文化根源和意识形态原因。为了反对人类中心主义，西方生态主义走向了另一个极端，以生态中心主义来克服人类中心主义，结果是彻底消解了人类实践活动的历史意义，最终否定了人类存在本身的意义。因为当今的文化现实是人类中心主义，生态中心主义在一定程度上还只是一种观点、主张或理念，还没有成为现实起作用的文化。因此，要想重建人类文明的新文化，主要是要超越人类中心主义。而要克服人类中心主义，就必须在重新审视人与自然关系的基础上重建人类文化，这种新文化既要反对人类中心主义，也要防止滑向生态中心主义，要求"以'人类的整体、永续的健康发展'为中心，以'有利于人类整体的可持续发展'为尺度来评价自然，来认识自然和改造自然"②。换言之，这种新文化从将人类与自然理解为具有内在统一性的有机整体出发，在追求人类发展的同时保持人与自然之间的良性互动，在自然所规定的范围内改造自然，最终实现人与自然之间的相互促进和共荣发展，恢复自然作为人的"无机的身体"所具有的全部意义和价值，实现"天人合一"。这里的"天人合一"不再是农业文明中人对自然消极被动的适应与顺从，而是在发挥人的能动性基础上，在自然与人相统一的高度重建人与自然和谐发展的关系。从历史唯物主义的角度看，文化的

---

① 在应对全球性的环境危机和气候危机的过程中，作为社会主义的中国正在发挥着越来越重要的作用。中国在改善环境，进行生态文明建设中所做出的贡献和取得的成绩，正越来越被世界认同并成为典范。同时，虽然我国与资本主义世界一样在经济体制上都选择了市场经济，或者说资本逻辑同样是我国经济生活的基本逻辑，但由于我国社会主义制度的原因，我国在运用资本逻辑的同时能够做到超越资本逻辑的狭隘性而从人类的整体利益和世界整体发展的角度谋划人类未来的发展路径。这是完全受资本逻辑支配的资本主义所不能做到的，西方世界的利益纷争和逆全球化思潮的出现都证明了这一点。同时，自 2020 年以来西方世界在抗击新冠肺炎的过程中的反反复复，再次证明了资本逻辑的狭隘性。这次的狭隘性是为了资本利益可以将人的生命安全置之度外，人权、民主等因此沦为了笑话。

② 吴楠：《现代人类中心主义价值观探析》，吉林大学硕士论文 2008 年，第 3 页。

基础是其为之服务的社会存在，即一般所谓的社会制度。因此，要超越人类中心文化，重建"天人合一"的文化，还必须突破资本主义的生产方式，超越资本逻辑支配下的整个资本主义制度，才能从根本上解决人类中心主义所导致的人与自然之间的对立与对抗关系，实现人与自然的和解与和谐。要言之，只有以马克思主义为指导，以社会主义制度为基础，以共产主义为目标，才能真正超越资本主义和人类中心主义，实现人的发展与自然的发展的高度和谐。此时的社会"作为完成了的自然主义，等于人道主义，而作为完成了的人道主义，等于自然主义，它是人和自然界之间、人和人之间的矛盾的真正解决"①。是人、社会和自然高度统一协同发展，是人类世界有机体的整体和谐发展，是真正的"天人合一"。

　　人类总体上还处于工业文明阶段，生态文明还带有一定的理想性，这就决定了我们在这里讨论的生态文明及其对工业文明的超越也就带有一定的理论推论的性质，或者说具有一定的假说性。我们对生态文明的论述不可避免地有着局限性，因为正如马克思所说的那样，和所有的事物一样，生态文明也只有发展到相当成熟的程度才能展现其所有的规定性。但我们此时还是可以对生态文明做出概念上的论述和原则上的描述，因为还是如马克思所说的那样，在批判旧世界中可以发现新世界，对工业文明的剖析可以发现其中所包含的未来发展趋势，从而在生态文明尚未出现之前对之进行概念规定和原则描述。更何况，生态文明建设已经在全世界范围内得到开展并取得了丰硕的成果，而中国所取得的成就已经预示了生态文明作为一种新文明形态，它的到来成为人类社会发展的基本趋势和未来方向已经变得不可避免。

第二节　生态文明建设与生态文明

　　这里的生态文明不是社会结构的一部分，不只是包括人与自然的关系，还是包括人与自然关系在内的人类世界发展到一定阶段上的总体文明形态。

---

① 《马克思恩格斯文集》第 1 卷，北京：人民出版社，2009 年，第 185 页。

因此，和社会形态一样，生态文明是包含着基本理念、基本制度和文化体系在内的文明形态，是一个具有复杂结构的系统性存在。"全部社会生活在本质上是实践的"。① 社会形态也好，文明形态也罢，都是人们在追求自己的目的的社会实践过程中"创造"出来的，是人们实践活动的结果和产物。因此，要想实现生态文明，就要在新的理念指导下，构建新的社会制度，并发展出新的社会文化，在实践中使得生态文明成为现实，即进行生态文明建设。所谓生态文明建设就是人们将生态理念、生态价值外化为客观的社会和自然存在，恢复人与自然之间的和谐统一的关系，以生态逻辑为基础构建社会制度，建设相应的文化，最终实现人与自然的和谐共生与共荣发展。② 一般而言，生态文明建设包括三个方面的内容：第一是目标的设定，即生态文明建设应该取得什么样的成果，达到什么样的效果；第二是制度的确立，即确立保障生态文明建设顺利进行的制度体系；三是计划的制定与实施，即根据目标划分任务，确定步骤并将任务付诸实施。生态文明，从其历史地位和人类世界发展的角度看，是一个取代工业文明的新文明形态，因此是一个完整的人类世界系统，生态文明建设要着眼于生态文明形态的完整性和系统性。但"罗马不是一天建成的"，生态文明也需要根据人与自然关系的状况以及人类世界发展趋势来区分轻重缓急，从最需要首先解决的任务入手，经过一个较长的时间才能最终建成。结合人与自然关系的现状，我们认为，生态文明建设当前最为重要的任务就是修复环境，即将工业文明所造成的对自然的损害逐步缩小，以逐渐恢复自然系统的平衡和生态系统的正常化，逐步实现环境友好。首先从生态文明的完整、系统的高度设计生态文明建设的战略目标，而后从生态文明发展的轻重缓急来设计生态文明建设在不同时期的历史任务，有步骤有计划地实施生态文明建设。这样，既可以保证生态文明建设的总体上的完整性和系统性，又可以保证生态文明建设的节奏性和科学性。

---

① 《马克思恩格斯文集》第1卷，北京：人民出版社，2009年，第8页。
② 高红贵在其论文《关于生态文明建设的几点思考》中对生态文明建设进行了定义和辨析。笔者认为，从基本点上看，这一定义与笔者的定义是相同的，但他的定义过于简单与模糊，没有真正揭示生态文明建设的内涵。另外，他的"建设生态文明"概念所认为的建设生态文明"并不是放弃对物质生活的追求，回到原生态的生活方式"也与本文对生态文明建设目标的理解相契合。参见高红贵：《关于生态文明建设的几点思考》，《中国地质大学学报(社会科学版)》2013年第5期，第42页。

一、生态文明建设是生态理念的外化

生态理念是人类在处理人与自然关系以及社会建设与发展过程中所秉承的基本观点和立场，即以系统理性为指导，以尊重自然、顺应自然与保护自然为基本立场，以实现人与自然和谐共生为价值目标等观念的总和。简言之，生态理念就是将社会与自然看成是同一个生态系统的两个组成部分，并实现二者之间的系统联动与相互作用。根据中共中央、国务院 2015 年 9 月 21 日发布的《生态文明体制改革总体方案》(以下简称《方案》)，生态理念具体包括"尊重自然、顺应自然、保护自然的理念"①"发展和保护相统一的理念""树立绿水青山就是金山银山的理念""自然价值和自然资本的理念""空间均衡的理念""山水林田湖是一个生命共同体的理念"等。这些理念从不同方面和层次规定了人与自然关系的基本立场和态度，综合起来就是要树立"人与自然生命共同体"的理念。因此我们也可以把生态理念概括为"人与自然生命共同体"理念，并为构建这个共同体而开展具体的建设实践。生态理念是世界观、方法论和价值观的统一，是人类的观念系统。作为人类内在的本质和素质，生态理念是存在于人类观念世界中的无形存在，只具有可知性而不具有可感性，因此若想使之成为可"直观"的感性存在，就必须有使之客体化的感性活动——实践，也就是说，生态理念只有通过一定的实践才能实现外化、对象化、客观化，并在其外化的客体中得到确证。这是因为，实践是人们能动地改造客观世界的对象性活动，即主体将自身的内在本质外化到对象之中，成为对象存在的一部分，从而导致对象发生合目的的变化。生态文明建设就是实现生态理念的现实的实践活动，是将人对待自然的意识、观念、态度外化为现实的客观存在的过程。简言之，从本质上说生态文明建设，就是将人们的生态理念外化的实践活动及其过程。

生态文明建设作为一种实践活动：首先是将生态理念注入到自然存在之

---

① 有学者在谈到这一理念时，强调"要特别注意不是'改造自然'"。笔者认为这一强调是不适合的，因为人类的生存方式本身就是对自然的改造，人类社会发展的最终基础也是对自然的改造。生态文明建设不是要求人们放弃对自然的改造，而是要求人们在改造自然的时候要尊重自然、顺应自然和保护自然。其实，生态文明建设本身就是一个改造自然的实践活动，难道不是吗？参见李新市：《马克思主义生态文明建设思想的新境界》，《山东农业大学学报(社会科学版)》2015 年第 2 期，第 105 页。

中成为外在于人的对象性存在，即生态理念对象化的过程。实践是人类自觉能动地改造世界的活动与过程，在这一活动和过程中，人们将自己的内在规定性和本质力量转化成对象性存在，即对象化，因此是一种对象性活动。也就是说，实践是通过改造对象，将人的观念、审美、价值观和能力注入到对象之中，使之成为对象的组成部分，即实践主体内在规定对象化的过程。由于实践活动的对象化是将人的内在规定性变为外在于人的对象规定性，因此又是一种外化的过程。对象化就是外化。这个过程，马克思称之为将客观对象打上人类烙印的过程，也就是使对象存在带有人类的规定性，使之从自在存在变为为我存在。以此类推，既然生态文明建设是通过改造自然实现人与自然关系和谐的过程，那么就其本质而言，生态文明建设就是将人类的理性、立场、理念等外化到自然存在和自然系统之中，成为一种外在于人的、与人的内在世界不同的对象性存在和外部存在的过程。只不过这里的理性是指系统理性，这里的立场是指尊重自然、顺应自然和保护自然的立场，这里的理念是指包括人与自然和谐共生的内在价值追求的生态理念。概言之，生态文明建设就是指人类在修复环境、保护环境、美化环境等活动中，将生态文明的观念系统和生态理念外化到自然之中成为自然存在的过程。这是生态理念的外化和对象化的过程。

其次是将人类的生态理念外化为一种客观的物质性存在，即将生态理念客观化和物质化的过程。实践的对象化过程，不仅是外化过程，而且是物质化、客观化过程。所谓的外化、对象化的过程，就是将人的主观存在变为客观存在，将人的意识转化为物质的过程，或曰主观见之于客观的过程。生态理念是人类的主观的观念系统，它是人类的思维过程及其结果，属于人类的意识世界。生态理念是一种人的观念世界中的主观存在，其本身并不具有客观性，更不具有物质性，但却可以通过生态文明建设拥有客观性和物质性。生态文明建设作为实践活动，就是把生态理念这种主观的内在存在转化为具体的、客观的社会和自然存在形式，并通过作用于人类世界物质系统而转化为物质世界的组成。在这一过程中，生态理念也就走出了主观(意识)世界而成为客观(物质)世界中的存在，从而拥有了客观性和物质性，即所谓的客观化、物质化。具体而言，生态文明建设是通过建设青山绿水、碧海蓝天而修复自然环境，通过恢复物种的多样化而修复生态系统改造自然、干预自然的生产实践过程，通过尊重自然的绿色生产关系以及社会关系的生成与建构等的社会实践过程，通过改变与改善人与自然的互动关系达成二者和解的生态实践过程，将主观的生态理念外化为社会的、自然的客观物质系统和有机体，从而使之成为一种客观的、物质的、可感的存在，用哲学概念来表述就是"感性存在"。由此，作为包含人的内在的观念系统和素质系统的生态理念，通过生态文明建设成为包括社会、自然以及二者关系在内的物质存在的内在规定性，以客观的物质的形式获得其感性的存在形式，并通过对物质存在形态的塑造使自己成为一种物质性存在。

生态文明建设作为实践活动最后是通过人类实践的对象中所体现的生态理念来证明这种内在规定性存在的，即确证生态理念的过程。黑格尔曾经指出，绝对概念之所以需要外化和异化，是因为概念作为一种主观规定性无法自己证明自己，只有通过外化、异化①为对象性的客观存在才能以一种感性的方式得到确证。外化、对象化、客体化的过程本身也是主体的本质得到确证的过程，即人们通过主体的"创造物"来感性地、"直观地"证明主体的内在本质的过程。这个外化的过程在黑格尔那里就是"劳动"，因此黑格尔把人看成是在劳动过程中自我生成的过程，即人在劳动的外化过程中不断确证自己是人的过程。但是，由于黑格尔的唯心主义体系，使得他所说的劳动不是人们现实的对象化活动，而是精神的自我回旋、自我确证和自我实现的活动。这就遮蔽了人与对象之间真实的历史关系，将人的自我生成、自我确证的过程神秘化为绝对概念的外化与复归的过程。马克思主义继承了黑格尔关于人的内在本质需要通过外化和对象化确证自己的观点。但与黑格尔不同，马克思的劳动、实践是现实的个人的社会活动，是人们通过自身的力量实现人与环境的物质与能量变换的过程，是现实的、历史的活动，不存在任何神秘性。

---

① "异化"在黑格尔那里是一个中性的范畴，其与对象化、外化具有基本相同的含义，主要是指内在规定性通过外化和对象化而成为一种与概念自身不同的异己性的存在，因此异化是指异己化。因此，黑格尔的异化与人本主义的异化不同，人本主义的"异化"主要是指对本真的背离或指人的创造物反过来成为统治人、控制人的异己力量，具有否定的意义和批判的作用。青年马克思《1844年哲学经济学手稿》中的"异化劳动"理论根据人本主义的异化范畴认为黑格尔混淆了对象化与异化，从而将异化看成是人的发展过程中的必经阶段，使得异化范畴丧失了批判现实的功能。

实践活动中人的内在本质和观念的外化、对象化、客体化过程与自我确证过程的内在统一，既说明了生态理念需要通过生态文明建设得到确证的原因，又说明了生态文明建设是生态理念的外化、对象化、客体化和自我确证的辩证统一。因为生态理念和所有的人类观念一样不能在主观世界中进行自我确证，因此需要通过一定的实践活动使之外化到对象之中，成为对象性的感性存在才能得到确证，生态文明建设正是这一实践活动。同时，生态理念也能在生态文明建设这一实践的成果中得到确证。拥不拥有生态理念，拥有何种生态理念，拥有生态理念的哪个方面等等，只要看生态文明建设所改变的自然环境和生态系统就可以得到证明。生态理念既需要通过生态文明建设得到确证，也可以通过生态文明建设得到确证，因此，生态文明建设还是确证生态理念的活动和过程。

总而言之，生态文明建设作为生态文明的实践层面，是生态理念这一观念层面的物化、实证化的过程，是生态理念对象化、物质化与确证的统一。也就是说，生态文明建设通过各种修复自然、保护自然、改善人与自然关系的活动，通过构建资源节约型、环境友好型社会等活动，将生态理念转化成可知可感的自然或社会存在，实现生态理念的对象化、客观化，最终通过这些对象化的成果——如绿水青山等——来确证是否树立和形成生态理念、树立或形成何种生态理念等问题。没有生态文明建设，生态理念只能是座中清谈、纸上谈兵。

二、生态文明建设是生态价值的实现

生态理念必然包含着生态价值。所谓生态价值，是指生态系统的各组成部分在相互作用中所产生的对彼此存在和发展需要的满足及其程度。就人类而言，生态价值主要指自然生态对人类及其社会存在与发展的价值。《方案》在强调树立生态理念的同时，将"自然价值"作为生态理念的一个组成部分，提出要"树立自然价值和自然资本的理念"，并指出"自然生态是有价值的，保护自然就是增值自然价值和自然资本的过程，就是保护和发展生产力，就应得到合理回报和经济补偿"。从生态价值的概念可以看出，生态价值是一个包含着多种价值的价值系统，包括经济价值、历史和文化价值、科学价值、基因多样性价值、治疗价值、哲学价值、艺术价值、娱乐价值和生命共同体价值等等。对人类来说，生态价值首先是经济价值，但又不止于经济价值，这是由人类生存的根本性和人类发展的多样性决定的。人类为了能够"创造历史"，首先必须活着，而人类活着所需要的物质资料都是通过改造自然而获得的，即通过生产得来的，这就决定了生态价值的基础性价值是经济价值。但一方面人类发展不只是经济利益的增长而是包括多方面(维度)的系统发展，另一方面人与自然的关系也是一种系统性的相互作用关系，这就决定了生态价值不能仅仅归结为经济价值，而应是包括多种(重)价值的价值系统。只是在资本主义社会，生态的经济价值才从基础性价值成为中心价值，成为人们一切活动围绕着的轴心。因此，要从狭义的经济价值和广义的系统价值的辩证统一中去理解和把握生态价值。很明显，《方案》所说的自然价值就是指生态的经济价值，指的是狭义的生态价值。因此，《方案》将生态价值与自然资本相提并论，强调保护自然是价值增值和资本增殖的过程，更是保护和发展生产力，因此应该得到经济回报和补偿。《方案》所提出的生态价值，为我们进行生态文明建设提供了基本或基础性的价值准则和价值规范。需要指出的是，生态文明建设不能仅仅停留在对生态的经济价值的实现上，而是要实现包括生命共同体价值、科学研究价值、历史与文化价值等在内的综合或系统价值，以真正构建人与自然生命共同体，实现人类的永续发展和人类世界的可持续性。其中，生命共同体价值又可以称为系统价值，是指人类与自然是一个相互支持的命运共同体，自然生态具有支持这个共同体所有生命子系统并保证共同体的系统优化与发展的价值。从人类发展的整体目标上看，生命共同体价值是人类需要实现的生态价值中的最高价值或最终价值。

价值是一个关系范畴，揭示的是主体①需要与客体属性之间的关系。因此价值是指客体能否满足主体某种需要的属性，即标志客体的属性与主体需要之间是否契合及契合程度的范畴。如果客体的某个属性与主体的需要相契合，

---

① 在一般意义上，主体当然是指"人"——现实的从事社会实践的个人及其集体。但在考察和理解生态价值时，我们应该将"主体"概念做适当的扩展，即将之视为价值关系中处于主导地位的那一方。比如，在狮子环境的关系中，狮子作为主导方面，可以视为"主体"。当然，生态文明及其建设仍然是在人与自然关系中来讨论生态价值的，因此这里的主体也仍然是指"人"。

则这个客体具有价值，如果不契合则无价值。① 由于主体需要的多样性与客体属性的多样性，主体与客体之间的价值关系也必然是多样性的。这是生态价值多重性的哲学基础，换言之，生态价值之所以是多重的，是因为价值本身是多样的。此外，作为一种关系范畴，价值在主体与客体相互作用中存在并得到实现，生态价值也是如此。也就是说，生态价值也是在人与自然的交往与互动中存在并得到实现的。由于人类的基本生命存在方式和生命表现形式是生产实践，因此生态价值是在人类生产实践中并通过这个实践得到实现的。由于生态文明建设是构建生态文明的基本的和主要的实践方式，因此，生态文明建设在外化生态理念的同时实现生态价值。

生态文明建设所实现的生态价值首先是经济价值。所谓生态经济价值是指生态系统满足人类及其社会发展所需要物质资料和物质手段的属性及其满足程度，即生态系统对人类经济发展的价值。由于人类社会存在与发展的物质基础和决定性因素是物质资料的生产方式，因此生态价值最为基础性的价值是经济价值，它构成了其他生态价值的基础。也因此，生态经济价值的实现构成了其他生态价值实现的现实的历史的基础。我们在强调生态价值的多重性的时候，不应该也不能忽视其经济价值的基础性地位和意义。生态经济价值的实现程度取决于人类生产方式的发展状况。人类的生产方式越是进步，生态经济价值的实现程度也就越高，越能为人类的发展提供多样和丰富的物质资料。生态经济价值的实现，为人类的发展提供了物质基础、物质条件和技术手段，并为人类的自由自觉的活动提供了契机和前提。作为生态文明的生产方式——生态文明建设是人们实现生态经济价值的首要的、主要的和基础性的途径。换言之，人们在生态文明建设中将"绿水青山"与"金山银山"统一起来，最终实现"绿水青山就是金山银山"，即实现生态经济价值。需要明确的是，生态经济价值是生态价值中的基础性价值，但不是唯一的价值，生态价值的实现因此也不只是经济价值的实现。同时，经济发展也不只是经济

① 顺便提一下。马克思和恩格斯在《德意志意识形态》中指出那种存在于人类实践范围之外的，没有构成人类历史要素的自然，对于人类来说就是"无"。这其实是在人与自然的价值观关系层面而做出的判断，即这里的"无"是指人类实践之外的自在自然，对于人类而言是无价值的存在，因此人类视之为"无"。这里的"无"并非指自然存在本身为无，而是指其价值关系上的无。

的量的扩张和增长，而是指整个经济系统的协调、良性运行，因此生态经济价值的实现其实是人与自然关系的和谐发展在经济系统中的实现，是包含着质性交互作用的过程，而非单纯的量的关系。工业文明的偏颇之处就在于，在只看到了生态的经济价值的同时，又把生态经济价值简化为价值的量（GDP），从而导致人类对自然资源的滥用和对自然的过度索取。因此，生态文明建设所实现的生态价值是以经济价值为基础的生态综合价值。

其次，生态文明建设所实现的生态价值是历史与文化价值。所谓生态的历史和文化价值，是指作为"历史的自然"，自然生态系统一方面承载着人类发展的历史成果与遗产，另一方面承载着人类发展的文化密码，满足人类回顾历史、认知自我和展望未来的需要的属性及其满足程度，即生态系统对人类的历史与文化发展所具有的价值。人类的实践活动是一个不断将自然人化的过程，这一过程使得自然越来越成为历史发展的一部分，或者说历史发展的"因素"，即成为"历史的自然"。"我们的感性世界"是"我们的感性活动"的结果，即人类所处的现实的自然是千百年来人类实践的结果，被深刻地打上了人类的烙印。人类在自然存在中所打上的烙印以改变了的自然面貌存在和延续下来，成为人类历史发展的客观的物质的印迹，从这些印迹中我们可以了解和理解人类发展的历史进程及其规律，由此自然具有了以史鉴今、继往开来的历史价值。生态文明建设通过保护作为历史的自然，留住人类的历史足迹，实现生态的历史价值。同时，自然作为历史的留存印迹，还包含着丰富的人类文明密码，是人类文化的外化、积淀和对象化的确证。人类对自然的改造总是从自身的需要和审美出发的，因此人化自然中的自然风景又是人类文化的物质载体和物化成果，通过这些自然存在我们不仅能够了解人类文化发展的脉络，而且能够获得文化审美，洞悉文化发展的规律，这就是自然的文化价值。自然文化价值的实现同样需要生态文明建设，人类只有通过生态文明建设来精心呵护和保护自然才能在留住文化"基因"的同时展现人类文化的内涵及其丰富性，最终实现生态的文化价值。

再次，生态文明建设所实现的生态价值是科学价值。人类为了更好地改造世界，就必须科学地认识世界。随着人类从自然中产生，客观世界就被分为两个主要组成部分——自然和社会，它们也是物质的两种存在形态。由于人类社会是在改造自然的基础和过程中产生与发展的，自然相对社会而言也就具有了更为基础性的存在地位，是人类改造世界所面对的首先的和第一位的对象。改造的对象同时也是认识的对象，因此自然既是人类改造的对象也是人类认识的对象。科学是人类认识世界的重要方式、方法和途径，作为认识第一对象的自然，也就为科学研究提供了现实对象，为人类了解、理解世界提供了重要支点。人类了解世界的顺序一般是自然—人—社会，即首先了解人类赖以生存与发展的自然生态环境，进而了解人自身及其社会和历史。正因为如此，作为人类反思和探究人及其与世界关系的哲学，走了一条从本体论到认识论和人类学的发展路径。哲学本体论所探究的就是世界本原和始基，这个"是"或"存在"首先是在自然中被"发现"的，因此古代哲学直接将之理解为具体的自然存在物。现代科学的发展同样是从自然开始的，正是在自然科学的发展中产生了现代意义上的社会与人文科学，从而将人类从神与宗教的统治下解放出来；同时，正是因为自然科学的发展，人类认识和掌握了自然界及其事物的存在与发展规律，并以这些自然科学知识为指导发展起了现代技术，实现了人类文明从农业文明向工业文明的跨越；最后，生态文明的提出和建设也是以自然科学发展为条件和前提的，正是在对自然更为深刻和全面的科学认识的基础上，人类开始反思工业文明并开启生态文明。生态文明建设既是改善人与自然关系的现实活动和过程，又是人类更加深刻全面科学认识自然和了解自然的动力，因此为新的科学研究提供更为坚实的基础和更为丰富的手段，以及更强大的动力，最终实现自然生态的科学研究价值。自然生态的科学价值还应包括指导价值，即人类在对自然生态更多的科学研究成果的指导下实现与自然的更为和谐的关系，促进人类实践活动的更大的自觉性和自由度，更加科学地对待自然和改造自然。

生态文明建设所实现的生态价值最终是生命共同体价值。生态系统是一个包括地理地貌在内的生命系统，其中每一种生命都与其他生命存在着相互联系和相互支撑的关系。地理地貌为生物的存在与发展提供最为基础的环境，其中的气候、水文、土壤和地貌(如山川河流、江河湖海、高原盆地等)等构成了生物生存和生长、进化的前提条件，因此不同的地理地貌中的生物往往是有差别的。从这个意义上讲，地理地貌与生物也是命运与共的共同体。[①] 在生物世界中，不同的生物又处于完整生态系统中，构成一个完整的链条，其中最明显也最重要的是食物链，由此形成一个由不同层级和环节组成的相互影响和相互制约的生命有机体。生命有机体与地理地貌一起又形成一个更大的生态有机体。在这个生态有机体中，任何一个层级和环节上的存在出现问题，都会导致其他层级和环节的存在出现问题，从而导致整个有机体的失衡，最终威胁到所有处于这个有机体中的存在。人类虽然处于生态系统的最高层级，但绝非游离在这个系统之外，而是这个系统的有机构成部分，其生存与发展始终离不开生态系统的支持，与系统中的其他存在构成了生命共同体。正是在这个意义上，《方案》提出要"树立山水林田湖是一个生命共同体的理念"，这一理念充分体现了生态的生命共同体价值。生态文明建设就是在保护生物多样性的同时，修复生态系统各个环节、层级及其之间的连续性、连贯性和生态系统的完整性，营造和谐稳定与良性循环的生态系统，构建人与自然生命共同体。这个过程，毋庸赘言，就是生态系统的生命共同体价值的实现过程，是人与自然达成和解的过程。

生态文明建设还是其他生态价值的实现，诸如基因多样性价值、治疗价值、哲学价值、艺术价值和娱乐价值等。通过生态文明建设能够保护和恢复生物多样性从而能够保持生物基因多样性，实现生态的基因多样性价值；生态系统还存在着大量的可以用于人类疾病治疗的物种，对这些物种的保护和培育则可以实现其治疗价值，同时良好的自然环境本身会给人带来心理上的

[①]　地理地貌在生物生存与进化中具有决定性的作用，对植物而言更是如此。对自然物而言，可以是"地理环境决定论"的，即达尔文所谓的"物竞天择，适者生存"的自然法则。地理地貌及其中的生物系统共同构成了人类的地理环境，其在人类文明产生之初具有很大的决定作用，这种决定作用一方面决定了文明的发源地，另一方面决定了不同文明的特质和特征。在这个意义上，地理环境对人类文明是"决定论"的。但如果从历史的角度去看地理环境与人类文明的关系，我们则会发现，人类文明的结构、内容，以及历史发展的形态和规律都是人类实践活动的结果，是人类的自主选择，与自然环境之间并不存在直接关联性。换言之，人类文明形态的更替不是由自然环境变化决定的，比如农业文明向工业文明的转变不是因为自然灾变导致的，而是由于人类的生产方式和社会交往方式改变决定的。在这个意义上讲，自然环境对人类文明是"非决定论"的。这就是地理环境与人类文明之间的历史辩证法。当埃尔斯特在这个问题上纠结时，他不是在理解马克思，而是由于缺乏历史辩证法的思维方法而自寻烦恼。参见[美]乔恩·埃尔斯特：《理解马克思》，何怀远等译，北京：中国人民出版社，2016年。

愉悦感从而起到治疗的作用；哲学价值、艺术价值和娱乐价值的实现同样会通过生态文明建设得到实现。生态文明建设正是通过改善和协调人与自然的关系实现自然与人类的和谐相处与互促共荣，使得生态价值得到全面系统的实现，最终使人类世界在人、社会、自然的良性互动中实现健康、持续、全面发展。

三、生态文明建设是生态系统的重构

"人因自然而生，人与自然是一种共生关系，对自然的伤害最终会伤及人类自身。"[1]生态的生命共同体价值本身已经说明，人、社会与自然是一个具有内在关联和相互作用的有机体，是一个具有内部能量平衡机制的自组织系统，即生态系统。这个系统通过能量输出与输入的调节来实现能量平衡和系统重构，既通过系统内部各子系统间能量的交换实现平衡，又通过该系统与其他系统之间的能量交换实现能量平衡，使系统实现稳定性和良性循环。如果系统内部的某个子系统的能量输出和输入发生了不平衡，比如能量输出大于能量输入则会导致该子系统出现熵增[2]现象，进而导致整个系统的能量失衡。一旦这一失衡达到一定的程度，就会使系统无法在能量平衡的基础上实现重建，不但导致子系统出现紊乱，而且导致该系统的紊乱甚至崩溃。由此可见，生态系统既需要保持与外界之间的能量平衡，而且需要内部各子系统之间的能量变换实现平衡，从而保持生态系统的良性运动和可持续存在和发展。当把人与自然看成是一个完整的生态系统的子系统时，我们讨论的是生态系统内部各子系统之间的能量变换的平衡，至于这个系统与其他系统之间的能量平衡问题，则不在讨论之列。

工业文明是导致生态系统失衡并危机四伏的主要和根本原因。在工业文

---

① 习近平：《习近平谈治国理政》第2卷，北京：外文出版社，2017年，第394页。

② 熵：热力学第二定律中的基本概念，指那些在能量转换过程中被浪费掉的、无法再利用的能量，标志系统运转中能量的耗散程度和混乱程度。如果某一系统中能量的耗散程度高，则这个系统的熵值就越高，该系统的混乱程度也就越高，该系统要想获得平衡就必须从外界获得新的能量进行补充。系统内部由于能量大量耗散而导致熵值增加的现象被称为熵增。因此，热力学第二定律认为任何一个封闭的系统都会必然导致熵增而走向混乱。参见：[美]杰里米·里夫金、特德·霍华德：《熵：一种新的世界观》，吕明、袁舟译，上海：上海译文出版社，1987年。

明中，人类子系统与自然子系统之间的能量变换的不平衡，使得自然熵值不断增加，以致出现了严重的能量失衡，自然无法自行恢复系统的平衡与发展。具体而言，在工业文明中，人类从自然中获得了巨大的能量来发展自身，成为能量输入者，至少是能量输入大于能量输出，这就造成自然在向人类输出能量的同时却得不到相应的能量输入，自然的能量耗散不断加剧，其熵值随之不断升高。其结果是自然系统的能量的不平衡日益加剧，导致其无法实现其组织的正常重建，只能采取非常规的暴烈的方式（或者说破坏性的方式）来重新实现平衡，这是自然灾害频繁发生的重要原因之一。不仅如此，人类从自然子系统获取大量的资源与能源的同时，还将大量的废弃物和有害物排放到自然之中，使得自然的自我清洁和自我修复的负担增大，需要的能量也就更大，强化或加剧了自然的紊乱与混乱，最终导致自然系统的败坏，这是环境危机出现的另一个重要原因。另外，由于人类社会就是地球系统的一部分，人类社会本身能量的大量积聚也会导致整个地球系统出现熵增，使得整个系统出现越来越混乱的趋势。生态文明建设就是消除工业文明的消极后果、重建生态系统的活动与过程，即重建人与自然的关系，恢复生态系统的能量平衡、重建自然系统实现自然环境优化，以及重建生态系统恢复生物多样性的活动与过程。

首先，生态文明建设是重建人与自然的关系，实现人类与自然的和解。人与自然相互作用构成一个存在着物质能量变换的有机系统，这一系统的发展以人类改造自然获得社会发展所需要的物质与能量为基础。因此，人类社会发展不可避免地要从自然获得能量，实现社会与自然之间的能量变换。这是一种必然性，人类社会无论发展到何种高度都必须以此为基础。这说明，生态文明建设不是放弃人类对自然的改造，而是改变人类改造自然的方式。同时不可否认的是，人类始终是自然之子，人类社会与自然界是整个生态系统的有机构成，是生态系统中的两个交互作用的子系统。这一事实，要求人类从自然获得自身发展所需要的物质与能量，即改造自然时，一要以保持自然本身能量平衡为前提，二要实现社会与自然之间均衡的能量变换，它们因此构成人类改造自然的两个不可逾越的界限。工业文明正是突破了人类改造自然的界限，不仅导致自然系统的失衡，而且导致整个生态系统的失衡，最终导致环境危机和生态危机的出现。人类社会的存在与发展始终是以与自然的物质能量变换为基础的，自然系统的失衡与混乱必然会影响到人类社会自身的发展，不仅威胁到人类获得进一步发展所需要的能源与资源，使人类发展失去可持续性；还会威胁到人类的健康和人身安全，即直接威胁人类生存本身；还会导致人类为了争夺生存与发展资料而陷入相互对立、对抗甚至战争之中而自相残杀的局面。所谓生态危机，就是自然界从人类生存的前提、基础和家园异变成威胁人类生存与发展的外部强制力量，人与自然之间的内在统一性被破坏，取而代之的是外在的对立和对抗性关系。生态文明建设就是在正确认识人与自然物质能量变换关系的基础上，将人类的生产活动限定在社会与自然的能量均衡变换的基础之上，在改造自然的过程中恢复人与自然的内在统一，重建人与自然的正常交换关系，恢复自然作为人类生存家园的本来地位，实现人类与自然的和解。

其次，生态文明建设是重建自然系统，实现自然环境优化。人类与自然之间的关系是整个生态系统中两个子系统之间的关系。如果说人与自然关系的恶化或曰人与自然之间对抗关系的形成，是人类社会系统与自然系统之间的对抗化、异化，那么其背后的原因则是人类对自然的无度索取与过度损害所导致的自然系统本身的失衡与危机。换言之，工业文明对自然系统本身的破坏，是人与自然关系遭到破坏的原因。因此，修复人与自然的关系，实现人与自然的和解，需要改变人类改造自然的方式，从恢复自然系统开始。工业文明对自然系统的破坏，可以从人类的"输入"和"输出"两个角度得到解释。从"输入"的角度看，工业文明中人类对能源与资源的过度开发和利用，导致自然系统中越来越多的存在消失和濒临消失，这就使得自然系统出现环节上的缺失越来越严重，自然生态链条的断裂越来越明显，自然系统的失衡以及随之而来的灾害、危机也越来越严重；从"输出"的角度看，工业文明中人类向自然排放了大量超出自然自我清洁与自我恢复能力的废弃物和有害物，致使自然自组织系统的自我再平衡和自我恢复的能力严重受损，自然系统也就出现了越来越严重的失衡与紊乱。也就是说，工业文明在不断削弱自然系统的"体质"的同时，又不断加重自然系统的"负担"，最终导致自然再也无法通过正常的方式恢复自身的平衡，重建自己的自组织形态，导致自然不得不以非常规的破坏性的方式来运行，其表现就是自然灾害频发且具有越来越大的破坏性。如果不扭转这一趋势，各种自然灾害会变得更为频发和更具破坏性，人类赖以生存的家园将不复存在。气候危机就是一个典型的例子，由于大量温室气体的排放，导致自然无法将自身的温度保持在相对稳定的水平上，引起大洋环流和大气环流的紊乱，使得极端天气现象变得越来越频繁，厄尔尼诺等反常气候现象也似乎正在变成一种常态。人类正在失去适宜生存的气候条件。生态文明建设的目的之一就是要扭转自然系统的紊乱趋势，通过人为的干预帮助自然系统提升自身的修复能力与恢复水平，遏制自然系统的恶化，最终实现自然环境的优化，在修复自然系统的基础上，改善人与自然之间的关系。

最后，生态文明建设是重建生态系统，恢复生物多样性。人类是生态系统中的一个环节和组成部分，人类和其他的生物共同构成了一个完整的生物链，处于同一个生态系统，即所谓生命共同体。这是我们讨论生态文明及其建设时必须明确的立场之一。只有将人类放置到整个生态系统之中，把自己当做是生态系统的组成与环节时，我们才能从世界观和系统论的高度确立生态文明建设的历史地位。作为生态系统的一分子，人类的行为必然会对其他生物的生存与发展产生直接或间接的影响，而其他生物的活动也必然构成人类生存与发展的条件。人类与其他生物是一种相互依存、互为条件的共生关系，其他生物的存在离不开人类，人类的存在也离不开其他生物。这就要求人类和其他生物要相互尊重对方的存在价值和意义，从而在相处过程中相互留有余地，将自身的利益和活动空间控制在合理区间之内。但在资本逻辑的支配下，人类为了追逐自身经济利益的最大化，不断扩张自己的利益空间，大规模开发自然，大规模压缩其他生物的生存空间，导致其他生物生存空间的急剧缩小，使得其他生物丧失了维持其种群存在的空间而面临灭绝的困境。因生存空间被压缩而灭绝的生物，又会导致以之为食物的其他生物的食物链断裂，使得生态系统出现失衡现象。同时，在资本逻辑的支配之下，人类为了实现经济利益的最大化大规模地捕杀其他生物以满足自己的贪欲。这直接导致很多生物在人类的过度猎杀之下濒临灭绝或已经灭绝，这些动物灭绝的直接结果是自然生物食物链的断裂，既使得作为它们食物的生物因失去天敌而过度繁衍，导致生态系统失衡，又使得以它们为食物的比较高级的生物因失去生存资料而濒临灭绝，导致生态系统失衡。人类对其他生物生存空间的侵占和对它们的猎杀，间接和直接地导致自然生物物种的急剧减少，生态系统变得千疮百孔且日益脆弱，生态危机日益明显，最终造成自然环境在恶性循环中日益退化，成为威胁人类的生存与发展的重要因素，成为人类进一步发展的瓶颈之一。生态文明建设就是约束人类行为，通过对自然空间的合理利用为自然生物留足生存空间，通过保护野生动物维护生物链的连续，最终重建完整的生态系统，恢复生物多样性，恢复生态系统的生机。生态系统的重建，必将为人类的发展提供更为友好的环境，更加持续的发展可能，以及人与自然命运相辅相成的生命共同体。

四、生态文明建设是生态制度的建构

生态文明建设是包括生态理念的外化、生态价值的实现和生态系统的重建的系统工程，是构建人与自然和谐关系的实践过程。所有的实践都是在一定的社会关系中开展和进行的，因此都是在一定的社会制度中进行的。人们在实践中结成 各种各样的关系，这些关系既是实践活动的需要又是实践活动的条件，也就是说，这些关系及其系统是实践的社会形式。人们为了更好地、更稳定地开展实践活动，就将这些关系极其系统进行规范化、稳定化，即制度化，由此就形成了包括经济、政治、道德、文化等制度在内的社会制度。社会制度是社会关系的制度化，如果社会关系是实践活动的社会形式，那么社会制度就是制度化了实践活动的社会形式。生态文明建设实践和其他实践一样，也是在一定的制度中进行的，以一定的制度为作自身的社会形式和条件。因此，生态文明建设还应该是生态制度的建构和完善，是生态制度的生成过程。

从理论上讲，由于生态文明是超越工业文明的新文明形态，生态文明建设所构建的社会制度也是一个全面取代工业文明社会制度的新型社会制度。如果不能全面超越工业文明的社会制度，也就不能构建起完整的生态文明所需要的社会制度。在论述生态文明超越工业文明时，我们已经论述了这一超越的历史性与必然性。同时要注意的是，由于生态危机已经成为人类发展不得不首先关注和处理的问题，成为必须解决的迫切问题，因此不可能也没必要一下子构建起全面或整体超越工业文明社会制度的新社会制度。换言之，当前构建生态制度一方面只能是局部的，即针对当前最迫切的问题而构建相应制度；另一方面是渐进的，即是一个从局部到全局，从部分到整体的循序渐进的过程。在理论与现实的交叉点上，我们可以发现，在全球都在进行生态文明建设的时候，只有中国的生态文明建设取得了最为明显的成果。究其原因，是因为中国特色社会主义制度和道路，亦即在社会经济基础的核心层面上超越了工业文明的社会制度。也就是说，中国取得生态文明建设的伟大成就的一个重要原因（甚至可以说是首要原因）是中国特色社会主义的制度优势。

因此，生态制度的构建是进行生态文明建设实践本身的要求，也是科学、有序和高效建设生态文明的制度保障。基于此，《方案》①在规定了生态文明建设的理念、原则的基础上，重点规划了对生态制度的构建。我们可以说，《方案》构建起了我国生态文明建设的"四梁八柱"，勾画了中国生态文明建设的制度蓝图。

第一，"健全自然资源资产产权制度"。生态文明建设首先要明确的是各级各种建设主体，即由什么人（组织、机构）来进行建设，其在建设过程中拥有何种权利，承担何种义务等等。自然资源资产产权制度，就是为了明确生态文明建设及其主体的生态制度，是生态文明建设的基础性制度。依据《方案》，自然资源资产产权制度主要包括如下几个方面：一是"建立统一的确权登记系统"，即"坚持资源公有、物权法定，清晰界定全部国土空间各类自然资源资产的产权主体"；二是"建立权责明确的自然资源产权体系"，即"制定权利清单，明确各类自然资源产权主体权利。处理好所有权与使用权的关系，创新自然资源全民所有权和集体所有权的实现形式"；三是"健全国家自然资源资产管理体制"，即"按照所有者和监管者分开和一件事情由一个部门负责的原则，整合分散的全民所有自然资源资产所有者职责"；四是"探索建立分

---

① 《方案》即中共中央、国务院印发的《生态文明体制改革总体方案》（2015 年 9 月 21 日）。以下至本节结束，文中引用的文字，凡未标注的均来自此文件。

级行使所有权的体制"，即"对全民所有的自然资源资产，按照不同资源种类和在生态、经济、国防等方面的重要程度，研究实行中央和地方政府分级代理行使所有权职责的体制，实现效率和公平相统一"。通过这四个产权制度的构建，就能明确生态文明建设的主体，以及与主体相适应的权利与责任，从而构建起责任与权利相统一的生态文明建设主体的制度。

第二，在科学规划的基础上"建立国土空间开发保护制度"。科学的国土空间保护制度，建立在科学的空间规划体系的基础之上。科学的空间规划体系，包括"统一的空间规划"、实现市县的"多规合一"，以及空间规划编制方法的创新等。以此为基础，国土空间开发保护制度包括下述几个部分：第一，"完善主体功能区制度"，即根据"城市化地区、农产品主产区、重点生态功能区"等功能不同，准确进行功能定位，并制定相应的"财政、产业、投资、人口流动、建设用地、资源开发、环境保护等政策"；第二，"健全国土空间用途管制制度"，即完善用地指标控制体系和开发强度指标，"控制建设用地总量"。在"将用途管制扩大到所有自然生态空间，划定并严守生态红线"的同时，"完善覆盖全部国土空间的监测系统"。并在此基础上"完善自然资源监管体制"，将国土空间的用途管制职责交由同一个部门来统一行使；第三，"建立国家公园体制"，即"加强对重要生态系统的保护和永续利用"，对不同部门设立的各种保护地的功能进行整合重组，建立国家公园体制，实行更为严格的管理体制，"保护自然生态和自然文化遗产原真性、完整性"。

第三，"完善资源总量管理和全面节约制度"。这一制度涉及资源管理和节约的方方面面，是一个系统性的制度。总体来看，这项制度涉及耕地、水、能源、天然林、草原、湿地、沙化土地、海洋资源和矿产资源的管理、保护制度，在总量控制的前提下，提高对自然资源的节约使用程度。在资源节约制度基础上，还要实施、推广和完善"资源循环利用制度"，具体包括，"推动生产者落实废弃产品回收处理等责任"、"建立种养业废弃物资源化利用制度"、"加快建立垃圾强制分类制度"、"制定再生资源回收目录"、"加快制定资源分类回收利用标准"、"建立资源再生产品和原料推广使用制度"、"完善限制一次性用品使用制度"，以及"落实并完善资源综合利用和促进循环经济发展的税收政策"和依据循环经济技术目录实施相应的财政、金融政策等制度。通过这些制度的制定、实施，实现对资源节约和保护利用的全覆盖，构建起对资源的完整科学的保护与节约制度，实现经济的循环运行和社会与自然的良性互动。

第四，"健全资源有偿使用和生态补偿制度"。构建这一制度的目的是通过对资源有偿使用和对生态的补偿，提高资源利用的成本，达到节约资源和保护资源的目的。第一，按照成本、收益相统一和社会可承受能力相统一的原则，"加快自然资源及其产品价格改革"，建立资源所有者权益和生态环境损害等的自然资源及其产品价格形成机制；第二，完善土地、矿产资源、海域海岛等的有偿使用制度。根据土地、矿产资源和海域海岛的各自特点，"探索通过土地承包经营、出租等方式，健全国有农用地有偿使用制度""完善矿业权出让制度，建立符合市场经济要求和矿业规律的探矿权采矿权出让方式"、"建立健全海域、无居民海岛使用权招拍挂出让制度"等，并与此相配套"加快资源环境税费改革"；第三，"完善生态补偿机制""生态保护修复资金使用机制"，"建立耕地草原河湖休养生息制度"等。这些制度的建立和实施，就是为了在提高资源能源使用成本的基础上贯彻谁破坏谁负责的原则，让破坏生态的行为付出相应的代价，从而减少甚至消除危害生态的行为，同时要对生态保护修复资金进行统筹安排和科学规划，提高资金的使用效率，以及建立相应的休养生息制度，提高生态保护和修复水平，实现人与自然从和解到和谐的转变目标。

除此之外，构建生态制度还包括"建立健全环境治理体系"、"健全环境治理和生态保护市场体系"、"完善生态文明绩效评价考核和责任追究制度"等措施。其中，建立健全环境治理体系，包括"完善污染物排放许可制"、"建立污染防治区域联动机制"、"建立农村环境治理体制机制"等六个方面。健全环境治理和生态保护市场体系，就是贯彻环境治理和生态保护的市场化，科学充分利用市场机制的作用，具体包括"培育环境治理和生态保护市场主体"、"推行用能权和碳排放权交易制度"、"推行排污权交易制度"等六个方面的制度。完善生态文明绩效评价考核和责任追究制度，就是要在建立生态文明目标体系的基础上，建立资源环境承载能力监测预警机制、探索编制自然资源资产负债表，对领导干部实行自然资源资产离任审计和生态环境损害终身追究制。

由此，我国在生态文明建设过程中，以顶层设计和超前部署初步擘画了生态文明建设的基本制度。这些制度一方面将成为生态文明建设的制度保障，另一方面也需要在进一步的生态文明建设中得到贯彻、实施和落地，成为现实的起作用的生态文明制度。《方案》中所设计的各项制度，一方面来自于对以往生态文明建设实践经验的总结，是既往实践经验的提升、精炼和规范化；另一方面是对未来生态文明建设实践的展望，是从历史规律的高度对未来生态文明建设实践做出的预先规约和规范。因此，生态文明建设是在不断建构和完善自身所需要的社会制度的过程中不断发展和前进的。

我们要认识到，《方案》中的制度设计和擘画，有一个内含的前提，它是《方案》中所有制度得以制定、实施和贯彻的基础和保证。这个前提就是中国特色社会主义制度，这是我国生态文明建设不同于西方生态主义运动的本质所在，也是我国生态文明建设取得骄人成绩的制度因素。中国特色社会主义制度和道路，保证了我国生态文明建设正朝着正确的方向和符合人类历史发展规律的轨道发展，也说明人类世界最终超越工业文明的社会制度——资本主义，实现生态文明的社会制度——共产主义（社会主义是其初级阶段）不但在理论上是可能的，而且在实践上是可行的。同时，我们在理解和把握《方案》中的各项制度时，要秉着系统论思维，从系统的高度进行，即要把它们看成是同一个制度系统中的各个组成部分，是同一系统中的各个要素之间的关系，是相辅相成，是相互作用形成合力以最大限度发挥生态制度效用的关系。因此，我们要从历史规律的高度和制度系统完整性方面科学、准确地理解和把握生态制度及其与生态文明建设之间的辩证统一关系。

第三节　社会主义核心价值观语境中的生态文明

生态文明作为一种文明形态，其形成与发展也需要遵循量变质变规律，也要从局部到全局，不能期望一蹴而就，"毕其功于一役"。也就是说，作为生态文明形成并取代工业文明的实践活动，生态文明建设既要从点到面、从面到全局逐步推进，又要从少到多不断积累，一步一步完成生态文明对工业文明的超越。因此，虽然我们要从文明形态整体上理解生态文明，但我国的生态文明建设首先是中国特色社会主义建设的组成部分和重要内容，与经济建设、政治建设、社会建设和文化建设一起构成中国特色社会主义建设"五位一体"总体布局。"五位一体"总体布局，从社会整体角度看，揭示了经济、政治、社会、文化和生态作为不同的社会领域，但互为条件和相互制约的关系，说明生态文明是其他四个领域的条件，也以其他四个领域为自身条件；从实践或建设的角度看，则揭示了经济建设、政治建设、社会建设、文化建设和生态文明建设这几个实践活动之间互为条件的关系，生态文明建设是其他几个建设的条件，也以其他几个建设为自身条件。因此，这里的生态文明建设，既是总体布局的一部分，具有局部性特征，又贯穿于中国特色社会主义建设各个环节，具有全局性意义。既是其他建设（包括社会主义核心价值观建设）的社会语境，也以其他建设为自身的社会语境。在这里，我们撇开经济、政治、社会建设与生态文明建设的关系，只关注社会主义文化建设与生态文明建设之间的关系，揭示生态文明建设的社会主义核心价值观语境。

社会主义核心价值观建设和生态文明建设分属不同的社会建设领域。社会主义核心价值观建设属于文化建设领域，是社会主义文化建设的核心，或曰社会主义文化建设的核心是培育与践行社会主义核心价值观。生态文明建设属于环境建设领域，是处理人与自然关系的历史性活动，或曰当前修复和改善人与自然关系的活动就是生态文明建设。社会主义核心价值观与生态文明之间是互为语境的关系，一方面社会主义核心价值观建设以生态文明为语境，另一方面生态文明建设以社会主义核心价值观为语境。因此，我们在讨论社会主义核心价值观建设时要将之置于生态文明的语境之中，用生态文明扩展和丰富社会主义核心价值观的内容；在讨论生态文明建设时要使之处于社会主义核心价值观的语境之内，以社会主义核心价值观作为生态文明建设的价值引领。简言之，生态文明扩展与丰富了社会主义核心价值观，拓展了社会主义核心价值观建设的外延，社会主义核心价值观则为生态文明建设提供了价值指导与引领，规定了生态文明建设的正确轨道和方向。

一、国家层面核心价值观为生态文明建设提供理念指引

国家层面核心价值观是从整体上为我国的社会主义建设提供价值理念指引的价值观，其最终的价值目标是要把我国建成富强民主文明和谐的社会主义现代化强国。我国的生态文明建设是中国特色社会主义建设的组成部分，是社会主义条件下的生态文明建设，既要遵循生态文明建设的一般理念，又要遵循中国特色社会主义生态文明建设的理念，即要具有中国特色。中国特色首先就表现在，我国的生态文明建设要以国家层面核心价值观为理念指导，将我国建成富强民主文明和谐美丽的社会主义强国。

正如富强包含着自然环境的优化一样，自然环境优化既是国家富强的组成部分，也是国家富强的表征。生态文明建设的必要性源自工业文明的缺陷，其目的是通过修复环境、保护环境而超越工业文明来重塑人与自然的关系。具体到中国，生态文明建设的目的之一就是实现中华民族的富强。如前文所述，真正的富强既是经济繁荣以及国家实力的强盛，也是自然环境友好和社会可持续发展。因此，生态文明建设并非在富强价值观指引之外，而是和其他社会主义建设一样，以国家富强为价值目标和价值追求。这样一来，富强就成为了生态文明建设的国家层面核心价值观的引领，是生态文明建设的重要理念之一。由此可见，生态文明建设不是否定已有的社会发展与文明成果，以求复归前工业文明或农业文明时代，而是要在经济建设继续发展、经济实力不断增强的基础上既实现国家综合实力的强盛，又实现人与自然的和解与友好相处。使包括经济实力在内的国家富强成为真正意义上的富强，使国家的富强拥有坚实的基础和长足的发展空间。① 真正的富强是在环境友好基础上的，具有长足的发展动力和长远的发展空间的富强，是人与自然和谐相处基

---

① 从这个意义上讲，生态文明对工业文明的超越不是回到前工业文明或农业文明，或更早期的人类阶段。生态文明建设是对工业文明的扬弃过程，是充分吸收了工业文明的成果并获得更高发展的过程。幻想回到前工业文明阶段的想法是一种浪漫主义的想法，而这种想法恰恰构成了西方学者批判资本主义的重要价值归宿之一。无论是存在主义马克思主义的列斐伏尔还是后马克思思潮中的鲍德里亚都是如此。其实，后现代主义对所谓小叙事的追求，也是思想上的一种倒退。这种"向后看"式的对资本主义和工业文明的批判和否定，在马克思看来恰恰是反动的（马克思认为，回到前资本主义是反动的）。

础上的共生共荣。换言之，生态文明建设一方面以富强为理念指导，另一方面也为国家富强提供了行为上的支持。

生态文明的基本理念之一就是要尊重自然、顺应自然和保护自然。生态文明建设是通过修复人与自然的关系，达成与自然和解实现生态文明的实践活动。生态文明建设既然是为了修复被工业文明恶化了的人与自然之间的关系，就必须在处理人与自然关系的过程中遵循民主的原则，树立人与自然关系的民主理念。也就是说，要受民主价值观的指导与引领。因为只有在民主理念的指导下，在民主的基础上，人们才能以最广大人民群众的根本利益为出发点，以国家长久永续发展为最高目标，尊重人民群众的主体地位，充分发挥人民群众的智慧，更科学合理地改造自然；才能以自然环境本身的系统价值为立足点，在使自然为人类发展提供物质资料的同时尊重自然的权利，实现人与自然关系的民主；才能自觉、科学地维护自然自身的发展权，保证人类发展不会妨碍自然发展，实现人与自然之间的良性互动和互促互进。在社会范围内，实现民主的关键是实现人权，在人类世界的更广的范围内，实现民主还要实现"自然权"。从这个意义上讲，生态文明建设既是民主价值观指引和规范下的行为，也是践行民主价值观的活动，助力民主价值观在生态文明建设过程中的实现。

生态文明建设还是人与自然关系的文明化，这既包括人们对待自然观念的文明化，还包括人对自然活动的文明化。所谓观念上的文明化，是指人们在面对自然时要超越工业文明中人与自然的主人—奴隶关系构架，要将自然看成是人类的家园和伙伴，而不是看成需要征服的敌人和奴役的奴隶，秉持尊重和敬畏自然的态度。所谓活动的文明化，是指人们应在尊重自然的基础上进行改造自然的活动，以遵循和顺应自然规律的方式，在自然所规定的范围与界限内改造自然，从而构建人与自然相互尊重与协同发展的新关系和新格局。生态文明建设因此也就是在文明化的观念指导下构建人与自然关系的新形态，创造人类世界的新文明。其实，也只有实现了人与自然关系的文明化，才能实现人与自然关系的和解与和谐，从而不仅使得自然可以实现系统优化，而且使得人类社会实现永续发展。显而易见，文明是生态文明建设内含的基本价值观之一，生态文明建设当然离不开文明这一基本价值观引领，是在文明理念指导下进行的人与自然关系的重建。这一重建，既是人类文明成果的丰富化与全面化，也是人类文明程度的提高过程，因此是文明价值观的践行过程。反之，离开了文明价值观的引领，人们在改造自然时就不可能有文明的观念及其指导下的活动，也就不可能真正超越工业文明中人与自然的主—奴关系构架。人们改造自然活动的文明化必然会影响人们其他的行为方式和思维方式，从而加速人们行为方式的文明化，最终实现人类世界的文明化。

生态文明内含着和谐价值，生态文明建设的最高追求同样是和谐，只不过是世界观意义上的和谐。生态文明建设的最高目标和价值追求是在人类世界有机体的基础上，重塑人与自然的关系，实现社会与自然的和谐共生，最终实现人类世界的和谐发展。换言之，所谓生态文明建设，就是克服工业文明造成的人与自然关系的紧张与冲突，变革人类生产方式，将对自然的改造限制在自然允许的范围之内，降低有害物的排放，将对自然的伤害控制在最低程度，在绿色发展的过程中恢复人、社会与自然的有机统一，实现社会发展与自然发展的和谐共生与共荣发展。由此可见，国家层面的和谐价值观不仅是社会建设的最高理念，也是生态文明建设的最高价值追求。也就是说，因为和谐社会不仅包括人际之间以及人与社会之间的和谐，还要包括人与自然的和谐以及自然内部的和谐，因此社会主义的生态文明建设作为社会建设的一部分，同样是在和谐价值观的引领下展开的改造自然的活动，即在和谐理念的指引下处理人与自然关系的活动与过程。同时，生态文明建设还与其他社会建设一起构成实现社会主义和谐社会的合力，助力国家和谐价值观的实现。人与自然关系的和谐发展，必然催生自然生态的合理化，推进自然环境的美丽化，因此和谐中国就是美丽中国。也正是在这个意义上，十九大提出要把我国建设成为富强民主文明和谐美丽的社会主义现代化强国。

二、社会层面核心价值观为生态文明建设提供价值准则

社会层面的社会主义核心价值观既是社会建设所要追求和达到的价值目标，也是处理人与人、人与社会关系的基本价值准则，还是人们社会生活和社会交往的价值规范。这个层次的价值观是在社会生活层面上对人们行为的

规约和引领，构成人们行为的价值准则，而人们的行为除了人际交往和社会交往行为，还包括人与自然的交往行为。因此，社会层面的核心价值观必然也是人们改造自然活动的价值引领和规范，构成了处理人与自然关系的价值目标和价值准则。即是说，作为社会主义建设总体布局重要一环的生态文明建设，和其他社会建设活动一样都以社会主义核心价值观为最大公约数，在社会层面上，也就是以社会层面核心价值观为其活动的价值目标和价值准则。如果人与自然之间不能形成自由、平等、公正、法治的氛围和环境，就不能让人们将改造自然与国家的富强、民主、文明与和谐统一起来，建设美丽中国、健康中国，生态文明建设也会因此偏离正确的轨道而无法实现其最终目标——在人与自然和解与和谐基础上实现人类世界的和谐永续。

首先，生态文明是人与自然的和谐，生态文明建设的目的是要达成人与自然的和解，同时实现人的自由和自然的自由。人类发展史是一部人类不断从必然王国向自由王国飞跃的历史，是人的社会生活自由、人对自然的自由，以及自然自身的自由不断得到提升和实现的过程。从历史上看，人类的自由首先是相对自然的自由，即一般所谓人摆脱自然的统治而实现生产活动的自由。① 在世界观和历史观意义上，人的社会生活自由是以改造自然的自由为基础与前提的，如果不能实现人对自然的自由，社会自由也就无从谈起，因为社会是在改造自然的基础上生成的，也是在改造自然的过程中发展的。② 人们改造自然的目的就是追求人类在深化认识自然的基础上不断实现人类活动本身的自觉和自由。因此，人们改造自然的最终目的不是征服自然，而是要在改造自然的基础上实现人改造自然的自由，为人类活动的总体自由提供物质基础和物质前提。这就说明，生态文明建设活动必须以自由为价值目标，并

---

① 人和自然之间的"统治"和"被统治"关系，其实是从人的角度对人与自然关系的评价。人是自然的产物，自然是人类生活的天然环境，二者之间并没有地位上的高下之分，也就不可能存在谁统治谁的问题。因此，所谓人从自然解放而获得"自由"的问题，其实是人类在实践能力提高的基础上获得对自然规律愈来愈全面和深刻的认识，进而实现改造自然时从必然(盲目性)向自由(自觉性)的跨越过程。这里并不存在所谓自然对人的统治，或人从自然中获得解放，而只是人类自我发展和自我解放的过程。

② 这再次说明，生产力在人类历史中的基础性地位和动力源泉性。也说明历史唯物主义在对历史之谜的深层解蔽中所揭示出的历史与自然之间的历史性辩证关系，和人类历史的客观性、物质规律性。

在改造自然的过程中遵循自由原则。生态文明建设，就是在新理念指导下，通过以新的方式和自然相处而实现人类与自然的双重自由：人的自由和自然的自由——虽然自然本身以纯粹必然性为基础。所谓自然的自由，是指自然物的存在、活动与发展的自由。人类在改造自然时，既不能侵占自然物的生存空间从而限制其活动的自由，也不能为人类的一己私利而无视其尊严导致其存在的不自由，更不能为了自己的利益而破坏自然系统、阻碍自然发展的自由。因此只有遵循自由的价值准则，才能在尊重自然的基础上改造自然，才能实现人与自然两个维度上的自由。这样的生态文明建设才是真正的生态文明建设，其所实现的也才是真正的生态文明。自由从世界观的角度看是生态文明的应有之义，因此构成了生态文明建设的价值尺度和价值准则，生态文明建设就是要实现人与自然的双重自由以及二者关系的自由全面展开。

其次，平等是生态文明内含的价值观之一，人与自然和谐的重要基础和条件之一是二者之间的平等。因此，人类改造自然必须在人与自然相互平等的基础上进行，实现人与自然之间的平等交往。生态文明建设就是实现这一状态的社会实践。毋庸赘述，工业文明之所以存在严重缺陷，导致众多自然环境方面的问题与困局，就是因为工业文明中人们与自然之间不是平等的关系，而是一种主—奴关系。在这种关系中，人类不可能把自然存在看成平等的交往对象，而是建立在征服基础上的统治对象和奴役对象。生态文明的理念之一就是要尊重自然和顺应自然，但如果不能保持人与自然之间的平等关系，不把自然看成是人类发展的平等伙伴，尊重和顺应也就无从谈起。不平等也就不可能相互尊重，其结果只能是人类对自然的无度索取和利用，最终导致自然系统的紊乱，酿成生态危机和环境危机，最终使得自然环境成为人类发展的阻碍，甚至是桎梏。因此，平等不仅是社会生活的基本价值观，还是改造自然的基本价值观，还是人与自然关系的基本价值准则，因此是生态文明的基本价值观之一。只有打破工业文明中人与自然之间的不平等格局，才能通过人类的努力重建二者之间的平等。这就决定了平等既是生态文明建设的价值目标——因为人与自然之间的现实关系是不平等的，也是生态文明建设的价值准则——因为如果不遵循这一准则生态文明建设就会沦为空谈，生态文明也就不可能真正实现。

再次，生态文明中人与自然之间的交往是在公正基础上的交往，也要遵循公正的价值规范。由此可见，生态文明建设要在人与自然关系的自由平等基础上实现人与自然关系的公正。公正作为基本的伦理范畴，是社会生活的基本价值准则之一，要求在处理社会关系时做到公平正义，从而实现人际关系和社会关系的和谐稳定。如果说平等是指交往双方地位上的无歧视关系，那么公正就是指交往双方在利益上的无"剥削"关系，以及由此所形成的交往中的"一视同仁"。这里的"剥削"是一种广义的指称，包括利益交换中的欺诈、盘剥等导致的利益交往中的不平等、不合理现象。人与人之间的交往需要公正，人与自然之间的交往同样需要遵循公正的价值原则。因为就像人与人之间的交换是在平等的基础上的公平交换一样，人与自然之间进行的物质能量变换过程也要求双方是公平的交换。因此，在人与自然的物质能量交换过程中，二者之间应是一种平等的交往关系，这就要求人与自然之间的关系也应以公平正义为基本准则。人们在改造自然获取自己所需要的物质资料时，不能以牺牲自然为基础，而要实现人与自然之间的公平交换；更不能为了自身的利益去损害自然的利益和权利，让人的利益满足建立在对自然的盘剥或剥削的基础之上，导致人与自然关系的非公正性。从义利观上看，人与自然交往应符合义的要求，追求和实现人与自然关系的公平正义。① 因此，只有以公正的价值观为指导，才能在人与自然平等相处的基础上实现人与自然的友好交往和互惠互利，才能实现人与自然之间的公正，才能真正构建环境友好型社会。

最后，生态文明中人与自然的和谐共处、共生共荣需要制度化的规范来进行保障，即需要有一定的规则及其体系来维护二者关系的稳定与和谐。生态文明建设因此也同样需要在一定的规则下进行，需要法治的保障。此外，法治是整个社会生活的基本价值观，也是人们社会生活的基本规范和行为准则。生态文明建设从本质上讲是人们构建生态文明这一新文明形态的社会实

---

①　有学者提出"环境正义"的概念，并认为这是"生态文明建设沿着健康轨道发展的根本保证"。但这里所讨论的环境正义还主要是一种社会关系内部的正义而非人对自然的正义，因为其所谓的环境正义是指不能通过一个地方环境的改良而导致其他地方环境的恶化。参见徐朝旭、林丽婷、谢英：《论生态文明建设的价值观基础》，《道德与文明》2014 年第 5 期，第 98-99 页；刘海龙：《环境正义：生态文明建设评价的重要维度》，《中国特色社会主义研究》2016 年第 5 期，第 89-90 页。

践，本身构成社会生活的一部分，因此当然需要法治价值观的指引和规范。与其他社会实践相比较，生态文明践行的法治价值观，要求人们在进行生态文明建设时，遵循法治原则，以尊重、敬畏法律为前提，以依法行为为原则，做到有法可依，有法必依。这里的法治原则，因此包括两个维度，第一个维度是指在生态文明建设中要有法治思维，即在法治思维的指导下设计、规划和布局生态文明建设。生态文明建设虽然是为了修复自然、改善人与自然关系，但也需要在遵循规律的基础上，在规则范围内进行，因此要有规则意识，即要有法治思维，第二个维度是指在生态文明建设中要遵守法律规范，在法律所规定的范围内开展改造自然、修复自然的活动，不能逾越法律的红线。也就是说，人们在进行生态文明建设的过程中，要时刻按照法律所规定的范围、界限、方式和途径来实践，以法律规定为活动的基本准则和基本准绳，不能以生态文明建设之名，行违法乱纪之实。总而言之，只有遵循法治价值观，以实现法治为生态文明建设的价值目标，以法律为生态文明活动的基本规范与准则，才能保证生态文明建设活动做到规范、有序、合理、高效与科学，从而保证生态文明建设目标的实现，才能把我国建设为美丽中国，进而为建设美丽世界提供中国智慧、中国方案和中国示范。

三、个人层面核心价值观为生态文明建设提供道德保障

无论是社会关系的和谐还是人与自然的和谐，其最终的主体都是现实的个人，即处在一定社会关系中追求自身目的的个人。不论何种价值观的实现与遵循都必须也必然要通过公民这些现实的个人的实践，离开公民个人的生产与生活实践，所有的价值观都不可能实现，都只能是望梅止渴、画饼充饥。公民个人层面的核心价值观不仅是社会生活的基本价值准则和价值追求，也是人们在处理与自然的关系，即人与自然交往过程中所需要遵循的价值准则和需要追求的价值目标。因为，只有公民个人在社会主义核心价值观的引领下不断提升自己的道德素质，才能将国家层面和社会层面的核心价值观落实到人们改造自然的活动中，才能在所有社会实践中完整准确地践行社会主义核心价值观。

首先，只有在爱国价值观的引领下，人们才能真正热爱祖国的自然环境，

才能实现真正意义上的生态文明。生态文明是人类世界的和谐状态，是人与自然的和谐共生。因此在国家的意义上，生态文明就是指一定国度内社会与自然的和谐一体。因此，生态文明中的爱国包含着对祖国山水自然的热爱，也只有在热爱的基础上才能爱惜、尊重、顺从自然，在改造自然中实现人与自然的和谐。生态文明建设是爱国价值观在人们改造自然中的具体践行和对象化过程，所以只有进行生态文明建设，打造美丽中国才是爱国的核心价值观的完整表现。这是爱国价值观离不开生态文明建设的重要原因。更为重要的是，生态文明必然也必须在爱国价值观的引领下才能得到真正的实现，生态文明建设也才能保持正确的方向。道理很简单，只有热爱才能珍惜，才能希望热爱的对象越来越好，越来越完善和越来越美丽，从而在行动中不断改良它，使之朝着期望的方向发展。反之，如果公民不能做到对祖国的热爱，不仅不能实现对国家制度和文化的认同，不能自觉维护和改善国家制度和文化，而且不能做到对祖国的自然环境的珍惜与爱护，不能自觉维护和保护祖国的自然环境。总之，只有从爱国的价值观出发，公民个人才能从思想的高度认识到尊重自然、顺应自然和保护自然是自己的基本义务和职责，才能积极主动地投身到生态文明建设之中，不断改善和优化祖国的自然环境，将我们的祖国建设成青山绿水、碧海蓝天的美丽家园，从而为建设美丽中国不懈努力和做出应有贡献，最终实现生态文明。

其次，只有在敬业价值观的指引下，才能使公民个人将生态理念和生态价值融入到自己的职业活动中，以精湛的技艺为生态文明建设做贡献。生态文明是在人们不断改造自然的活动中实现的，这一实践活动就是所谓的生态文明建设。生态文明建设作为一种实践活动，在存在社会分工的条件下，分布在不同的社会实践领域内，由此形成不同的职业，是人们的职业行为。因此生态文明建设必然要求从事相关职业的公民个人遵循敬业的核心价值观，以职业精进提升生态文明建设水平。社会上与自然直接相关的职业大体可以分为两类：一类是通过改造自然获得物质资料的职业，另一类是保护自然实现环境友好的职业。就第一类职业而言，敬业价值观要求人们在改造自然时，不能只从经济效益最大化的原则出发，还要从人与自然和谐相处的原则出发，在最大限度地获取物质资料的同时，最大限度地保护自然系统的可持续性；

就第二类职业而言，由于其本身就是以保护自然为目的的，敬业对于这类职业而言就是要求在保护环境、修复环境的过程中做到尽职尽责并精益求精。除了以上两种职业外，社会上还有其他的不与自然直接打交道的职业，但这些职业活动并非对自然没有影响，只不过它们对自然的影响是间接的。即使是不从事物质生产的服务业（第三产业）也会对自然产生影响，比如餐饮业产生的废水等。因此，不论是直接与自然打交道的职业，还是间接与自然打交道的职业，都要认识到尊重自然、顺应自然的重要性，从而在自己的职业行为中以保护自然为精进技能和热爱职业的重要内容。因此，敬业构成了生态文明建设的重要价值观之一，只有在敬业价值观的指引下，生态文明建设才能在各种职业行为中落到实处，从而实现其建成生态文明的目标。换言之，如果丧失了敬业这一核心价值的指导与引领，生态文明建设就会在人们的职业行为中落空，生态文明也就成为不可能实现的任务。

再次，诚信价值观也是指导和规范人与自然打交道的重要价值准则和价值目标。诚信是人的立身之本，是人们与世界打交道的基本价值准则之一。人们与世界打交道不可避免地包括两个维度，即与人打交道的维度和与自然打交道的维度。因此，诚信作为公民个人的基本道德素质和修养，也就必然作用和表现在这两个维度上。对人与人关系的调节和对与人交往行为的调节，是一般意义上诚信的价值意义和作用，在生态文明语境中应包括人与自然关系。反之，生态文明建设也要以诚信为自己的价值观。在一定意义上，诚信在人类处理其与自然关系中更为重要。人与人之间的关系是主体际关系，是两个自我意识之间的关系，因此一方的不诚信会被另一方发现并给予相应的反馈；而人与自然之间的关系是主客体关系，自然本身不具有人类所具有的自觉意识，不会识破人对自然的非诚信行为，因此更需要人类在与自然打交道时自觉遵守诚信原则，奉行诚信价值观。人对自然的诚信，首先是人要以诚实的态度对待自然，不能因为自然本身是一种无意识的存在而对之进行欺瞒，要以真诚之心对待自然，敬重并顺应自然。工业文明的问题之一就是人缺乏对自然的真诚，从而不可能在改造自然时保护自然，也就不可能在利用自然时顺应自然。其次是人要对自然守信，也就是说人不能在自然面前说一套做一套，凡是对自然的允诺都要不折不扣地实现。在中国文化中，欺骗自然就是欺天，是一种道德上的比较严重的缺失，在一定意义上是比欺骗他人更为严重的道德问题。在生态文明建设过程中，人们不仅必须受到诚信价值观的指导，做到人对自然的诚实守信，而且比其他社会实践对诚信的要求更高。一旦缺失了对自然的诚信，人们也就不可能真正从自然存在的合理性与价值出发去处理人与自然的关系，生态文明建设也就只能是一种技术上的操作，或曰权宜之计，而非真心实意地维护和保护自然。

最后，生态文明建设离不开人对自然的友善，唯有人对自然友善，自然才能对人友善。生态文明建设在社会建设方面的重要目标之一就是建设环境友好型社会。环境友好的前提是人对环境的友好，因此要想真正实现人与自然的和谐相处与和谐共生，人们不仅要以真诚之心待之，还要以和善之意对之，即要友善对待自然。也就是说，人们在面对自然，和自然交往时，要有友善之心，以亲近睦邻的态度对待自然，对待环境。唯如此，人们才会将自然环境看成是人类的家园和邻居，才会认识到人与自然之间是共生共荣的关系，具有相互平等的地位。也只有这样，人们在改造自然时不至于以主人的姿态出现，不会在改造自然时漠视自然存在的系统价值而只是从经济价值去对之进行考量。友善作为一种人际关系的基本道德素质和价值标准，讲求的是人与人之间的亲近和睦，而这种关系的构建是一个双向的互动过程，只有对对方友善才能赢得对方对自己的友善。友善是构建人们之间友好关系的必要条件之一，在人际关系中双方都可以依据对方的友善态度而选择自己是否对他友善。人与自然的关系也是如此，如果人们不能以友善对待自然，也就不可能让自然对人友善。人与自然关系中的友善与人际关系中的友善唯一的区别在于，只要人对自然友善，自然就必然会对人友善，而人类则是主动选择的过程。生态文明是人与自然的和谐，这种和谐的一个重要表现就是双方的友善所建构起来的友好关系。因此，生态文明建设的目的就是要在改善人与自然关系的过程中建设环境友好型社会。环境友好型社会的价值规范之一就是人对自然的友善，因此友善必然成为人们处理与自然关系过程中一个必要的价值基础和道德素质上的保障。

第七章　社会主义核心价值观和生态文明协同发展的内在机理

　　社会主义核心价值观的建设(培育和践行)要以生态文明为语境，包含生态文明的理念和价值；同样，生态文明的建设要以社会主义核心价值观为语境，要以社会主义核心价值观为指导、引领和规范。社会主义核心价值观与生态文明的互为语境，说明社会主义核心价值观与生态文明建设之间具有内在的一致性，二者处于相互影响与相互作用的过程之中。在生态文明语境中，社会主义核心价值观得到了极大的扩展，将生态理念、生态价值包含在自身之内；在社会主义价值观语境中，生态文明建设必然会受到社会主义核心价值观的引领与指导，是在对社会主义核心价值观的整体价值追求中处理人与自然关系的实践活动。准确地说，社会主义核心价值观是生态文明建设的价值基础和理念核心，生态文明建设是社会主义核心价值观的实践形式，是社会主义核心价值观的对象化和具体化。这说明了生态文明中的社会存在与社会意识之间的辩证统一，以及实践与意识的辩证统一，因为社会主义核心价值观属于社会意识或意识领域，而生态文明建设则是社会存在或实践领域。这也决定了，社会主义核心价值观和生态文明的协同发展不仅具有必要性，而且具有可能性，存在着协同发展的内在机理。具体而言，社会主义核心价值观与生态文明在内容上相互涵养，在互动关系上双向强化，在建设推进上相互协同，展开社会主义核心价值观建设和生态文明建设协同发展的内在机理。

第一节　社会主义核心价值观和生态
文明内容上相互涵养

社会主义核心价值观作为社会主义核心价值体系的内核，体现社会主义核心价值体系的根本性质和基本特征，反映社会主义核心价值体系的丰富内涵和实践要求。社会主义核心价值观建设就是要构建社会主义核心价值体系，培育和践行社会主义核心价值观，使之成为指导、引领和规范中国特色社会主义建设和实现中华民族伟大复兴中国梦的强大精神支撑和动力。生态文明是人与自然和谐共处过程中人类世界发展的新型文明形态，生态文明建设是生态文明条件下调节人与自然关系的新实践，既是人类发展新理念的对象化过程，又是人类发展新价值的培育过程。社会主义核心价值观建设必然包含生态文明理念的培育和践行，而生态文明建设又必然包含社会主义核心价值观，二者在内容上相互涵养。鉴于我们在前文已经较为详尽地论述了社会主义核心价值观与生态文明在内容上相互涵养的具体内容，在本节我们只是对二者在建设内容上的相互涵养做一个概要性的论述和重点性的揭示。

一、社会主义核心价值观构成生态文明建设的价值基础与指导思想

社会主义核心价值观与生态文明建设是互为语境的关系，在这一关系中，就重要性而言，首先是社会主义核心价值观对生态文明建设的价值统领与思想指导作用。从理论上看，社会主义核心价值观是我国经济社会发展的重要价值引领，是发展中国特色社会主义必须坚持和贯彻的重大价值准则和规范，必然是我国社会主义建设各个领域和环节都必须遵循的价值观，而生态文明是中国特色社会主义总体布局的有机组成部分。因此，社会主义核心价值观也是中国生态文明建设的指导思想，社会主义核心价值观内在包含了对生态文明建设的规范和要求。从实践上看，生态文明建设是社会主义核心价值观内涵和理念的外化与实现路径，是社会主义核心价值观培育和践行的微观机

制之一，也是实现社会主义核心价值观整体追求的实践路径之一。因此，生态文明建设必然需要社会主义核心价值观的指导与规范，包含社会主义核心价值观的要求与目标。在社会主义核心价值观与生态文明建设的关系中，社会主义核心价值观具有思想统领和价值规约的作用，是生态文明建设得以科学展开的价值底蕴，保证生态文明建设的正确方向和轨道。作为生态文明建设的价值基础与指导思想，社会主义核心价值观在以下方面成为生态文明建设的组成要素。

第一，价值导向要素。社会主义核心价值观通过确立反映社会主义本质要求的重要原则，引导生态文明建设的价值目标。生态文明作为新型的人类文明既具有共性，也具有个性。就共性而言，不论社会制度有何不同，历史文化有何差异，生态文明都是以人与自然关系和谐为基础的文明；就个性而言，不同的国家、地区、民族由于社会制度不同，历史文化不同，其建设生态文明的具体方法、方式、路径、体制及其价值引领等各有特色和独到之处。我国的生态文明既是人类文明的有机组成，具有生态文明的共性，又是中国特色社会主义条件下的生态文明，具有中国特色社会主义的个性。就价值观层面而言，我国的生态文明建设的价值引领只能是社会主义核心价值观。因此，我国的生态文明建设和其他的社会主义建设活动一样，是建设中国特色社会主义的实践，既要以中国特色社会主义制度为基本制度基础，又要反映社会主义经济社会发展的价值内容，实现社会主义核心价值观的价值要求。可见，生态文明建设的价值目标内含于社会主义核心价值观的各个层面之中，是在社会主义核心价值观的引导下进行的社会实践活动。由此，社会主义核心价值观构成我国生态文明建设的内在价值导向性要素。

第二，价值规范要素。社会主义核心价值观不仅是中国特色社会主义建设的价值引领，同时也是社会主义建设的价值规范，中国特色社会主义建设的所有领域和所有活动都必须遵循社会主义核心价值观所包含的价值规范。作为中国特色社会主义建设的重要领域和重要实践，生态文明建设和所有的社会主义实践一样离不开社会主义核心价值观的价值规范。离开社会主义核心价值观的生态文明建设，不仅在道德取向和价值追求上会出现偏差，而且会在价值选择和价值行为上失去规范，既不能保证生态文明建设正确的价值方向，也不能保证生态文明建设正确的价值路径和价值轨道。由此可见，社会主义核心价值观是生态文明建设中的价值规范要素，而且是最核心的和最高的价值规范要素。因此，生态文明建设必须将社会主义核心价值观作为自身的价值规范，在社会主义核心价值观所要求的价值范围和价值高度上展开。

第三，价值动力要素。从历史发展的角度看，价值观是对社会发展的价值期许和价值追求的系统表述和论证，是人们进行社会实践推动社会发展的精神动力。一定的价值目标，同时是一定的信念、信仰和理想。习近平总书记指出，"人民有信仰，国家有力量，民族有希望"①。并将理想信念看作人们的精神之钙，指出"没有理想信念，理想信念不坚定，精神上就会'缺钙'，就会得'软骨病'"②。社会主义核心价值观是中国特色社会主义建设的理想、信念和共产主义信仰在当代中国的最为集中的表述，是中国特色社会主义建设的精神支柱和精神动力。只有培育并切实践行社会主义核心价值观，中国特色社会主义建设才能真正做到不忘初心、牢记使命，矢志不渝地实现中华民族的伟大复兴。生态文明建设是中国特色社会主义建设的重要内容之一，要以实现社会主义核心价值观为精神追求。因此，社会主义核心价值观同样是生态文明建设的动力系统之一，是从价值观的高度凝聚民心，推动生态文明建设的精神动力。

二、生态文明涵养社会主义核心价值观中的生态理念与价值

在生态文明取代工业文明的历史语境中，生态文明是社会主义的本质特征之一，甚至是最本质的特征之一。同时，生态文明建设是中国特色社会主义建设总体布局的有机构成，是中国特色社会主义建设实践的领域、部分和构成。社会主义核心价值观，是社会主义意识形态的本质部分和核心内容，必然内含生态文明的价值理想、价值原则和价值规范，并在生态文明中得到涵养。2015年4月25日发布的《中共中央国务院关于加快推进生态文明建设

---

① 习近平：《决胜全面建成小康社会夺取新时代中国特色社会主义伟大胜利——在中国共产党第十九次全国代表大会上的报告》，北京：人民出版社，2017年，第42页。

② 习近平：《紧紧围绕坚持和发展中国特色社会主义学习宣传贯彻党的十八大精神——在十八届中共中央政治局第一次集体学习时的讲话》，北京：人民出版社，2012年，第11页。

的意见》明确提出要"将生态文明纳入社会主义核心价值体系"。生态文明不仅使得社会主义核心价值观中的生态理念和价值得到明晰化，而且在生态文明形态的形成即建设中使得这些理念和价值不断丰富、不断完善和日益系统化，即生态文明涵养了社会主义核心价值观中的生态理念和价值。提高全民生态文明意识，积极培育生态文化、生态道德，使生态文明成为社会主流价值观，是社会主义核心价值观的内在要求，也是对社会主义核心价值观内容的丰富和拓展。

生态文明是对社会主义核心价值观中的生态理念、生态价值和生态规范的涵养与展现。社会主义核心价值观是整个中国特色社会主义建设和发展的价值观，生态文明建设是整个中国特色社会主义建设的重要领域和组成，社会主义核心价值观本就包含生态理念、生态价值和生态规范的。社会主义核心价值观中的生态理念和价值与其他方面的理念和价值是一体的，它们无区分地包含在社会主义核心价值观之中，生态文明将生态理念与价值从社会主义核心价值观中凸显出来，并在生态文明建设中不断深化、丰富和完善。因此，生态文明对社会主义核心价值观中生态理念与价值的涵养，就是从生态文明视角对社会主义核心价值观进行阐释，形成与生态文明相适应的价值观，体现出中国特色社会主义的生态价值追求和目标取向。社会主义在本质上是和谐社会，全面和谐发展是社会主义核心价值观的重要内涵，生态文明追求的是人与自然的和谐。它的发展模式、运行从机制和人与自然关系的角度对和谐理念的展现，从而涵养了社会主义核心价值观生态理念内涵，使得和谐可成为人类世界的整体和谐。生态文明涵养社会主义核心价值观，要求建设生态文明的现代化中国，走向社会主义生态文明新时代，使社会主义核心价值观的内容更加全面、更科学和更系统。

中国已经走上了中国特色社会主义的新时代，生态文明在这个时代愈发显现其在整个社会健康、可持续发展中的重要性。十九大提出要建设富强民主文明和谐美丽的社会主义现代化国家，说明新时代中国特色社会主义的历史使命之一是建设生态文明的现代化中国。十九届五中全会进行"十四五"规划时，提出新时代中国特色社会主义发展进入了新阶段的论断，即在全面建成小康社会之后进入了基本实现社会主义现代化的阶段。新阶段同时也是新发展理念的坚持与贯彻，而新发展理念不仅包含了生态理念和生态价值，更是其在我国发展过程中的具体化、系统化，其中的"绿色发展"更是生态理念在新时代、新阶段的直接体现。新发展理念在一定意义上也是社会主义核心价值观在中国特色社会主义发展理念上的具体化。贯彻新发展理念既是社会主义核心价值观的践行，也是社会主义核心价值观的实现。新发展理论作为社会发展的新理念，构成了社会主义核心价值观与生态文明的交叉点、融合点，也是二者在内容上相互涵养的集中体现。基本实现社会主义现代化不仅要建设和谐中国，更要建设美丽中国和健康中国，是和谐、美丽、健康中国的综合体、统一体。中国特色的社会主义现代化是社会主义核心价值观与生态文明相融合的现代化，因此既是在社会主义核心价值观指导下的生态文明建设，也是生态文明涵养中的社会主义核心价值观的培育与践行。因此，生态文明对社会主义核心价值观的涵养，即对其中生态理念内涵的赋予与拓展，也是社会主义核心价值观和生态文明协同发展的内在机理。

三、生态文明建设是对社会主义核心价值观的重要践行

社会主义核心价值观的"根"在实践。社会主义核心价值观产生于实践也必然要回归于实践，也就是说，社会主义核心价值观的提出源自中国特色社会主义建设实践的需要，其发挥现实作用也必须以中国特色社会主义建设实践为中介和桥梁。当代中国的实践是"建设富强民主文明和谐美丽的社会主义现代化强国"，生态文明建设是这一伟大实践的重要组成和领域，而且可以说是关乎全局和长远的关键部分。由此可以说，社会主义生态文明建设是社会主义核心价值观最直接的实践基础，既是社会主义核心价值观提出的实践基础之一，也是社会主义核心价值观实现的重要实践之一，是社会主义核心价值观外显与内化的双向建构过程。从社会主义核心价值观实现的角度看，社会主义生态文明建设，就是社会主义核心价值观逐步显现其丰富内涵并在实践中不断深入人心的过程。

社会主义核心价值观要想发挥其客观力量的作用，必须以一定的实践为中介，在人们的现实生产和生活中具体化、对象化。这是因为，社会主义核心价值观作为社会主义意识形态的核心，属于观念上层建筑，需要通过感性

的、可直观的形式得到表现，从而作为客观的现实的力量发挥作用。社会主义核心价值观的具体化、对象化的过程，也是社会主义核心价值观外显的过程，只有通过这一外显，社会主义核心价值观的内容才能成为人们生产与生活经验的一部分，人们才能真实地感受到社会主义核心价值观，真切体会到社会主义核心价值观。社会主义核心价值观的外显方式多种多样，可以通过不同的社会实践来实现其外化和对象化、具体化，生态文明建设无疑是其中最为重要的外显方式之一。社会主义核心价值观要求在国家、社会和个人层面得到实现，而生态文明建设则可以在实践中将这三个层面的价值观具体化为现实的具有感性性质的存在(如，改善了自然环境，即"绿水青山")，从而能够让人们通过这些"物"直接感受到社会主义核心价值观的价值目标和价值要求。例如，通过生态文明建设，人们会感受到人与自然关系的和谐是人类永续发展的基础和前提，就会使得人们能够切身感受和谐的重要性和真实性。

社会主义核心价值观的外显过程还是其通过实践内化的过程，社会主义核心价值观的外显为其内化提供了基础，因为意识对象化的同时就是对意识的确证。从对人们的行为影响看，社会主义核心价值观要发挥作用，更重要的是要实现其从外部规范向内在自觉的转化，即如何使社会主义核心价值观深入人心并成为人们自觉自愿的践行。社会主义核心价值观的外显与内化是一个双向互动的过程，外显的同时也就是内化。因为，人们通过对社会主义核心价值观外显结果的感受和体验，就能在感性上体会到它的存在以及它对人们的经济社会文化生活的指导作用和价值引领作用，从而在心理上认同和赞同社会主义核心价值观的价值内涵，将之作为自己活动内在尺度，达到对社会主义核心价值观践行的自觉与自愿。随着生态文明建设所取得的成果越来越多，人们通过感受到自然环境改善给生产和生活带来的转变，养成绿色节能的良好行为习惯，进而培育风清气正的社会风气，社会主义核心价值观自然也就随之深入人心成为中华民族的自觉意识和价值追求而得到自觉、自愿践行。

由此可见，生态文明建设是践行社会主义核心价值观的行为切入点和二者协同发展的现实契合点，是社会主义核心价值观和生态文明协同发展的实践路径，更是二者协同发展的重要机理。在生态文明建设过程中，内含生态理念和价值的社会主义核心价值观实现其对象化、现实化和大众化，并由外部的道德、价值规范内化为内在的自觉意识、道德素养和价值目标，从而最终实现其价值引领和精神支持的作用。社会主义核心价值观和生态文明在内容上相互涵养，在理念上融为一体，并在生态文明建设的实践活动中得到实现和践行，最终推动中国特色社会主义的物质文明和精神文明建设的相互融合与促进，五位一体总体布局也因此在科学擘画的指导下获得有序推进。

第二节 社会主义核心价值观与生态文明效果上双向强化

社会主义核心价值观与生态文明不仅在内容上相互涵养，而且在作用上相互强化。如果说内容上的相互涵养是社会主义核心价值观和生态文明协同发展的可能性，那么作用上的相互强化则是这一协同发展的必要性。社会主义核心价值观在自己的培育与践行中当然可以实现其目标，但如果没有生态文明建设的践行，其效果不可能全面化和最大化，人们会认为社会主义核心价值观只是社会生活内部的事情，与自然无关。反之，如果生态文明离开了社会主义核心价值观的引领，其建设效果必然也会大打折扣，进程也会因此严重推迟。因此，社会主义核心价值观和生态文明协同发展能够满足社会主义核心价值观与生态文明在作用上双向强化的需要，使得二者的协同发展成为必要。社会主义核心价值观与生态文明作用上的相互强化主要体现为它们建设领域上的相互补充、内容上的互动融合，以及功能上的相互促进。

一、社会主义核心价值观与生态文明在领域上相互补充

社会主义核心价值观与生态文明从领域上看分属不同社会领域。社会主义核心价值观属于社会意识领域，是社会主义意识形态建设的核心内容之一；生态文明属于社会存在领域，是人们改造自然造福人类历史实践的关键核心。从现象上看，由于二者分属不同的社会领域，社会主义核心价值观与生态文明似乎不存在直接的相关性，不存在可以协同发展的内在机理。但由于社会

意识与社会存在是统一的社会形态的组成部分，二者之间始终存在着相互影响、相互制约和相互作用的关系，即二者始终是系统性关系。社会意识要以社会存在为基础才能产生，离开一定的社会存在，社会意识就成为无源之水、无本之木，社会主义核心价值观也是如此，而生态文明就是社会存在。社会意识构成社会存在的意义系统和精神要素，离开社会意识的社会存在将与动物群落没有本质区别，也就不能成为社会存在，生态文明也不例外。这说明社会主义核心价值观与生态文明其实是互为条件和相互补充的。生态文明建设是二者相互补充的现实纽节或节点。社会主义核心价值观以建设生态文明的实践为桥梁反映生态文明的内涵、要求和目标并形成相应的价值体系。反之，生态文明以建设生态文明的实践为路径对象化社会主义核心价值观的内涵、规范和体系并使之成为现实的社会存在。

社会主义核心价值观的各项内容最直接的价值指向和价值诉求都是针对人的发展和社会自身发展的。无论国家层面的价值观，还是社会层面的价值观和个人层面的价值观都直接属于社会建设领域，不涉及人与自然关系领域。也正是因为如此，人们对社会主义核心价值观的理解大多集中于其对人与社会发展的作用，鲜有将其对人与自然关系和自然发展的作用纳入到理解之中。应该说，这是情理之中的事情。但是，缺失了生态文明的社会主义核心价值观不是完整的、科学的和系统的价值观，离开生态文明对社会主义核心价值观的理解也只能是片面的。人类生存本身就是对自然的改造，因此社会发展始终是在人与自然关系展开的过程中实现的，离开自然本身的发展，尤其是离开了人与自然关系，社会发展即历史就失去其物质前提而成为空中楼阁。生态文明是人与自然关系的文明构架，直截了当地展现、暴露了社会发展与自然发展之间的内在统一性及其价值内涵，从而也就实现了对社会主义核心价值观的补充，决定了社会主义核心价值观在人与自然关系中追求人类价值的实现，并在更高和更深层次上实现社会与自然融合发展的价值指向。换言之，受到生态文明补充的社会主义核心价值观，就会成为融合社会领域与自然领域为一体的人类世界的总体价值观，或曰完整世界观意义上的整体价值观。

生态文明的直接领域是人与自然关系，其直接指向是人与自然的和谐相处和融合发展，因此虽然有学者指出生态文明是超越工业文明的新型文明，但其着眼点和侧重点仍然是如何通过对自然内在价值的承认，强调对自然的尊重和恢复自然的自组织系统。生态文明中所包含的生态理念与生态价值，也没有直接包含社会发展与自然发展相融合相促进的内容，而只是从批判工业文明对自然的剥削的基础上追求人与自然的和解。这既是生态文明发展的现实水平，也是人们理解生态文明的偏颇之处。由于缺乏了社会发展领域，生态文明始终停留在对环境保护和生态修复的水平之上，而且始终只是一种技术性的操作，最多只是关照到生态文明建设与经济发展之间的关系，而没有看到生态文明是在世界观和历史观高度上对"人—社会—自然"生态有机体的全新构架，或者说生态文明是人与自然互动共促的动态基础上的人类世界新形态。对生态文明的片面理解不可能建设真正的生态文明，只能纠结于经济发展与生态发展的两难选择之中，困扰于生态发展在有些方面短期内会导致经济增长的放缓。① 这足以说明生态文明需要社会主义核心价值观的补充。社会主义核心价值观对生态文明的补充，实现了生态理念和生态价值的升华，生态文明也就成为一个包含物质文明与精神文明、社会发展与自然发展在内的整体文明形态。人类因此也就不再纠结于经济与生态的两难，在超越片面的经济理性的基础上，从人类世界整体发展的高度和人类世界永续发展的广度上理解生态文明的整个意义并进行生态文明建设。

　　社会主义核心价值观与生态文明领域上的互补性，说明社会主义核心价值观与生态文明的协同发展，不仅是必要的，而且能够实现社会意识领域与社会存在领域、社会发展领域与自然发展领域的协同并进，并实现整个人类世界的整体发展和永续发展。这种领域上的相互补充不仅会强化社会主义核心价值观和生态文明各自建设的效果，而且最终会强化它们建设的整体效果。

────────

　　①　西方生态主义的大多数学者将生态危机的原因归结为人类的贪欲，但却忽视了这种贪欲出现的社会现实原因，虽然他们的观点看起来是一种全面的观点，但却仍然是片面的，因为他们没有触及到问题的根本原因。国内学者在讨论生态文明建设的时候，又大多没有从世界观、历史观的高度去理解，认为生态文明建设只是对已经被破坏的自然进行修修补补式的改善，而且还主要关注的是环境的改善是否能够直接带来经济效益，最终将生态文明建设的理解停留在技术层面。而在一些人或企业的理解中，生态危机的出现恰恰是可以用来实现自己利益最大化的机会，因此他们不是去考虑如何改善环境，而是利用环境问题来实现资本的扩张和利润的最大化。

二、社会主义核心价值观与生态文明在建设内容上互动融合

社会主义核心价值观与生态文明领域上相互补充的结果是形成社会存在与社会意识两个社会领域之间的相互渗透，出现二者你中有我我中有你的情况，从而促成社会主义核心价值观与生态文明在内容上的互动融合。同时，也正是因为二者在内容上的互动融合，使得二者能够在建设领域上相互补充。换言之，社会主义核心价值观在内容上包含着生态文明理念，而生态文明在内容上包含着社会主义核心价值观，最终形成一个既有区别又有联系的整体，并以融合的力量推动人类社会的总体发展。这同样决定了，社会主义核心价值观与生态文明在建设内容上可以且必然是互动融合的。

社会主义核心价值观是中国特色社会主义建设的基本价值理念和基本价值取向，它所追求的是人的自由全面发展，而人的发展不可避免地包含着人与自然关系的和谐发展，包含着社会与自然的共生共荣，因此必然是包含着自然发展在内的社会整体发展的价值追求。这就决定了社会主义核心价值观不仅仅是对人们的经济政治文化生活的价值规范和价值引领，还是对人与自然、历史与自然关系的价值规范和引领。换言之，社会主义核心价值观不仅必然而且天然地将生态文明所包含和遵循的生态理念与生态价值包含在其基本涵义之中，融合到它的各个方面，并通过生态文明建设发挥其所包含的社会作用与生态作用，成为践行自身的重要方式与重要路径。也就是说，建设生态文明的同时也是建设社会主义核心价值观，生态文明建设是在实现生态文明的过程中践行社会主义核心价值观的实践活动。因此，生态文明理念与价值完全可以融入社会主义核心价值观，成为其重要的组成部分，以整体的方式发挥社会主义核心价值观的作用并促进生态文明建设。这是社会主义核心价值观与生态文明在理念上的融合和建设上的同一性。

生态文明是从整体上解决人与自然关系的文明形态，它所追求的不仅是自然环境的改善，而且是社会发展与自然发展的和谐共进，或者说是人—社会—自然有机体(即人类世界)的良性、健康发展。在生态文明中，生态理念追求的是人与自然的自由、平等、民主、诚信与友善，生态价值追求的是人与自然的相互尊重、和谐相处与共荣发展。因此，生态文明的理念和价值追

求本身就包含着社会主义核心价值观的各项内容和要求，随着生态文明建设的进展，社会主义核心价值观必将会越来越融入生态文明之中，成为生态价值观，不仅直接指导生态文明建设，而且直接规范和引领人们的社会生产和生活。生态文明对社会主义核心价值观的融合，使得生态文明的理念和价值变得更加深刻全面并直接与社会发展和人的解放相衔接、融合。生态文明将社会主义核心价值观融入自身之后，生态文明建设也就不仅仅是解决人与自然的关系，而且是通过人与自然关系的解决实现社会发展与自然发展的良性互动，最终在世界观和历史观的角度实现中华民族的永续发展，以及整个人类世界的发展和人的自由全面发展与解放。这样一来，生态文明建设不仅是实现生态文明的实践，也是对社会主义核心价值观的践行实践；社会主义核心价值观的培育和践行不仅是社会道德素质和修养的提升实践，也是生态文明理念的培育与践行实践，是生态文明建设的一部分。

随着二者内容上的融合，社会主义核心价值观就是以社会与自然和谐共生为实践取向的社会观念，是融入生态文明理念的意识形态；生态文明就是以人类世界整体发展为价值取向的社会文明形态，是内含社会主义核心价值观并以之为价值引领的社会存在。其结果，必然是社会主义核心价值观与生态文明通过内容上的互动融合，巩固和强化了社会主义核心价值观培育与践行的效果，提升和强化了生态文明建设的成果，并实现二者的协同发展，取得更好的效果。

三、社会主义核心价值观与生态文明在功能上相互强化

社会主义核心价值观和生态文明不仅在领域上相互补充，在内容上互动融合，而且在功能上相互促进。在领域互补，内容融合的基础上，社会主义核心价值观与生态文明最终实现在功能上的相互促进。社会主义核心价值观是否能够成为指导和规范生态文明建设的基本理念和价值，关键看社会主义核心价值观的培育和践行能否使之成为生态文明建设的价值规范并实现人与自然关系的和谐，即实现生态文明；生态文明能否成为社会主义核心价值观的物质载体，关键是看生态文明是否在其建设中外化社会主义核心价值观的同时使得社会主义核心价值观深入人心，成为人们自觉遵循的价值规范和自

觉追求的价值标准。因此，社会主义核心价值观与生态文明协同发展最终旨归是要看二者功能上是否实现相互促进和相互强化。社会主义核心价值观与生态文明功能上的相互促进，表现为人们生产和生活等行为方式的改变，以及改变了的行为所产生的现实效果，即是否实现人类世界的永续发展以及人类的自由全面发展。

从行为上看，社会主义核心价值观与生态文明可以通过影响和改变人们的行为方式，强化各自的建设功能。社会主义核心价值观通过对国家层面、社会层面和公民个人层面的价值规范和价值引领，从整体上提升公民的道德素质，使人们深刻和科学地认识到人与自然的内在统一性，自觉意识到生态文明建设是社会发展的重要环节和领域，从而改变对待人、对待社会和自然的态度，由此改变人们改造自然的行为，最终有利于促进生态文明建设的顺利进行，并积极构建人与自然的和谐关系，实现生态文明。同时，生态文明通过建设实践修复和优化生态系统，改善生态环境，实现环境友好，让人们直观感受到生态文明成果所呈现出来的自然环境的优化给人们的社会生活、身心健康带来的改善，从而更加深刻全面地领会社会主义核心价值观的内涵和意义，自觉培育和践行社会主义核心价值观，将社会主义核心价值观内化到自己的行为之中，建构和谐健康的社会关系。由此可见，社会主义核心价值观可以通过改变观念来改变行为方式来促进生态文明功能的发挥，反之生态文明可以通过行为示范和感性强化的方式来促使人们自觉践行社会主义核心价值观。

从效果上看，社会主义核心价值观与生态文明可以通过对各自建设成果的巩固，实现功能上的相互促进。社会主义核心价值观促进生态文明建设的效果，主要表现在，社会主义核心价值观引导人们珍惜自然环境，爱护自然环境，自觉维护和保护生态平衡，积极投身到生态文明建设的实践之中，并主动保护生态文明建设的成果，这就不但会自觉巩固生态文明建设成果，而且通过进一步的行动促进生态文明建设效果的提升，实现人与自然关系的改善，实现生态文明。相应地，生态文明建设的成果会使人们以更加民主的态度与自然进行平等、互惠的物质和能量变换，结成人与自然和睦亲善、和谐相处的新型关系，这就使得社会主义核心价值观的各项内容成为感性直观的存在，这就强化了社会主义核心价值观的价值规范与引领功能，并将之内化为行为的自觉意识，不但巩固了社会主义核心价值观的建设成果，同时提升了社会主义核心价值观对人们生产与生活的指导和引导的效果，实现对社会主义核心价值观的自觉践行。

社会主义核心价值观的建设成果使得社会主义核心价值观成为指导生态文明建设的精神动力和价值标准，强化了生态文明的功能；生态文明的建设成果使得社会主义核心价值观获得了物质的、直观的感性存在形式，强化了社会主义核心价值观的功能。通过社会主义核心价值观与生态文明协同发展中建设功能的相互促进和强化，不仅最大限度地发挥出各自对社会发展、人类世界发展的推动功能，而且能够在相互协同和相互配合中形成合力，在更高的程度和水平上实现它们对中国特色社会主义发展和人类发展的推动作用，强化和提升各自及共同的历史功能。

第三节　社会主义核心价值观与生态
文明机制上相互协同

社会主义核心价值观和生态文明协同发展的内在机理不仅表现在它们在内容上相互涵养、建设效果上相互强化，而且表现在它们具有相互协同的内在机制，即存在相互影响和相互促进的机制机理，在相互协同的过程中实现共同发展，最终融为一体。社会主义核心价值观建设（培育与践行）不仅仅是纯粹的外在价值观的灌输，更是社会实践的行为方式和习惯的自觉养成，是在社会实践中的观念形成与行为生成过程，生态文明建设因此构成社会主义核心价值观的践行与外显机制以及行为养成机制。同时，生态文明建设源自人类发展的需要，是改造自然和社会的现实的实践活动，其与所有的社会实践一样必须处于人们的自觉观念和社会意识的指导之下，因此需要一定的价值观提供道德规范、道德力量和价值引领，社会主义核心价值观因此为生态文明的建设提供了道德与价值上的支持，成为生态文明建设的价值引领、规范与助力机制。

一、社会主义核心价值观强化生态理念，为生态文明建设提供道德力量

生态文明建设既是新时代中国特色社会主义建设的现实需要，也是社会主义的本质要求，因此我国的生态文明建设是与中国特色社会主义以及整个社会主义发展密切相关的社会实践，需要来自社会主义核心价值的引领，并需要社会主义道德提供强有力的支持与保障。易言之，社会主义生态文明建设所遵循的生态理念不是抽象意义上的生态理念，而是根植于新时代中国特色社会主义现实的生态理念，这一生态理念的生成、巩固和强化都离不开社会主义核心价值观支持；社会主义生态文明建设所要实现的生态价值也不是抽象意义上的生态价值，而是从中国特色社会主义发展过程中生发出来的生态价值，这一生态价值的实现属于社会主义价值实现的一部分，因此也离不开社会主义核心价值观的统摄、引领与规范。由此，社会主义核心价值观必然构成生态文明建设的道德基础和道德力量，生态理念和价值也只有置于社会主义核心价值观之中才能成为统摄社会与自然的综合性的统一理念和价值，获得其整体的世界观和历史观功能。

首先，社会主义核心价值观是让人们在国家层面确立富强、民主、文明、和谐的价值观，这一价值观的确立必然促进人们树立正确的富强观、科学的民主观和全面的文明观，并追求人类世界的和谐发展。人类世界的和谐发展是社会和谐、人与自然和谐的综合与统一，是社会与自然的一体和谐发展。这就为在国家发展层面确立和强化生态立国、生态强国提供基本的价值引领与道德支持，从而强化了生态文明的生态理念和生态价值，并使之成为人们生产和生活的价值规范与指引，构成生态文明建设国家层面的道德力量，实现社会主义核心价值观对生态文明建设的协同。同时，社会主义核心价值观作为国家发展的共同价值理想和价值追求，能够不断激发人们坚持和发展中国特色社会主义，建设美丽中国的实践积极性和创造性，形成戮力同心、众志成城的力量，为走向社会主义生态文明新时代提供价值保证和道德动力，形成强大的生态文明建设的精神力量。

其次，社会主义核心价值观是让人们在社会生活层面确立自由、平等、

公正、法治的价值观。这些价值观在总体上规定了人们活动的自由和自然存在的自由、人与人以及人与自然之间平等关系、人际之间以及人与自然之间的公正，并以法治理念和法治思维保证自由、平等、公正在人类世界的真正实现。这就会指导人们在社会生活层面上树立承认自然内在价值和多样价值的生态自由观、生态平等观和生态公正观，并以法治思维对待自然，在法治的基础上构建人与自然的自由、平等、公正的交往关系。由此可见，社会生活层面的社会主义核心价值观对生态文明建设起着指导和指引作用，它们为生态文明建设提供基本道德规范和道德基础，使社会主义核心价值观成为生态文明建设的道德支持和价值底蕴。在社会生活层面，通过社会主义核心价值观的引领和规范，人们可以在反对极端人类中心主义和极端生态中心主义①的过程中重建人与自然的和谐关系，实现二者之间的共生发展与和谐共荣，最终实现工业文明向生态文明的更替。

社会主义核心价值观最后一个层面是让人们在个人生活的层面确立爱国、敬业、诚信、友爱的价值观。这些价值观综合体现了公民个人的道德素质，要求人们在自己的生产和生活中，既要在爱国的过程中确立对中国特色社会主义道路、制度、理论和文化的热爱，还要确立对祖国大好河山的热爱即对祖国自然之爱；既要对自己的职业行为尽职尽责，更要在自己的职业生涯中常怀敬畏自然之心而精益求精，养成爱护自然、保护自然的职业素质；既要实现人与人之间的诚信，也要实现人对自然的诚信，做到不欺人、不欺天，诚心诚意待人处世；既要在为人时做到友善待人，实现人与人之间的和睦相处与亲近友好，更要在处世时做到善待自然，实现人与自然之间的相互友好与和谐互动。如此一来，人们就会在个人的社会实践中，即在自己的生产与生活中自觉自愿地将人、社会、自然视为一个完整有机统一体，克服人对自然的高高在上的傲慢态度和征服自然的错误行为，以社会主义核心价值观为内在的道德尺度和价值准则实现对自然的尊重和友爱，并以道德的力量保证

---

①　极端生态主义是指生态主义理论和运动中从绝对尊重自然的基础上，否定人类改造自然的正当性，最终要求人类对自然的绝对消极无为的观点。生态主义对人与自然的关系有一个比喻性的说法，即"人是自然的一道伤口"，一般的生态主义希望人类能够主动地去"缝合"这道"伤口"，而极端生态主义则主张彻底"抹平"这道"伤口"。很明显，极端生态主义从反对人类中心主义走到了另一个极端。关于生态主义的具体论述，参见本书第三章相关章节的内容。

人对自然的热爱、敬重、诚信与友善，为生态文明建设提供个人主体上的保证，促进生态文明建设的顺利进行。

生态文明是当今人类超越工业文明，实现人类世界可持续、永续发展的理想目标和现实选择，其实现离不开人们的社会实践，即离不开生态文明建设。生态文明建设的主体始终是现实的个人及其集体，而人类的实践作为社会历史性的活动，必然要受到一定的历史时期的社会价值观的引领和道德规范的制约。在这个意义上，社会主义核心价值观始终是生态文明建设和最终实现生态文明的内在尺度，是生态文明建设的道德指针和精神力量。

二、生态文明建设外化社会主义核心价值观，助推社会主义核心价值观建设

社会主义核心价值观作为观念，是实践经验的升华，并通过实践实现其对人们社会生活的指导作用。离开了实践、离开了生活，再好的价值观也只能沦为空谈而不能发挥现实的作用，不能转化为指导人们活动、改造世界的现实力量。生态文明建设作为中国特色社会主义发展"五位一体"总体布局中的一环，是贯穿于社会主义经济建设、政治建设、文化建设和社会建设中的影响全局的系统性的实践，其建设成果的影响也是全面性和系统性的。正是源自社会主义核心价值观的需要和生态文明建设的特征，生态文明建设构成社会主义核心价值观对象化、感性化和大众化的最为现实和切近的实践之一，是促使人们自觉培育和践行社会主义核心价值观的中介环节和现实通道，也是社会主义核心价值观发挥其道德力量和精神力量的桥梁和路径。社会主义核心价值观通过生态文明建设得到践行并发挥其社会功能，最终不仅把社会主义核心价值观建设成我国的主导价值观，而且建设成主流价值观，实现我国的意识形态安全和国家安全。

生态文明建设有利于社会主义核心价值观的对象化。作为实践活动，生态文明建设和其他实践活动一样，都是人的本质力量的对象化，并通过对象实现对人的本质力量的确证。社会主义核心价值观作为人的精神要素和观念体系是人的内在本质，需要通过一定的实践将之对象化并得到确证。生态文明建设作为实践的特点与社会主义核心价值观作为内在精神素质的需要由此

找到彼此协同的契合点。通过生态文明建设，社会主义核心价值观的各方面的内容就会以自然改变了形态呈现出来，成为独立于人和人的思维的客观的对象存在，并因此得到确证。因此，生态文明的建设过程是社会主义核心价值观的对象化过程，生态文明的建设成果是社会主义核心价值观的对象性存在，并以可以直观的感性形式确证社会主义核心价值观。显而易见，社会主义核心价值观一旦在对象中得到了确证，也就能够被人们所认同并由此转化为内在的自觉意识并在生产与生活中自觉践行，强化了社会主义核心价值观的建设效果。

生态文明建设是社会主义核心价值观的感性化。人们对世界的认识总是从感性确定性开始的，人们对理论的理解同样离不开感性认识的支持。社会主义核心价值观作为社会意识形态，是人们观念世界中的存在，不具有感性的形式。因此，社会主义核心价值观的建设和作用的发挥都需要一定的物质载体。通过这些载体，社会主义核心价值观以感性直观的方式向人们呈现，使人们能够在直接的感性体验和实际经验中认知和认同社会主义核心价值观的科学内涵，内化为自觉意识而自觉践行。生态文明建设就是将社会主义核心价值观中的基本理念和价值追求外化到一定自然对象和人与自然关系之中，成为一种可直接体认的感性存在，即以感性直观的方式向人们呈现。通过这些感性存在，人们能够直接感受、体会和领悟这些理念和价值所蕴含的精神意义和社会价值，从而在认同社会主义核心价值观的同时将之内化为自己意识中的自觉和行为上的指南，利于社会主义核心价值观的培育和践行，助推社会主义核心价值观的建设。

生态文明建设是社会主义核心价值观的大众化。社会主义核心价值观的建设，即培育和践行，同时也是其理念和价值的大众化。换言之，社会主义核心价值观的培育和践行的过程，就是其融入到大众的日常生活中，成为被民众接受并普遍起作用的精神力量的过程。要想实现大众化的目标，社会主义核心价值观就必须与人民群众最根本的利益相结合，与人民群众的重大关切相结合，在实现人民群众根本利益的过程中，在回应人民群众重大关切的过程中成为可感可知可践行的理念和可实现的价值。生态文明建设就是打通二者关系的桥梁之一，因为生态文明建设直接关系到人民群众环境安全、身体健康和生命安全等根本利益的实现，也是对人民群众向往美好生活等重大关切的直接回应。通过生态文明建设对自然环境的改善与优化，人们的生活环境更加安全，身心更加健康，生命安全也得到更好的保障。人民群众在获得感、安全感和幸福感都得到普遍提升时，就会真心接受并自觉践行中国特色社会主义价值目标和价值诉求，使社会主义核心价值观在人民群众的日常生活中生根发芽，成为普遍有效的道德规范和价值引领，由此强化社会主义核心价值观建设的效果。

三、社会主义核心价值观与生态文明共生共荣，共同发展

社会主义核心价值观建设与生态文明建设同处于中国特色社会主义建设的伟大实践之中，各自代表着中国特色社会主义建设中最为先进的精神力量和最为生动的现实力量，拥有共同的社会基础和实践基础，这就必然决定二者之间不仅具有相互协同的必要性和可能性，而且能够在中国特色社会主义伟大事业中相互协同，实现二者之间的互生共荣和共同发展。在一定意义上，社会主义核心价值观和生态文明的互生共荣、共同发展既是相互协同的结果，也是相互协同的机理之一。正是因为二者具有在共同的实践基础和趋同的目标基础上共生共荣的性质和机制，才使得二者可以相互协同、共同发展。

社会主义核心价值观与生态文明建设的共生共荣、共同发展作为二者相互协同的结果，表现在不同的方面。首先，表现为社会主义核心价值观的内涵更丰富、系统更完善、行动更有力、效果更明显。社会主义核心价值观通过生态文明建设这一当代最重要的社会实践实现了自己的对象化、感性化和大众化，成为得到普遍认可和践行的具有中国特色社会主义特征的科学价值观。其次，表现为生态文明在理念上更科学、在价值追求上更准确、在目标确立上更深远。生态文明的建设在社会主义核心价值观的指导和引领下，制度更科学、措施更有力、管理更系统，在改善和重建人与自然的关系，实现人类自由、解放和全面发展方面更具有自觉性。概言之，社会主义核心价值观和生态文明的相互协同就是二者融合发展的过程，这一过程最终将二者融为一体，实现二者的共生共荣，共同为中国特色社会主义建设的伟大事业发力，共同助力中华民族伟大复兴中国梦的实现，不仅提升中华民族的道德素

质，而且推动中华民族乃至整个人类的永续发展。

社会主义核心价值观与生态文明建设共生共荣、共同发展作为相互协同的机理本身，表现为二者拥有共同的实践基础。也就是说，社会主义核心价值观建设和生态文明建设是同一实践过程的不同维度和不同部分，在出发点和归宿点上都具有同一性，这一共同的实践就是中国特色社会主义实践。中国特色社会主义是一个既包括社会发展又包括自然发展，既是物质文明建设又是精神文明建设的完整系统，指导社会发展的核心价值观和改善人与自然关系的生态文明本身就是这一系统中的两个相互作用和影响的子系统。作为中国特色社会主义同一系统中的子系统，社会主义核心价值观和生态文明只有相互协同、共同发展，才能一方面更好地发挥各自的功能，另一方面更好地发挥综合功能，并与其他子系统相配合与协同使中国特色社会主义作为系统发挥其最佳的系统功能，取得顺利进展并实现其发展目标；同时，二者作为中国特色社会主义的子系统，本来就是同一系统内的一体化存在，天然具有相互联结、相互包含和相互贯通的性质，能够在相互协同中实现共生共荣、共同发展，在一体化的协同发展中推动中国特色社会主义伟大事业的发展，形成全面建成富强民主文明和谐美丽的社会主义现代化强国的合力。

第八章　社会主义核心价值观和生态文明协同发展的目标取向

　　社会主义核心价值观建设与生态文明建设同属于中国特色社会主义的伟大实践，它们是这一实践中相互协同的不同部分。共同的实践基础及其目标决定了社会主义核心价值观与生态文明构成一种互为语境的关系，这种关系又决定了它们具有内容上相互涵养、功能上相互强化和机制上相互协同等可以协同发展的内在机理。因此，社会主义核心价值观与生态文明的协同发展不但是必要的，而且是可行的。社会主义核心价值观与生态文明的协同发展，一方面会促进各自目标的实现，另一方面也会生发出协同发展过程本身应有的目标取向，即二者的协同发展应该具有什么样的目的，实现什么样的效果，取得什么样的成果。这就要求我们在论述了社会主义核心价值观与生态文明建设协同发展的必要性与可能性之后，展开对协同发展本身目标的设定与分析。我们认为，社会主义核心价值观与生态文明建设协同发展的目标，从总体上看可以分为三个方面或层次，即协同发展的实践目标、价值目标和制度目标。其中，实践目标是指协同发展所要取得的实践成果，价值目标是指协同发展所要实现的价值观效果，制度目标则是指协同发展所要构建起的制度体系。

第一节　社会主义核心价值观与生态
文明协同发展的实践目标

　　社会主义核心价值观与生态文明协同发展的实践目标不仅和中国特色社会主义的建设目标是内在统一的，而且和人类发展的理想目标是内在统一的；不仅与中国特色社会主义建设的阶段性目标是内在统一的，而且与中华民族的永续发展目标是内在统一的。我国已经进入了中国特色社会主义新时代，十九大已经描绘了中国特色社会主义未来五十年发展的宏伟蓝图，我国的社会主义的实践目标变得更加清晰，各个阶段所要完成的任务也已经得到了明确的规定。十九大确定的新时代中国特色社会主义的实践目标分为三个阶段：第一个阶段是在 2020 年实现全面建成小康社会，第二个阶段是到 2035 年基本完成社会主义现代化，第三个阶段是到 2050 年把我国建设成为富强民主文明和谐美丽的社会主义现代化强国，实现中华民族伟大复兴的中国梦。2020年我国已经消除了绝对贫困，全面建成了小康社会，实现了第一个百年奋斗目标，完成了十九大确定的三步走的第一步。随着"十四五"规划和 2035 年远景目标的制定，新时代中国特色社会主义已经进入了建设和发展的新阶段，即基本实现社会主义现代化的阶段。针对新时代中国特色社会主义新阶段的历史任务和建设目标，社会主义核心价值观与生态文明协同发展的实践目标也因此可以分为三个层次，即基本实现社会主义现代化、实现中华民族伟大复兴中国梦，以及实现社会发展与自然发展和谐共荣。社会主义核心价值观与生态文明建设协同发展的这三个实践目标，既具有历史上的先后延续性，又具有实践层次的上升性，既与新时代中国特色社会主义的建设目标相一致，又超越了中国特色社会主义建设的阶段性目标而直指中华民族的永续发展和人类的自由全面发展和解放。

一、基本实现社会主义现代化

　　基本实现社会主义现代化是继全面建成小康社会后的中华民族伟大复兴

的新征程，是中华民族实现伟大复兴的第二个步骤，也是新时代中国特色社会主义第一个目标向第三个目标的过渡。基本实现社会主义现代化是一个包含着众多方面和领域的庞大的系统工程，是国家更加富强美丽，人民生活更加幸福美好，社会关系更加和谐健康的总体实现。基本实现社会主义现代化既是物质文明的发展也是精神文明的发展，既是社会发展也是自然发展，是物质文明与精神文明、社会与自然的协同发展。因此，社会主义现代化国家一方面是在人民的物质生活得到进一步提高，物质财富更加丰富的同时自然环境得到进一步改善，一方面是人民的道德素质进一步提高，人民生活更加文明自由。一言以蔽之，基本实现社会主义现代化，就是要基本建成创新中国、法治中国、文明中国、健康中国、平安中国和美丽中国，是人与人、人与社会、社会与自然矛盾的基本解决，是人与社会、社会与自然的基本和解、和谐、共生共荣的系统性呈现，是人类世界在中国范围内基本实现的整体有机发展。

社会主义核心价值观与生态文明协同发展正是在物质文明与精神文明、社会与自然协同发展的联结点上助推基本实现社会主义现代化的战略目标。基本实现社会主义现代化，首先是物质文明与精神文明的协同发展，而社会主义核心价值观与生态文明协同发展是两个文明协同发展的应有之义和内在机制。因为要实现物质文明与精神文明的协同发展，就必须也必然要加强社会主义精神文明建设，即通过培育和践行社会主义核心价值观，提高人民的思想意识与道德水平，为物质文明的发展提供强有力的道德保证和精神动力；就必须也必然要加强社会主义物质文明建设，在不断丰富社会物质财富的同时实现人与自然的和谐友好相处，即通过建设生态文明营造安全美丽的生活环境，为精神文明的发展提供坚实的环境基础与物质保障。很明显，只有将社会主义核心价值观与生态文明协同发展才能实现物质文明与精神文明协同发展，才能基本实现社会主义现代化。因此，社会主义核心价值观与生态文明协同发展是社会主义物质文明与精神文明的协同发展的内在机制，其目标是基本实现社会主义现代化。

基本实现社会主义现代化，其次是社会与自然的协同发展，这同样离不开社会主义核心价值观与生态文明的协同发展。基本实现社会主义现代化不仅仅是经济的发展，而且是环境的改善，不仅仅是社会关系的和谐，而且是人与自然关系的和谐，这就必然要求人们在两个方面做出重要改变。第一个方面是要实现人们思维方式转变，要从社会与自然整体发展即人类世界发展的高度去认识社会发展和社会主义现代化的真实含义，即要求人们以社会主义核心价值观为基本的价值准则和价值标杆，充分认识到社会和谐包含自然和谐，避免单纯追求经济利益的增长而忽视保护自然环境的重要性；第二个方面是要实现人们行为方式的转变，要改变人与自然打交道的方式，实现人与自然平等而公正的物质能量变换，在尊重自然、顺应自然、保护自然的基础上改造自然，建设环境友好型社会。显而易见，这两个方面的改变是相辅相成的，行为方式总是在一定思维方式的指导下进行的，而思维方式又是在一定的行为方式中转变和养成的，这就决定了社会主义核心价值观与生态文明建设协同发展是现实社会与自然协同发展，即基本实现社会主义现代化的基本路径，因而，二者协同发展的目标当然也是基本实现社会主义现代化。

因此，基本实现社会主义现代化不只是经济体系的现代化和经济实力的增长，民生改善也不只是社会生活状况的改善，而是一个包括人的道德素质提高和自然环境优化的整体提升，是一个系统优化的过程和结果。这就从总体上规定了社会主义核心价值观与生态文明协同发展在基本实现社会主义现代化进程中的地位与作用，同时也规定了社会主义核心价值观与生态文明协同发展的内在目的与实践目标。作为中国特色社会主义事业的一部分，和其他社会主义实践一样，社会主义核心价值观与生态文明协同发展的最为切近的战略目标就是基本实现社会主义现代化。

二、实现中华民族伟大复兴中国梦

实现中华民族伟大复兴中国梦的标志就是把我国建设成为富强民主文明和谐美丽的社会主义现代化强国，即"我国物质文明、政治文明、精神文明、社会文明、生态文明将全面提升，实现国家治理体系和治理能力现代化，成为综合国力和国际影响力领先的国家，全体人民共同富裕基本实现，我国人民将享有更加幸福安康的生活，中华民族将以更加昂扬的姿态屹立于世界民族之林"①。这里的"现代化"是生态文明语境中的现代化，即超越了工业文明中人与自然对立与对抗关系的现代化，是五大文明全面提升与融合发展的现代化；这里的"强国"是包括经济、政治、文化、社会和生态在内的整体国家实力国际领先的强国，即综合国力国际领先、人民生活幸福安康的强国。

因此，中华民族伟大复兴中国梦的实现作为第二个一百年的奋斗目标，追求的是中华民族的整体繁荣昌盛，即社会生活全面和谐、人民素质全面提高、自然环境全面友好、综合国力全面提升。这就决定了中华民族伟大复兴中国梦这一世纪目标的实现是一个系统性的复杂而庞大的历史工程，需要社会发展的各个领域、各个环节和各种要素之间的相互配合、相互协同，形成合力才能完成。在这一过程中，任何一个领域、环节和要素的缺失都会对这一伟大梦想的实现带来负面影响，甚至导致严重的后果。同样，如果这些环节或领域不能形成合力同样不能使系统本身发挥其最优的功能，甚至会因为各环节、领域和要素之间的相互扰动而导致系统功能不能得到正常发挥甚或紊乱而阻碍系统发展目标的实现，出现与目的背道而驰的结果。社会主义核心价值观与生态文明都是实现中华民族伟大复兴中国梦进程中极为重要的环节、领域和要素。因此，只有将它们与其他的社会主义建设实践相互配合才能发挥其应有的作用，而它们之间的协同发展就显得尤为必要。

"社会主义核心价值观是当代中国精神的集中体现，凝结着全体人民共同的价值追求。"②是实现中华民族伟大复兴这一伟大梦想中统揽全局、规定方向的精神内核与价值坐标，因此是实现中华民族伟大复兴中国梦的不可或缺的组成要素。要实现中华民族伟大复兴中国梦，必须"发挥社会主义核心价值观对国民教育、精神文明创建、精神文化产品创作生产传播的引领作用，把社会主义核心价值观融入社会发展各方面，转化为人们的情感认同和行为习惯"③。与此同时，"人与自然是生命共同体，人类必须尊重自然、顺应自然、

---

① 习近平：《决胜全面建成小康社会夺取新时代中国特色社会主义伟大胜利——在中国共产党第十九次全国代表大会上的报告》，北京：人民出版社，2017年，第29页。

② 习近平：《决胜全面建成小康社会夺取新时代中国特色社会主义伟大胜利——在中国共产党第十九次全国代表大会上的报告》，北京：人民出版社，2017年，第42页。

③ 习近平：《决胜全面建成小康社会夺取新时代中国特色社会主义伟大胜利——在中国共产党第十九次全国代表大会上的报告》，北京：人民出版社，2017年，第42页。

保护自然"①。在改造自然的过程中既实现物质财富的极大丰富又实现社会与自然的和谐共生，这就决定了中华民族的伟大复兴是包含生态文明在内的整体复兴，生态文明建设因此也就成为实现中华民族伟大复兴中国梦的内在要求和实践路径。这就决定了，"我们要建设的现代化是人与自然和谐共生的现代化，既要创造更多物质财富和精神财富以满足人民日益增长的美好生活需要，也要提供更多优质生态产品以满足人民日益增长的优美生态环境需要"②。

由此可见，社会主义核心价值观和生态文明建设是实现中华民族伟大复兴中国梦的历史实践中两个影响全局的重要方面、环节和要素，一个着重解决中华民族伟大复兴历史进程中价值目标、价值追求和价值规范问题，一个着重解决这一历史进程中人与自然、社会与自然能否和谐发展的问题。作为实现中华民族伟大复兴中国梦的两个具有全局意义的组成要素，社会主义核心价值观与生态文明协同发展不仅具有内在的必要性，而且会在相互配合、相互协调和相互融合的过程中形成助推中华民族伟大复兴中国梦得以实现的合力，不仅能够最大限度地发挥各自的功能，而且能够以系统优化的整体力量发挥其总体功能。中华民族伟大复兴中国梦的实现需要社会主义核心价值观与生态文明的协同发展，同时也就规定了实现中华民族伟大复兴中国梦是社会主义核心价值观与生态文明协同发展的内生目的和实践目标。

三、实现社会发展与自然发展的和谐共荣

社会主义的本质要求和最终目的是实现共产主义，共产主义作为自由人的联合体，是人能自由全面发展和解放的历史阶段。人的自由全面发展和解放因此不仅是马克思主义和科学社会主义的最高价值追求，而且是马克思主义和科学社会主义的最终实践目标。人的自由全面发展的最根本的客观条件是生产力水平的极大提高，因为只有生产力水平高度发展之后社会财富才会像涌泉一样涌现出来，人们才能彻底摆脱生存斗争而获得自由全面发展的物

①　习近平：《决胜全面建成小康社会夺取新时代中国特色社会主义伟大胜利——在中国共产党第十九次全国代表大会上的报告》，北京：人民出版社，2017年，第50页。
②　习近平：《决胜全面建成小康社会夺取新时代中国特色社会主义伟大胜利——在中国共产党第十九次全国代表大会上的报告》，北京：人民出版社，2017年，第50页。

质基础。人的自由全面发展的最主要的主观条件是人的思维自觉程度与道德素质高度，因为思维高度自觉是对自然与社会规律的深刻全面认识并将之内化为自我素质的结果，是人的行动自由的精神保证，同样建立在思维自觉基础上的道德自觉是人对世界认知基础上对世界价值和自我价值的统一与升华，是人的行为自觉的价值基础。因此，人的自由全面发展和解放是人的精神世界与物质世界的全面解放，是社会发展与自然发展的全面协同，是人与自然关系的全面和解与和谐。

社会主义核心价值观与生态文明协同发展首先是要在人的主观世界与客观世界相统一过程中促进人类的自由发展。二者的协同发展，就是将社会发展与自然发展纳入到统一的实践之中，在促进社会发展的同时促进人与自然关系的改善与和解，最终使得人们在高度道德自觉与思维自觉中实现人的社会活动自由、人对自然的活动自由，以及自然本身的自由发展。这种自由的最高表现就是社会发展与自然发展的相辅相成，在融为一体的过程中实现二者的和谐共荣。这是人类自由的最高表现，也是人类自由的真正实现。此时，自然作为人类的"无机的身体"将成为人类社会发展的有机构成，人—社会—自然就真正生成为一个共生共荣的有机体，人类社会与自然不再是对立与对抗的关系，而是和谐共生的关系。人类也将摆脱与自然对抗所造成的不自由状态，而是一种与自然水乳交融的过程所实现的自由状态，这是人类从必然王国向自由王国飞跃的真实意蕴和最终指向。

社会主义核心价值观与生态文明协同发展其次是要在人的主观世界与客观世界相统一过程中促进人类的全面发展。人的全面发展首先是人的能力与素质的全面发展，其次是社会关系的全面发展，最后是人与自然关系的全面发展。就人的能力与素质而言，所谓全面发展是指人们的物质活动能力与素质和精神活动能力与素质的全面提升。人一方面不再被固定在某一种能力发展的局限之中，另一方面也不再限定在较低的和片面的境界，是能力与素质的丰富化、全面化、文明化和高尚化。很明显，人的能力与素质的全面发展离不开人的道德素质的全面提升和人改造自然能力的全面提高，而要实现这一点，社会主义核心价值观与生态文明协同发展就成为必要和必然的路径。就社会关系而言，所谓全面发展是指社会关系各个方面和领域都得到展开并在相互协调中共同发展。人与人以及人与社会的关系不再局限在物质利益的狭隘范围之内，社会关系将超越经济关系在更为广阔和全面的范围内发展起来。而要做到这一点，人必须从社会整体发展的价值高度来认识和处理人与人、人与社会，以及社会关系的各个方面、领域和环节，必须从人类世界整体发展的价值高度来促进社会关系的全面化，这就必然要求将社会主义核心价值观与生态文明协同发展，在主观与客观的统一中实现社会关系的全面发展。就人与自然关系而言，全面发展是指人在处理与自然关系的过程中，摆脱狭隘的经济价值和人类中心主义，从人类世界有机体的高度实现人与自然关系的丰富化、全面化和整体化。这一目标的实现一方面要求人们在观念中树立起生态理念，追求生态价值，一方面要求人们在实践中尊重自然、顺应自然和保护自然，实现社会与自然之间畅通而互惠的物质能量变换，即要求社会主义核心价值观与生态文明的协同发展。

由此可见，社会主义核心价值观与生态文明协同发展的最高目标是实现人的自由全面发展和解放，实现人类世界的全面发展，即社会发展与自然发展的和谐共荣。没有社会与自然的和谐共生，人不可能实现真正的自由全面发展，社会也不可能真正实现从必然王国到自由王国的飞跃，人类世界也不可能真正实现全面繁荣。就此而言，社会主义核心价值观与生态文明协同发展的实践目标不仅与中国特色社会主义新时代的实践目标相统一，而且在世界观与历史观上超越中华民族伟大复兴中国梦的实践目标直接指向人类社会发展的理想目标，这一目标用马克思主义的经典表述是实现自由人的联合体，用习近平总书记的最新表述就是实现人类命运共同体。①

---

① 人们对人类命运共同体的理解主要集中在社会关系层面，即在国际交往中要从人类发展的整体性、人类命运的共同性出发，推动整个人类社会的合作共赢与和谐发展。《生态文明体制改革总体方案》中已经明确了要树立"山水林田湖是一个生命共同体的理念"，在此基础上理解人类命运共同体就不能只局限在社会发展内部，而应扩大为包括自然在内的人类世界整体发展意义上的人类命运共同体。

第二节 社会主义核心价值观与生态文明协同发展的价值目标

社会主义核心价值观与生态文明协同发展的实践目标是指二者协同发展所要呈现或达到的人类发展的历史状态，是主观与客观相统一的现实样态。如果说社会主义核心价值观与生态文明协同发展的实践目标是要在主观世界与客观世界的统一中实现对客观世界的改造，那么二者协同发展的价值目标就是要在主观世界与客观世界的统一中实现对主观世界的改造，为社会发展提供强大的精神支持和动力。改造客观世界与改造主观世界的共同基础是中国特色社会主义的伟大实践，它们的一致只能通过中国特色社会主义的革命实践，并在这一实践中得到理解和解决。由此可见，社会主义核心价值观与生态文明协同发展的实践目标和价值目标是中国特色社会主义实践的两个相辅相成的向度，其中实践目标的实现是价值目标实现的现实的客观基础与物质条件，价值目标的实现是实践目标实现的价值指引与精神动力。具体而言，社会主义核心价值观与生态文明协同发展的价值目标包含三个相互影响和相互促进的方面或层面，即培育积极向上的道德意识，全面提升公民的道德素质；重塑中华民族的民族精神，增强中华民族的文化自信；重构和谐生态的道德体系，实现中华民族的永续发展。

一、培育积极向上的道德意识，全面提升公民的道德素质

社会主义核心价值观培育与践行的过程就是通过社会主义核心价值的引领，让全体国民树立正确的价值观，培育积极向上的道德意识，在明辨是非善恶的过程中提升公民的道德素质，从而实现国家生活、社会生活和公民日常生活的文明化、和谐化、高尚化。因此，培育积极向上的道德意识，全面提升公民道德素质构成社会主义核心价值观的内在价值目标，是不证自明的事情。现在的问题是，为什么社会主义核心价值观与生态文明协同发展的价值目标也是如此？

　　首先，社会主义核心价值观与生态文明协同发展，丰富和拓展了社会主义核心价值观的内涵，使得社会主义核心价值观成为包括生态理念与生态价值的全面完整的价值观。通过二者的协同发展，人们就会认识到社会主义核心价值观不仅是社会领域生活的基本价值目标、价值追求和价值规范，而且是处理人与自然关系过程中所要遵循的基本价值和基本理念。因此，社会主义核心价值观与生态文明协同发展使得社会主义核心价值观立意更高卓、内涵更深刻、内容更丰富全面、眼界更宽广深远，这就提升了社会主义核心价值观本身的水平和要求，其所追求的价值目标就会高于离开生态文明建设所理解的价值标准，成为整个人类世界整体发展所应遵循的价值观和价值追求。从这个意义上讲，社会主义核心价值观与生态文明协同发展不仅要求社会领域内的发展要有积极向上的道德意识，而且要求人类世界的整体发展要有积极向上的道德意识，从人与自然相辅相成的有机统一体的高度全面提升公民的道德素质。换言之，二者的协同发展所要塑造的公民是不仅具有人文情怀，而且具有自然情怀的拥有系统思维和综合素养的公民，是具有更为积极向上的道德意识和拥有更高道德素质的公民。

　　其次，社会主义核心价值观与生态文明协同发展，提升了生态文明的立场和价值标准。将生态文明置于社会主义核心价值观的统领与引领之下，提升了生态文明的价值理念，使之成为一种从人类世界整体发展的世界观、历史观的高度和广度展开的人与自然的关系。如此，人们在理解生态文明及其建设的意义和作用时，就会超越经济理性和工具理性的束缚，突破其认识上的狭隘眼界，认识到生态文明建设不只是一种经济活动和技术操作，而是关乎人类长远发展和最终命运，关乎人类世界整体发展的行为；生态文明也不是头痛医头脚痛医脚式的对自然的修修补补，而是人与自然关系的革命性变革，是人类世界内部组成的整体和谐与共荣。生态文明价值理念的提升，必然会提高生态文明建设的道德自觉程度，在生态文明建设中以社会主义核心价值观为引导培育出更为积极向上的生态道德意识，从而提升生态道德素质，塑造真正从自然价值本身出发来热爱自然、尊重自然和顺应自然的公民。其结果必然是，人们在改造自然时自觉意识到生态文明是关乎人类健康长久发展的系统性文明形态，因此能够从更加全面和高尚的价值观出发真心实意的地保护自然，而不只是追求保护自然的经济效益，当然也就不会在生态优化与经济增长间首鼠两端、踟蹰不前。

最后，社会主义核心价值观与生态文明在协同发展的相互强化过程中，促进公民价值意识的全面培育和道德素质的整体提升。在社会主义核心价值观与生态文明协同发展的过程中，公民的道德意识会是从人类世界的整体出发而形成的意识，这种意识是将社会与自然作为整体来考察人的价值的，认识到人的价值是包含生态价值在内的系统价值，人的自由和解放是包含规律自觉在内的多向度的解放，从而认为人只有在与自然的和谐共生中才能实现自身真实的自由全面发展，人类才能真正实现世界观、历史观和人类学意义上的解放。正如马克思所说的那样，只有到这个时候，社会大旗上才能写上大写的"人"字。① 社会主义核心价值观与生态文明协同发展还会使人们从人与自然的平等交往和交互发展的整体世界观出发养成自己的生产方式、社会交往方式和生活方式，从而从整体上提高自己的道德素质，将人的自由全面发展和人类世界的整体和谐发展作为自己行为的道德准则和道德规范，追求人与自然共同发展与和谐共荣的系统整体价值的实现。简言之，社会主义核心价值观与生态文明协同发展所要实现的价值目标就是培育公民的系统价值意识，提升公民的整体道德素质，最终塑造包含生态理念和价值在内的、具有崇高理想与科学信念的社会公民和中国特色社会主义的建设者。

二、重塑中华民族的民族精神，增强中华民族的文化自信

对于一个国家，一个民族而言，文化是它的精神人格和精神底蕴，文化不自信，则人格不独立，精神不自立。中华文化历经悠久的历史发展与传承，虽千回百转，但其最为内核的精神却始终如一地得到传承，并在不同的历史时期获得新的内容和形式，处于不断的重塑和创新发展的过程之中，成为人类历史上唯一延绵不绝而又不断生成的文化系统。近代以来，随着西方列强

---

① 马克思在论述共产主义和人类解放之间的关系时指出，共产主义作为超越资本主义实现人类的解放的崭新的历史阶段，是人之所以为人的新的起点。马克思指出，从人类的自由全面发展和解放的意义上讲，到了共产主义社会，人类的历史才刚刚开始。因此，马克思指出，只有到了共产主义社会，我们才能在社会大旗上写下大写的人字，即那时候的人才是真正摆脱了动物性并在把握必然性的基础上实现对社会与自然改造，以及人际交往和社会实践的自由。

对中国的侵略和殖民统治，西方现代文化以一种强势的姿态在中国得到传播，工业文明的理念和价值观也因此成为国民追捧的对象，一时成为我国文化发展的标杆。在这一发展过程中，中华民族的很多优秀的文化传统被逐渐遗忘甚至被有意识地抛弃，中华民族的精神人格在西方强势文化面前开始自我矮化，中华文化一度成为落后、愚昧、保守的代名词。中华文化与西方文化之间的这种关系的形成，是西方国家对我国进行文化殖民的结果，其后果就是导致中华文化发展遭遇了严重的挫折，中华民族所保有和传承下来的民族精神有些部分也失去了应有的继承和发展。社会主义核心价值观与生态文明协同发展的一个重要作用和目的就是在超越西方工业文化的过程中重塑中华民族的民族精神，增强中华民族的文化自信。①

中华民族及其文化中最为重要的精神是"和"的精神，它构成了中华民族的精神内核和中华文化的精神底蕴，在中华民族的价值观中，"和"一直处于核心地位。从世界观的角度看，中华民族认为世界上万事万物生成的主要机制是"和"，在解释世界起源上不论是采取气一元说还是次一级的五行说，都包含着和的理念，认为和谐是世界产生和发展的最为基础性的机制。② 因此，中华文化在世界观上强调事物之间的和谐共生，强调天、地、人之间具有内

---

① 人们在讨论"中国传统文化现代化"这个命题时，往往陷入西方文化先进性的陷阱，把西方的工业文化看成是世界上唯一先进的文化，并以之为中华文化发展的标准和目标。这种观点认为，中国传统文化的现代化就是中华文化的工业化和西方化，"中国传统文化"被描述为天然低于西方文化的落后保守文化的代名词。在这里，姑且不论中西方文化的不同，也不论二者孰优孰劣，但就中华文化本身而言，它就是一个在中国人走向现代化的过程中不断现代化的过程，很难想象21世纪的中国人的思想还停留在19世纪甚至更早的年代。过去有些中国人是"言必称希腊"，现在有些中国人则"言必称美国"，这是文化高度不自信和精神人格极度矮化的现象。如果认为凡是中国传统就是愚昧，凡是中国文化就是落后，凡是西方传统就是科学，凡是西方文化就是先进，那么现在一些西方国家所固守的冷战思维和零和博弈的理念不知该如何评价。2020年肆虐全球的新冠疫情，不仅暴露出西方政治体制的深层缺陷，更是暴露了西方现代文化的基因缺陷。可以说，西方制度和文化的所谓天然优越性正在成为一个笑话。更何况，生态文明语境中的现代化已经是超越了现代工业文明的现代化，中华文化现代化也必然是超越西方现代理念的现代化。在西方，无论是生态主义、马克思主义还是后现代主义，都在反思并批判这种现在已经落后的文化，而我们在讨论这个问题时，还在固守着这种西方中心主义的观点不仅不合时宜，而且显得不怀好意。

② 在气一元说那里，世界万物的生成是由阴阳二气和合的结果；在五行说那里，万事万物的生成是由五大基本元素相生相克而导致的。无论是哪种说法，"和"的理念都是其深层逻辑和底蕴。因此，与西方文化，尤其是现代西方文化相比较，中华文化更应成为构建人类命运共同体和生态文明的精神支持。

在的和谐的本质和要求，人与世界万物之间的根本性的关系不是对立与对抗的关系，而是内生的相互依存的和谐关系，即"天人合一"①。在社会观上，中华民族认为社会关系在本质上也应该是和谐的，人与人之间不是相互妨碍和相互争斗的关系，而是相互扶持相互协同的合作关系，其社会理想是构建起人与人之间"和而不同"的关系，即在相互尊重对方的个性与差异性的基础上的和谐共处的关系。这种社会观，在儒家那里是所谓的"仁者爱人"的理念，在墨家那里表现为"兼爱、非攻"，而道家更是通过清净无为的人生理想表现了这一点。因此，在中华文化中，小到家庭，大到国家都追求"和"的境界，将"和"作为社会关系的最高价值标准和追求。这一和谐社会的理想，在孔子的"大同社会"理想中得到了集中的体现。

近代以来，在西方工业文明的冲击下，中华民族的"和文化""和理念"与"和价值"遭到了普遍的误解和贬低，认为追求和就是追求一团和气，是一种消极无为的落后观念。人与自然乃至人与人之间的关系由此被看成是一种相互对抗、相互征服的关系。这在世界观上表现为人与自然的对立与对抗，历史的进程被描绘成人类不断征服自然的过程，最终导致了人与自然关系的恶化，自然生态遭受了严重的毁坏；在社会观上表现为人与人之间的对立与对抗，在工具理性的支配下每个人都是其他人利益实现的工具，最终成为障碍，造成了与邻为壑式的人际（国际）关系，得出了"他人就是地狱"的极端结论。在自然环境日益恶化、社会矛盾日益尖锐的今天，人们如果不能从"和"的角度重新理解人与自然、人与人的关系，人类将在无休止的争斗中将自身推向毁灭的境地。这是人类怀着"末日情绪"进入21世纪的根本原因。因此，超越工业文明的工具理性和经济理性，构建生态文明的新文明形态就成为全球共识和迫切的任务。生态文明的核心理念在基本点上与中华文化的"和"理念殊途同归，因为二者在理念上所追求的都是人与自然、人与人之间的和谐共处，追求的是人类世界的整体发展与永续发展。古老的中华智慧也因此成为全世界追捧的对象，在生态文明语境中重新焕发出它的活力，并被赋予了新的更

---

① 关于"天人合一"理念在中华文化发展中的历史沿革、理念内涵及其历史与现实价值，参见本书第二章的相关论述。

为丰富的内涵。

　　社会主义核心价值观是中国特色社会主义文化的价值核心，是中华文化和民族精神在当代中国的集中体现，在社会主义核心价值观的三个层面的内容中无处不包含着中华文化的底蕴和中华民族的精神；生态文明建设是中华民族传统精神和中华文化内核在生态文明语境中的继承与创新，是古老的中华智慧在当代勃发出的生机与活力，生态文明的理念中无处不彰显着中华和文化的核心理念与天人合一的基本价值。在社会主义核心价值观与生态文明协同发展的过程中，中华民族和中华文化的核心精神实质将会在新的历史时期得到传承与创新发展，在新时代中国特色社会主义的伟大实践中得到发扬光大，并为人类文明和文化的发展提供全新的视角、高度和精神动力。这无疑是中华民族精神的重塑过程，也是中华文化自信的增强过程。因此，社会主义核心价值观与生态文明协同发展是对中华优秀传统文化的再认知、再建构、再践行。重塑中华民族的民族精神，增强中华民族的文化自信，因此也构成了二者协同发展的内在价值目标之一。

三、重构和谐生态的道德体系，实现中华民族的永续发展

　　完整的道德体系包括道德实践、道德意识与道德规范，是由这三个部分相辅相成相互联系而构成的系统。其中，道德规范作为一定社会或集团的核心价值观，既是道德意识追求的价值目标，又是道德实践的价值准则，因此是道德体系的核心，在整个道德体系中处于中心位置。道德意识作为社会意识形态，是人们以道德实践为基础形成的道德观念、情感、意志、信念及其理论体系的总称，是道德体系中主观要素，属于人们的内在意识系统。道德实践作为道德实现的过程，是指人们在一定的道德意识指导和一定的道德规范制约下进行的道德活动，既包括道德交往中的道德活动，也包括道德养成过程中(包括道德教育、道德修养等)的道德活动，还包括道德评价过程中的道德活动，是道德体系中的客观层面，属于人们的社会实践系统。显而易见，道德实践是道德意识形成的基础，道德意识又是道德实践的自觉，而道德规范则是二者的综合，是道德实践与道德意识相统一的基础上形成的价值目标与道德准则。一般情况下，人们的道德实践直接受到道德规范的指导与规范，

道德意识往往以无意识的方式起作用，道德实践是道德规范所要求的价值观的实现和价值准则的现实化。

道德体系是一个具体的历史的概念，是人们在改造自然和社会，即改造世界中所形成的调整主体与客体关系的准则、观念与行为系统，其中对道德体系归根结底起决定作用的是一定历史阶段上的生产方式。因此，不同的社会制度具有不同的道德体系，不同的人类历史阶段上的道德体系也会不同。社会主义道德体系是以人的自由全面发展为最高价值追求，以实现共产主义、构建和谐社会为最高实践目标，以集体主义为核心价值规范的道德体系，是迄今为止最为先进与正确的价值体系，也是迄今为止人类所发展出的最为完整的道德体系。由于社会主义的道德体系是超越资本主义"市民社会"立场，以"社会化的人类"为立场的道德体系，其道德实践、道德意识和道德规范都超越了资本的狭隘眼界和工业文明的片面性而成为一种和谐生态的价值体系。换言之，社会主义的道德体系是包含人类社会发展与自然发展在内的，立足人类世界总体发展的，追求人—社会—自然有机体和谐发展的道德体系。

社会主义道德体系从本质上讲是和谐生态的道德体系，但现实的社会主义都是从生产力相对落后的国家和地区产生与发展起来的。在很长一段历史时期，社会主义国家在文化上受制于西方工业文化，不能自觉超越市民社会的立场来考察和认知社会发展与自然发展之间的关系；同时由于生产力的落后，社会主义国家所面临的最为紧迫的历史任务是摆脱贫穷，尽快实现工业化，实现人民富裕，因此也不具有从和谐生态的高度来构建价值体系的现实基础。这两个方面的历史制约，导致社会主义国家和西方发达资本主义一样，在社会发展的过程中严重忽视了社会发展与自然发展的和谐，在过度利用自然、伤害自然和生态方面与西方工业文明形成了大合唱。就中国而言，我们在现代化的过程中也一度跌入了工业文明的陷阱，自觉和不自觉的抛弃了中华文明中的和谐理念，虽然实现了经济增长的奇迹，却造成了严重的环境与社会问题，和谐生态的道德体系不但没有建构起来，从某种意义上讲反而遭到了抛弃和破坏。因此，当中国特色社会主义进入了新时代，当中华民族实现了站起来和富起来的历史任务之后，重构和谐生态的道德体系就成新时代中国特色社会主义道德建设和发展的重中之重。

　　和谐生态的价值体系的重构是一个历史的、具体的过程，而且是一个包含着众多方面和环节的复杂工程。社会主义核心价值观是这一过程和工程中的价值目标和道德规范，生态文明建设是这一过程和工程中的实践性因素之一，二者在构建和形成社会主义和谐生态的价值体系中从本质上是相互作用与相互影响的两个要素和环节。这就决定了社会主义核心价值观与生态文明协同发展既是重构社会主义和谐生态的价值体系内在要求，又是社会主义和谐生态的价值体系形成的基本路径。通过社会主义核心价值观与生态文明的协同发展，我国将会形成和谐生态的道德意识，并在和谐生态的价值观的引导与规范下，通过生态文明建设这一实践重构出和谐生态的道德体系。在这一体系中，人们不仅能够自觉认识到只有实现了社会和谐，人的自由全面发展才获得了坚实的社会基础；而且能够自觉认识到只有实现了人与自然的和谐，人的自由全面发展才拥有了真正的物质基础，从而能够通过自己的社会实践在改造人—社会—自然有机体的过程中实现中华民族的永续发展和全体人民的自由全面发展。在此基础上，二者的协同发展还会彰显社会主义道德体系的先进性，为人类构建和谐美丽的世界、实现人类世界的永续发展，以及实现全体人类的自由全面发展提供中国方案、中国智慧和中国引领，为构建人类命运共同体做出独特的贡献。

第三节　社会主义核心价值观与生态文明协同发展的制度目标

　　一定的制度是社会活动的基本准则与规范，也是社会发展目标得以实现的基本保障。因此，要想实现社会主义核心价值观与生态文明协同发展，还需要确立相应的社会制度，以制度保障二者在相互作用中融合，在相互融合中发挥最大效应。社会主义核心价值观与生态文明协同发展的目的是为了更好地建设社会主义，因此具有内在的实践目标和价值目标，如果说这两个目标是源自中国特色社会主义发展需要而赋予社会主义核心价值观与生态文明协同发展的目标，那么它们协同发展的制度目标则是内生于发展过程本身的目标，是为了协同发展顺利进行并实现其实践目标和价值目标的保障机制本身所生发出来的目标。换言之，社会主义核心价值观与生态文明协同发展的制度目标是源自这一发展过程本身的需要，是保证社会主义核心价值观与生态文明协同发展能够顺利展开和发挥效果而必须实现的制度上的改革与建构的目标。在社会主义核心价值观培育与践行和生态文明建设的前期，二者各自沿着自己的轨道推进，并各自形成了相应的制度，获得了一定的制度保障和制度推进。正如前文所述的那样，要想最大限度地发挥各自的功能并取得更大的社会效果，协同发展不仅是必要的而且是可行的。这就为相应的制度建设提出了更高的要求，也就是说要想实现二者的协同发展并取得相应的效果，实现相应的目标，就必须根据协同发展的需要重新设计能够保障二者协同发展的制度体系，必须加强能够使二者在协同发展中整体发展的制度融合，并以中国特色社会主义发展的顶层设计为引导将各种制度进行有效整合以发挥制度本身的最大效力。

一、以整体发展为目标加强制度融合

以社会主义核心价值观与生态文明协同发展为目标进行制度改革，包括两个方面的内容，一是在现有制度的基础上，将原来各自起作用的制度进行重新评估，找到能够将二者进行协同发展的结合点、联结点，并将它们进行整合，实现原有制度之间的融合；二是根据二者之间的内在联系和作用机制进行新的制度设计，制定出使二者协同发展的新制度。这两种做法各有优势，从整体效果上看，后者优越于前者；从制度成本上看，前者优越于后者，并且能更快地发挥制度的作用。因此，应该根据社会主义核心价值观与生态文明协同发展的具体情况，两条腿走路，一方面加快整合原来的制度实现二者的融合，一方面要从更高的要求和视野出发实现整体制度的转型升级。从目前的情况看，第一种做法是更为方便和有效的做法，即以社会主义核心价值观与生态文明整体发展为目标加强制度融合，推动社会主义核心价值观与生态文明的协同发展。

首先，充分发掘社会主义核心价值观培育与践行相关制度中可以促进和推动生态文明建设的内涵和因素。由于社会主义核心价值观是中国特色社会主义建设的总体价值追求和道德规范，培育与践行社会主义核心价值观的各项制度中必然包含着可以用于生态文明建设的内容与方面，只要将这些内容与方面进行发掘，就可以使这些制度在发挥培育与践行社会主义核心价值观作用的同时，对建设生态文明也起到促进、推动与保障作用，从而在制度上兼顾社会主义核心价值观与生态文明的协同发展。在社会主义核心价值观培育与践行的制度中，诚信制度和诚信体系就是一个很好的例子。诚信制度当前主要的作用是保障和维护人在社会交往中的诚信，并通过信用体系的建立规范和约束人们的社会交往和利益交换行为。但不可忽视的是，社会交往的基础是改造自然，诚信制度同样对人与自然的交往具有约束力和保障作用。由此就可以将生态文明建设整合进诚信制度之中，使得诚信制度可以在两个方向上同时起作用，即作为社会交往制度保证人们之间的诚实守信，作为人与自然交往制度保证人们对自然的诚实守信，最终实现诚信制度对人们行为的统一规范和约束。无论是在人际间失信，还是在人与自然间失信，都会受到一定的惩罚。这样一来，就能够实现人们全面的、整体系统的诚实守信，从而在保障和推动培育与践行社会主义核心价值观的同时保障和推动建设生态文明，最大限度发挥其制度规范功能和机制推进功能。

　　其次，充分发掘生态文明建设相关制度中可以促进、推动和保障培育与践行社会主义核心价值观的内容与因素。生态文明建设的制度当然主要是保证人们在改造自然时做到尊重自然、顺应自然和保护自然，修复人与自然的关系并促进人与自然的和谐共生。但同样不可忽视的是，生态文明建设必然会导致人们观念上的改变，使人们能够重新认识和处理人与自然的关系，并发现这些关系的改善同样有利于社会和人自身的发展，最终使人们更全面而深刻地理解、领会社会主义核心价值观的地位、作用与意义，有利于社会主义核心价值观的培育与践行。例如随着污染治理和环境修复制度的实施，人们在环境改善中会切身体会到良好的自然环境不仅会带来经济效益，产生"绿水青山就是金山银山"的效果，而且有利于人们的身体健康，还能促成社会关系的和谐，并养成诚信、友善的道德品质。由此作为生态文明建设的制度就会发挥其培育与践行社会主义核心价值观的作用，能够实现社会主义核心价值观与生态文明协同发展在制度上的融合。

最后，在发掘社会主义核心价值观制度与生态文明制度各自有利于对方的因素、内容与内涵的基础上，实现各自制度之间的联动与融合。第一，扩展这些制度作用范围，实现制度的领域整合。将培育与践行社会主义核心价值观的制度运用到生态文明建设的过程之中，使之发挥生态文明建设的作用；将生态文明制度运用到社会主义核心价值观的培育与践行过程之中，使之发挥社会主义核心价值观的作用，从而实现二者之间的联动。第二，在全面梳理社会主义核心价值观制度与生态文明制度的基础上，整合冗余制度，删减和协调相互抵牾的制度。将某些相对重复的制度进行整合，以一种制度的形式来发挥作用，减少制度执行上的成本，更有效地发挥制度的作用；将某些相互抵触的制度进行删减或修订，以保证二者之间能顺畅的衔接并共同发挥作用，以避免在执行政策和实施制度的过程中由于制度之间的冲突产生不必要的制度成本。第三，建立不同的管理部门之间的联动机制，打通各管理部门之间的合作通道。社会主义核心价值观和生态文明在管理上分属不同的部门，要想实现各自的制度融合，还必须实现这些部门的联动。通过部门联动与合作，使原来职责不同的部门能够在相互配合与协调中产生制度的合力，最终在制度融合的过程中实现社会主义核心价值观与生态文明的共同发展，在协同发展中发挥其最大的作用，产生大于各自建设和发展的整体效应。

二、以协同发展为目标创新制度设计

现有制度的融合，为新的制度设计提供了启示和经验，它们在相互融合中也会展现出新制度的萌芽与基本原则，从而为新制度的设计、制定提供了基础。但要想真正实现社会主义核心价值观与生态文明的协同发展，还是需要从整体制度上进行创新设计，以总体性的制度框架为二者的协同发展提供制度上的约束和保障，并以制度优势助推二者的协同发展。社会主义核心价值观与生态文明协同发展就是要将社会主义核心价值观的培育与践行和生态文明建设在交互作用中统筹安排，将社会主义核心价值观融入到生态文明建设的全过程，将生态文明融入到社会主义核心价值观培育与践行的各个环节，一方面有利于促进社会主义核心价值观的培育与践行，另一方面有利于推进生态文明建设，将二者纳入到同一过程之中进行制度设计和安排。通过新的制度安排，使得社会主义核心价值观的培育与践行发挥规范、指导和引领生态文明建设的作用，同时使得生态文明建设发挥社会主义核心价值观对象化、具体化和大众化的作用，从而实现二者在新制度中相辅相成，共同实现其实践目标、价值目标，共同助力中华民族伟大复兴中国梦的实现和人民的自由全面发展。

第一，设计社会主义核心价值观培育与践行制度要自觉融入生态文明建设的理念和要求。社会主义核心价值观是指导中国特色社会主义发展的总体价值追求，是中国特色社会主义建设实践的价值准则和道德规范，具有统领全局的地位和作用，必然要涵盖中国特色社会主义建设的所有领域和环节。这就决定了社会主义核心价值观同样是生态文明建设的价值引领与规范，是包含生态理念与生态价值的价值观。因此，在设计社会主义价值观培育与践行制度时要充分考虑生态文明的因素和要求，将生态文明建设融入到社会主义核心价值观培育与践行的制度设计与安排之中。无论是培育与践行国家层面的核心价值观，还是培育与践行社会层面和公民个人层面的核心价值观，都要在制度设计中包含生态文明的价值要求和价值规范，从而构建起包含着生态文明的社会主义核心价值观培育与践行制度，这就要求创新设计社会主义核心价值观建设的各项制度，既凸显社会主义核心价值观功能上的全局统领性，又强化社会主义核心价值观践行中的现实可感性。

具体而言，在设计国家层面核心价值观的培育与践行制度时，要让国民充分认识到国家核心价值观是包含着生态富强、生态民主、生态文明与生态和谐的价值观；在设计社会层面核心价值观的培育与践行制度时，要凸显生态自由、生态平等、生态公正的重要性，不仅要追求改造社会活动的法治，而且要追求改造自然活动的法治，以法治思维指导人们进行改造世界的实践；在设计公民个人层面核心价值观的培育与践行制度时，要明确生态爱国、生态敬业、生态诚信和生态友善也是生产与生活的基本价值准则和核心道德素质。如果能够将生态文明融入到对社会主义核心价值观培育与践行的制度之中，就能在培育与践行社会主义核心价值观的同时促进生态文明建设，实现二者的协同发展，并在协同发展的过程中实现其效果的最大化。

第二，设计生态文明建设制度要自觉融入社会主义核心价值观。生态文明建设是中国特色社会主义的重要建设内容与环节之一，是保证中国特色社会主义健康发展的实践基础，也是保证中华民族永续发展的千年大计，与其他的中国特色社会主义实践一样也要在社会主义核心价值观的指导、引领和规范下进行。这就决定了生态文明建设的制度设计要充分考虑社会主义核心价值观的统领指导作用，更要将社会主义核心价值观作为核心道德规范融入到生态文明建设制度的设计之中。生态文明建设归根结底是要促进中国特色社会主义的健康发展，是要实现中华民族伟大复兴中国梦，最终实现人的自由全面发展，即在人与自然关系的和谐中实现社会的发展。生态文明建设不是消极地适应自然，而是积极地改造自然的活动，不是要求人在自然面前无所作为，而是要求人们以自然规律为基础更加自觉与科学地改造自然，从而在社会与自然的和谐共生中实现人类发展的价值目标。将社会主义核心价值观融入生态文明建设之中，要求创新设计生态文明建设的各项制度，既彰显生态文明及其建设的社会发展价值与意义，又强化社会主义核心价值观的实践价值和实际效果。

由此可见，社会主义核心价值观是生态文明建设的内在价值追求和价值规范，在设计生态文明建设的各项制度时，要充分体现社会主义核心价值观的引领、指导与规范作用。无论是建立绿色生产和消费制度，也无论是建立污染防治和环境治理制度，还是建立生态系统保护和修复制度以及生态环境监管制度，都要充分认识到美丽中国归根结底是要建设富强民主文明和谐美丽的社会主义现代化强国，生态和谐归根结底是要助力实现社会生活的自由平等公正法治，助力培养公民爱国敬业诚信友善的个人品质和道德素养。因此，如果能够在设计生态文明建设各项制度时融入社会主义核心价值观，并将之作为社会主义核心价值观培育与践行的重要路径，在推进生态文明建设的同时也就必然会促进社会主义核心价值观的培育与践行，最终实现二者之间的协同发展和相辅相成。

第三，设计将二者协同发展的创新制度。社会主义核心价值观与生态文明协同发展不仅需要各自的制度设计将对方融入自身，在推进一者的同时实现二者协同发展，而且要从二者协同发展的高度设计出将二者融合在一起进行建设和发展的总体制度。这是因为，社会发展是对包括社会与自然的双重关系的调节，不仅要构建出和谐的社会关系，还要构建起和谐的社会与自然的关系。在社会发展过程中，保证人们的自由、平等、公正是重中之重，但如果缺失了自然之维，自由、平等、公正则不可能是全面的，也不可能得到真正的实现。因此，必须设计出一种将社会与自然双重维度融合发展的社会制度，保障在社会主义发展过程中社会主义核心价值观与生态文明深度融合，不仅能够实现人们的社会关系的和谐发展而且能够实现人与自然的和谐发展，使得人们自觉地以社会主义和谐生态价值观来规范自己的社会行为，实现社会与自然的和谐融合发展，最终实现人类与自己世界的和解、和谐、共荣，真正实现人类的自由、全面发展，即实现人类的最为真实的解放。

因此，要在经济建设中贯彻"创新、协调、绿色、开放、共享"的新发展理念，在社会主义核心价值观与生态文明协同发展的过程之中创新经济制度和体制设计，不仅要实现绿色发展，还要实现健康发展，不仅要实现中华民族伟大复兴中国梦，而且要实现人的自由全面发展和解放；要在国家政治建设中"坚持党的领导、人民当家作主、依法治国有机统一"①。在社会主义核心价值观与生态文明协同发展的过程中实现国家治理体系和治理能力现代化，"巩固和发展生动活泼、安定团结的政治局面"，为人民的美好生活提供全面有效的政治制度保障；要在社会主义文化制度与体制建设中坚持社会主义文化民族的科学的大众的性质，在社会主义核心价值观与生态文明协同发展的过程中构建社会主义文化制度与体制，培养和造就具有和谐生态价值观的公民，营造绿色健康积极向上的社会主义文化氛围，齐心协力地将我国建设成为和谐、美丽、健康的社会主义国家。

三、以顶层设计为统领整合制度效力

无论是进行已有制度的融合还是新制度的设计，最终目的都是要发挥制度的效力，即通过制度实施使制度发挥对社会活动的约束力、规范力和保障力、推动力。换言之，就是要贯彻实施这些制度，并在实施过程中实现对社

---

① 习近平：《决胜全面建成小康社会 夺取新时代中国特色社会主义伟大胜利——在中国共产党第十九次全国代表大会上的报告》，北京：人民出版社，2017 年，第 36 页。

会主义核心价值观与生态文明的协同发展，以合力的方式在提升人们道德素质的同时建设美丽中国，在改善环境的同时践行社会主义核心价值观。而要想实现这一目标，离不开统揽全局和目光长远的顶层设计，小到一个地方，大到整个国家，莫不如是。"不谋万世者，不足谋一时；不谋全局者，不足谋一域"，① 顶层设计就是"谋万世"和"谋全局"的活动，是从国家永续发展和总体发展的高度对各项制度及其活动的设计和安排，既具有整体性的特征，又具有长远性的特征，而且由于是源自顶层的谋划与规划，还具有权威性的特征。十九大就是对新时代中国特色社会主义伟大事业的顶层设计，在科学规定了新时代中国特色社会主义主要矛盾的基础上擘画了中国特色社会主义未来发展的总体蓝图，并规定了总体任务和基本方略，其最终目的就是要"更好推动人的全面发展、社会全面进步"。"十四五"规划和2035年远景目标的制定，则进一步明确了新时代中国特色社会主义进入新发展阶段，开启新征程的历史任务和目标。无论是就社会主义核心价值观与生态文明协同发展的内在关系而言，还是就二者协同发展与中国特色社会主义整体关系而言，顶层设计都是不可或缺的，都应置于顶层设计的统领之下。

首先，社会主义核心价值观与生态文明协同发展从本质上讲就是要将二者融为一体，形成一个有机的系统。只有从系统论的高度进行顶层设计，以实现系统最优为目标，才能更好实现二者之间的协同发展，并发挥出超越各自效力的更大的效力，从而实现效力的最大化。就这个层面而言，以顶层设计为统领，一是要在对社会主义核心价值观和生态文明协同发展的内在机理详细分析的基础上，找到二者之间相互协同和相互促进的内在机制，从系统论的高度设置总体性的制度。总体性制度因将二者纳入到同一制度内进行统一规范和治理，必然会促使社会主义核心价值观和生态文明在协同发展的过程中齐头并进和相辅相成，并形成协同发展的长效机制和体制，保证这些制度能够长久而持续地发挥效力；二是要看到社会主义核心价值观与生态文明协同发展过程是一个系统整合与系统发展的过程，社会主义核心价值观培育

---

① [清]陈澹然：《寤言二·迁都建藩议》。转引自习近平：《关于〈中共中央关于全面深化改革若干重大问题的决定〉的说明》，《人民日报》，2013年11月16日。

与践行和生态文明建设是这个系统发展的两条路径。在这一过程中，二者任何一方的发展都必然会引起另一方的发展，是在相互影响、相互作用与协同发展过程中的整合、融合与一体化。因此，在设计、制定和实施各自推进制度的时候不仅要注意这些制度之间的内在联结，而且要注意避免这些制度之间的相互扰动对效力的相互抵消，并建立起各制度之间的长效稳定和切实可行的联动与协调机制，保证这些制度在相互配合中发挥对各自的推进效力和共同发展的效力。这种顶层设计统领下的协同发展一方面可以有效避免各自为政所造成的两张皮现象，另一方面还可以有效避免头痛医头脚痛医脚的局部与短期效力，从而实现协同发展的整体效力和长远效力。

其次，从中国特色社会主义发展的角度看，社会主义核心价值观和生态文明协同发展的制度设计内含于社会发展的整体顶层设计之中。社会主义核心价值观和生态文明同属于社会主义发展的伟大事业，是中国特色社会主义这个系统中的两个子系统，要想发挥效力离不开对社会发展的长远规划的、源于整体的顶层设计。社会主义核心价值观与生态文明协同发展还必须服务于新时代中国特色社会主义这个大局，融入推进中国特色社会主义伟大事业的进程之中，合力推进中华民族伟大复兴中国梦的实现，并为世界发展提供中国经验与中国智慧。因此，社会主义核心价值观与生态文明协同发展不仅在于如何最大程度地发挥各自的效力和整合效力，而且要在新时代中国特色社会主义的顶层设计统领下，发挥二者对中国特色社会主义建设的整体效力。也就是说，二者的协同发展不仅是要最大限度地发挥对社会主义价值体系建设的作用，对建设美丽中国的作用，而且要最大限度地发挥其建设富强民主文明和谐美丽的社会主义现代化强国的作用，发挥其实现中华民族伟大复兴中国梦并最终实现人的全面发展、社会全面进步的作用。从这个意义上讲，以顶层设计为统领整合制度效力，就是要超越二者协同发展的局部意义，将社会主义核心价值观与生态文明的制度以及协同发展的制度与社会发展的其他制度进行协调、融合，在整合各种制度效力的基础上形成制度合力，共同助推中国特色社会主义事业取得更大的成功。这就要求在进行社会主义核心价值观和生态文明协同发展制度时要遵循系统论方法，正确分析和处理好同一系统中各个子系统之间以及各子系统与系统之间的辩证关系，在最大限度发挥子系统功能的基础上实现系统本身功能的最大化。

最后，以顶层设计为统领整合制度效力，要从矛盾的普遍性与特殊性的联结点上进行。这包括两个方面的含义：一，既要从中国特色社会主义社会整体发展的角度注重顶层设计的重要性，又要从不同的地方特色出发来进行顶层设计；二，既要从系统整体发展的角度注重整体性制度对各个子系统的普遍有效性，又要关照和注意各个子系统发展的个性和特殊性。简言之，以顶层设计为统领整合制度效力，既不能不顾特殊性而一刀切，也不能不顾普遍性而各自为政，应该在普遍性和特殊性的联结点上做文章。

我国是一个幅员辽阔、民族众多的国度，不同地域的自然环境不同，经济发展程度不同，历史文化传统也不同，这就决定了在进行顶层设计时要从矛盾的普遍性与特殊性的联结点上进行。一方面，各个地方的发展要服从整个国家的发展，地方的顶层设计要服从和服务于国家的顶层设计，并寻求地方发展对国家发展的推动与促进作用，即要对国家的整体发展做出贡献而不是造成妨碍。因此，地方在整合制度效力的时候，要注意做到全国一盘棋，要注意这些制度效力的发挥应有利于整个国家社会主义核心价值观与生态文明的协同发展，遵循协同发展的普遍规律，助力整个国家各个层面的道德素质的提高和自然环境的改善，最终助力富强民主文明和谐美丽的社会主义现代化强国的实现。

另一方面，各个地方有各自的经济、民情、文化、自然环境等方面的特性，因此要因地制宜地进行符合本地特殊性的顶层设计，并以此为统领进行制度效力的整合，要具有地方特色。各个地方在进行顶层设计时，一不能无视本地实际进行一刀切，盲目追求高大全的实践目标、制度目标和价值目标。这就要求，各地在进行协同发展的顶层设计时，尽力从本地实际出发，以避免设计和制定出来的制度不能在当地贯彻、实施和落实，甚至造成相反的后果，发挥的不是正效力而是负效力；二不能盲目跟风，忽视本地实际地照搬照抄其他地方协同发展的经验和做法。这就要求，各地在进行协同发展的顶层设计时，要清醒地认识到其他地方的成功经验和模式虽然有借鉴意义，但毕竟与存在着文化、传统、自然环境上等方面的差异，要在借鉴的基础上根据本地的特点来设计、制定和实施相关制度，使这些制度在当地具有可执行性且最大限度地发挥协同发展的效力。总之，要想实现顶层设计统领下的制度效力整合，既要遵循整个国家协同发展的基本规律和基本原则，更要从本地的实际出发有针对性地进行顶层设计，在融合全国与地方的过程中，在相互借鉴和学习中形成既具有地方特色的协同发展的制度，又具有可借鉴和推广的协同发展的经验和模式，从而在顶层设计的统领下形成既统一又多样化的协同发展的制度体系，最大限度地发挥制度效力。

中国特色社会主义是一个具有多方面、多层次、多结构的复杂系统，社会主义核心价值观和生态文明只是这个复杂系统中的两个子系统，而且是属于更大子系统中的子系统。从领域上看，社会主义核心价值观属于社会意识形态，生态文明属于社会存在，二者分属不同的领域。这就决定了社会主义核心价值观和生态文明具有各自的性质、特征和发展规律，在进行协同发展的制度设计时，不可能不考虑各自的特殊性而无差别地进行规范和治理。同时，它们又是中国特色社会主义这个大系统中的小系统，二者都是中国特色社会主义发展的组成部分，因此有着共同的实践基础、价值目标，当然也会拥有共同的制度基础，这就决定了，社会主义核心价值观和生态文明无论是各自发展还是协同发展，都要服务于中国特色社会主义的发展大局，都要遵循中国特色社会主义的根本制度和基本制度，也要遵循二者协同发展本身的制度。简言之，社会主义核心价值观和生态文明协同发展的顶层制度设计，要遵循"和而不同"的原则，既要在二者共性的基础上设计协同发展的制度，又要在协同发展制度中尊重和发挥各自的特点和作用，从而形成既生动活泼又协调一致的融合发展格局。

参考文献

[1]马克思：《资本论》，北京：人民出版社，2018年。

[2]马克思，恩格斯：《马克思恩格斯全集》（第3、23、42、46卷），北京：人民出版社，1956-1985年。

[3]马克思恩格斯：《马克思恩格斯文集》（10卷），北京：人民出版社，2009年。

[4]毛泽东：《毛泽东文集》（8卷），北京：人民出版社，1993年。

[5]邓小平：《邓小平文选》（3卷），北京：人民出版社，1993年。

[6]江泽民：《江泽民文选》（3卷），北京：人民出版社，2006年。

[7]胡锦涛：《胡锦涛文选》（3卷），北京：人民出版社，2021年。

[8]习近平：《习近平谈治国理政》（1-3卷），北京：外文出版社，2014年；2017年；2020年。

[9]习近平：《决胜全面建成小康社会夺取新时代中国特色社会主义伟大胜利——在中国共产党第十九次全国代表大会上的报告》，北京：人民出版社，2017年。

[10]习近平：《在庆祝中国共产党成立100周年大会上的讲话》，北京：人民出版社，2021年。

[11]中共中央宣传部：《习近平新时代中国特色社会主义思想学习问答》，北京：学习出版社，人民出版社，2021年。

[12]冯友兰：《中国哲学史》，成都：四川人民出版社，2020年。

[13]任继愈：《中国哲学史》，北京：人民出版社，2010年。

[14]张岱年：《中国哲学大纲》，北京：商务印书馆，2015年。

[15]胡适：《中国哲学史大纲》，南京：江苏人民出版社，2020年。

[16]金纬亘：《西方生态主义基本政治理念》，南昌：江西人民出版社，2011年。

[17]金建方:《生态主义主张》,上海:东方出版社,2018年。

[18][英]布赖恩·巴克斯特:《生态主义导论》,曾建平译,重庆:重庆出版社,2007年。

[19]于冰沁,田舒,车生泉:《生态主义思想的理论与实践》,北京:中国文史出版社,2013年。

[20]傅治:《天人合一的生命张力:生态文明于人的发展》,北京:国家行政学院出版社,2017年。

[21]李明军:《天人合一与中国文化精神》,济南:山东人民出版社,2015.

[22]张云飞:《天人合一:儒道哲学与生态文明》,北京:中国林业出版社,2019年。

[23]韩经太,陈亮:《天人合一》,北京:人民文学出版社,2018年。

[24]刘悦,王光福:《社会主义核心价值观二十四字解》,上海:文汇出版社,2020年。

[25]韩震:《社会主义核心价值观的话语构建与传播》,北京:人民大学出版社,2019年。

[26]崔志胜:《社会主义核心价值观基本问题研究》,北京:中国社会科学出版社,2014年。

[27]李金和:《中国梦的精神实质与社会主义核心价值观培育》,北京:人民出版社,2021年。

[28]邱仁富:《社会主义核心价值观的传统文化根基研究》,上海:上海大学出版社,2018年。

[29]孟轲:《社会主义核心价值观的大众认同问题研究》,北京:人民出版社,2019年。

[30]袁银传:《培育和践行社会主义核心价值观研究》,北京:人民出版社,2021年。

[31]卢风.:《生态文明:文明的超越》,北京:中国科学技术出版社,2019年。

[32]顾钰民:《新时代中国特色社会主义生态文明体系研究》,上海:上海人民出版社,2019年。

[33]张连国:《当代生态文明理论的三大范式比较研究》,北京:人民出版社,2021年。

[34]李捷:《学习习近平生态文明思想问答》,杭州:浙江人民出版社,2020年。

[35]马克思主义理论研究中心,中共北京市委党:《中国生态文明建设理论与实践》,北京:中国社会科学出版社,2019年。

[36]宫长瑞:《新时代生态文明建设理论与实践研究》,北京:人民出版社,2021年。

[37]夏锦文:《社会主义核心价值观与生态文明建设统筹推进研究》,南京:江苏人民出版社,2019年。

[38][美]弗朗西斯·福山:《历史的终结》,陈高华译,桂林:广西师范大学出版社,2014年。

[39][美]蕾切尔·卡逊：《寂静的春天》，恽如强，曹一林译，北京：中国青年出版社，2017年。

[40][美]乔恩·埃尔斯特：《理解马克思》，北京：中国人民大学出版社，2008年。

[41][德]施密特：《马克思的自然概念》，北京：商务印书馆，1988年。

[42][美]詹姆斯·奥康纳：《自然的理由》，南京：南京大学出版社，2002年。

[43][美]马尔库塞：《单向度的人》，刘继译，上海：上海译文出版社，2008年。

[44][德]麦克斯·施蒂纳：《唯一者及其所有物》，金海民译，商务印书馆，2007年。

[45]苏婕：《生态中心论的伦理学思想及其发展体现》，武汉理工大学，2006年。

[46]吴楠：《现代人类中心主义价值观探析》，吉林大学，2008年。

[47]廖小平：《改革开放以来价值观演变轨迹探微》，《伦理学研究》2014年第5期，第9-15页。

[48]石海兵，王苗：《改革开放以来社会主义核心价值观生成发展的基本过程与基本经验》，《学校党建与思想教育》2021年第3期，第4-8页。

[49]廖小平：《改革开放以来我国价值观变迁的基本特征和主要原因》，《科学社会主义》2006年第1期，第64-67页。

[50]张胜红：《改革开放以来我国社会价值观的变迁——基于1978年以来的流行语分析》，《改革与开放》2017年第18期，第34-36页。

[51]廖小平：《论改革开放以来核心价值的解构与建构》，《伦理学研究》2015年第3期，第26-29页。

[52]韩华：《建国初期中国共产党加强主导价值观建设的历史分析》，《贵州社会科学》2014年第4期，第24-27页。

[53]王敏，汪勇：《建国以来社会价值观的嬗变历程及内在逻辑》，《北京航空航天大学学报(社会科学版)》网络首发论文(2020年7月18日)。

[54]姚冰洋：《新中国成立以来中国共产党人价值观建设的三维解读》，《南华大学学报(社会科学版)》2020年第21期(2)，第30-36页。

[55]江畅，蔡梦雪：《从革命价值观到核心价值观——中国现代价值观构建的三阶段》，《江汉论坛》2018年第12期，第15-23页。

[56]宋友文：《当代中国价值观建设的历史进程及其内在规律》，《教学与研究》2020年第3期，第36-45页。

[57]廖小平：《改革开放以来价值观的变迁及其双重后果》，《科学社会主义》2013年第1期，第87-91页。

[58]赵国龙，王宝治：《改革开放以来社会主义核心价值观的逻辑生成与实践演进》，《党史博采》2020 年第 7 期，第 29-32 页。

[59]吴佩芬，张美君：《改革开放以来社会主义核心价值观培育践行的基本经验探究》，《社科纵横》2020 年第 35 期(12)，第 17-21 页。

[60]邱仁富：《改革开放以来社会主义核心价值体系的建构》，《学术论坛》2011 年第 5 期，第 169-174 页。

[61]王永芹：《改革开放以来我国社会价值观的变化与引领策略》，《河北师范大学学报(哲学社会科学版)》2009 年第 32 期(1)，第 28-32 页。

[62]廖小平，成海鹰：《改革开放以来中国社会的价值观变迁》，《湖南师范大学社会科学学报》2005 年第 34 期(6)，第 12-16 页。

[63]吴宏政，张兵：《改革开放以来中国社会价值观变革的逻辑理路 ———纪念中国改革开放 40 周年》，《哈尔滨工业大学学报(社会科学版)》2018 年第 20 期(3)，第 37-43 页。

[64]廖小平：《论改革开放以来价值观变迁的五大机制》，《北京师范大学学报(社会科学版)》2013 年第 4 期，第 95-101 页。

[65]廖小平：《论改革开放之前 30 年中国社会的价值取向》，《学习与实践》2012 年第 11 期，第 27-33 页。

[66]石国亮：《论中国共产党价值观建设的基本经验》，《长白学刊》2009 年第 3 期，第 54-59 页。

[67]刘莹：《新中国核心价值观教育的发展历程与基本特征》，《北京航空航天大学学报(社会科学版)》2019 年第 32 期(5)，第 12-16，67 页。

[68]侯松涛：《中国共产党百年历程与社会价值观的历史演进》，《北京联合大学学报(人文社会科学版)》2021 年第 19 期(1)，第 39-45 页。

[69]廖小平：《主导价值观与主流价值观辨证——兼论改革开放以来主流价值观的变迁》，《教学与研究》2008 年第 8 期，第 11-16 页。

[70]高世楫，王海芹，李维明：《改革开放 40 年生态文明体制改革历程与取向观察》，《改革》2018 年第 8 期，第 49-63 页。

[71]刘鑫鑫，杨彬彬：《改革开放 40 年中国生态文明建设路径探析——以改革开放以来历次党代会报告为研究样本》，《创新》2018 年第 6 期，第 32-41 页。

[72]张云飞：《改革开放以来我国生态文明建设的成就和经验》，《国家治理》2018 年第 4 期，第 24-33 页。

［73］魏彩霞：《改革开放以来我国生态文明制度建设历程及重要意义》，《经济研究导刊》2019 年第 6 期，第 1-2，18 页。

［74］卢维良，杨霞霞：《改革开放以来中国共产党人生态文明制度建设思想及当代价值探析》，《毛泽东思想研究》2015 年第 32 期（3），第 122-129 页。

［75］汪希，刘锋：《改革开放以来中国共产党推进生态文明建设的经验》，《毛泽东思想研究》2015 年第 32 期（4），第 132-136 页。

［76］杨小云，谭国伟：《改革开放以来中国生态文明的理论与实践》，《湖南师范大学社会科学学报》2018 年第 6 期，第 23-29 页。

［77］胡建：《从"极端人类中心主义"到"生态人类中心主义"——新中国毛泽东时期的生态文明理路》，《观察与思考》2014 年第 6 期，第 18-25 页。

［78］李学林，毛嘉琪：《从毛泽东到邓小平：改革开放前后中国生态文明建设的历史转变》，《武汉理工大学学报（社会科学版）》2019 年第 32 期（2），第 11-18 页。

［79］李学林，毛嘉琪：《建国以来中国生态文明建设的历史嬗变》，《南华大学学报（社会科学版）》2020 年第 21 期（2），第 22-29 页。

［80］张昊旻，南丽军：《论建国以来我党生态文明思想成熟的发展历程》，《经济师》2013 年第 12 期，第 27-30 页。

［81］邵光学：《新中国成立 70 年中国共产党生态文明建设思想发展历程》，《云南行政学院学报》2019 年第 5 期，第 137-141 页。

［82］陈延斌，周斌：《新中国成立以来中国共产党对生态文明建设的探索》，《中州学刊》2015 年第 3 期，第 83-89 页。

［83］苟颖萍，王佳佳：《新中国成立以来中国共产党人生态文明建设思想探析》，《学理论》2013 年第 34 期，第 14-15 页。

［84］熊辉，任俊宏：《改革开放以来中国共产党生态文明思想的演进》，《新视野》2013 年第 5 期，第 113-116 页。

［85］刘杰：《向自然宣战 向山区进军》，《农田水利》1960 年第 3 期，第 21-22 页。

［86］纪明，刘国涛：《新中国 70 年生态文明建设：实践经验与未来进路》，《重庆工商大学学报（社会科学版）》2020 年第 37 期（4），第 94-101 页。

［87］李劲：《新中国 70 年生态文明建设的发展实践探析》，《特区实践与理论》2019 年第 6 期，第 34-39 页。

［88］刘静，曾小江：《新中国成立以来生态文明建设思想与实践研究》，《重庆工商大学学报（社会科学版）》2020 年第 37 期（2），第 109-117 页。

[89]黄娟，黄丹：《新中国成立以来中国共产党的生态文明思想》，《鄱阳湖学刊》2011 年第 4 期，第 5-17 页。

[90]刘振清：《新中国成立以来中国共产党生态文明建设思想及其演进概观》，《理论导刊》2014 年第 12 期，第 62-65 页。

[91]朱德：《在向自然进军的响亮号角下 抱定革命精神勇往迈进力争上游——朱德副主席在农业水利工会代表大会上讲话》，《中国农垦》1958 年第 2 期，第 1-7 页。

[92]黄承梁：《中国共产党领导新中国 70 年生态文明建设历程》，《党的文献》2019 年第 5 期，第 49-56 页。

[93]孙杰远，刘远杰：《"天人合一"与"生态文化"的当代契合—— 兼论民族地区学校文化发展的应然之态》，《广西师范大学学报：哲学社会科学版》2013 年第 49 期(3)，第 136-144 页。

[94]张云飞：《2017 年度生态主义的"三种色调"》，《人民论坛》2018 年第 6 期，第 24-26 页。

[95]郇庆治：《2019 年生态主义思潮：从中国参与到中国引领》，《人民论坛》2019 年第 35 期，第 50-53 页。

[96]陈迎：《2020 年全球生态主义新动向及其趋势》，《人民论坛》2020 年第 36 期，第 54-57 页。

[97]李垣：《从"浅绿"走向"深绿"——生态主义视阈下的社会主义生态文明建设》，《学术论坛》2013 年第 11 期，第 32-37 页。

[98]贾学军：《从生态伦理观到生态学马克思主义——论西方生态哲学研究范式的转变》，《理论与现代化》2015 年第 5 期，第 66-71 页。

[99]张云飞：《绿色激荡中的生态主义》，《人民论坛》2020 年第 3 期，第 49-51 页。

[100]王莉：《人类中心主义与非人类中心主义之辨析》，《辽宁工程技术大学学报(社会科学版)》2012 年第 14 期(3)，第 236-238 页。

[101]徐彬，阮云婷：《西方绿色政治运动的生态主义指向：批判与借鉴》，《学习论坛》2017 年第 9 期，第 51-55 页。

[102]叶海涛，吕卫丽：《从环境正义研究走向生态社会运动——析西方生态学马克思主义的最新发展趋向》，《东南大学学报(哲学社会科学版)》2015 年第 17 期(2)，第 46-51 页。

[103]苗福光：《从生态学到生态主义：思维模式的范式革命》，《云南大学学报(社会科学版)》2014 年第 13 期(6)，第 97-101 页。

[104]张乐，李陈：《坚守生态文明建设的人本取向——对生态主义"去人化"和资本逻辑"无视人"的纠偏》，《南昌大学学报（人文社会科学版）》2016年第47期（6），第11-19页。

[105]贾学军，彭纪生：《经济主义的生态缺陷及西方生态经济学的理论不足——兼议有机马克思主义的生态经济观》，《经济问题》2016年第11期，第1-7页。

[106]胡建：《论生态社会主义的理论创新——以奥康纳的"重构历史唯物主义"为范本》，《浙江社会科学》2013年第2期，第112-118页。

[107]牛庆燕：《全球化视域中的生态主义伦理精神》，《伦理学研究》2017年第1期，第115-120页。

[108]蒋毓舒：《儒家生态智慧与西方生态伦理比较》，《安徽农业大学学报（社会科学版）》2011年第20期（5），第34-37，131页。

[109]刘晓芳：《生态社会主义对生态危机的现代阐释及其现实意义》，《学术交流》2010年第2期，第21-24页。

[110]姚晓红：《生态危机视阈下马克思主义的境遇与出路——基于西方生态学马克思主义对马克思主义的反思》，《天府新论》2019年第5期，第1-9页。

[111]张念念：《生态中心主义视域下的西方环境运动研究》，《中南林业科技大学学报（社会科学版）》2015年第9期（2），第6-9页。

[112]霍广田：《生态主义：理论的批判与现实的应用》，《重庆三峡学院学报》2014年第5期，第32-35页。

[113]李才朝：《生态主义视角下优秀传统文化的传承与发展》，《鲁东大学学报（哲学社会科学版）》2019年第36期（3），第25-29页。

[114]吕国忱，马丽：《西方马克思主义生态危机理论辨析》，《学习与探索》2011年第6期，第37-40页。

[115]曾文婷：《西方马克思主义视野中的生态社会主义——评生态学马克思主义的社会主义愿景》，《武汉大学学报（人文科学版）》2010年第63期（2），第196-201页。

[116]李明：《西方马克思主义视域下的生态危机根源》，《唯实》2012年第2期，第29-32页。

[117]赵闯，宋晓曦：《西方生态马克思主义思想探析》，《辽宁大学学报（哲学社会科学版）》2010年第38期（3），第32-35页。

[118]郭明浩，万燊：《西方生态批评的激进主义之维》，《当代文坛》2013年第3期，第18-22页。

[119]刘晓芳：《西方生态社会主义的生态和谐发展观探析》，《学术交流》2008 年第 10 期，第 17-20 页。

[120]尹丽娜，尹海燕：《西方生态社会主义思想对我国生态文明建设的启示》，《教育教学论坛》2013 年第 52 期，第 161-162 页。

[121]王雨辰：《西方生态思潮对我国生态文明理论研究和建设实践的影响》，《福建师范大学学报(哲学社会科学版)》2021 年第 2 期，第 29-39 页。

[122]沈红梅：《西方生态学马克思主义的产生和主旨及对我国农业生态文明建设的启示》，《农业现代化研究》2014 年第 35 期(2)，第 192-195 页。

[123]赵蓓：《西方生态学马克思主义与马恩著作中生态思想比较研究》，《黑龙江史志》2014 年第 24 期，第 60-62 页。

[124]杜秀娟：《一场关于马克思、恩格斯是否是生态学家的争论——解读西方马克思主义生态观的一个视角》，《社会科学辑刊》2010 年第 4 期，第 46-48 页。

[125]徐彬，吴蔚：《正确把握生态主义实践的"度"》，《特区经济》2016 年第 11 期，第 113-116 页。

[126]王雨辰：《中国生态主义思潮的理论哲思》，《人民论坛》2020 年第 27 期，第 130-133 页。

[127]张媛媛，陈鹏：《资本逻辑与可持续发展——基于西方生态主义的思考》，《黑河学刊》2015 年第 10 期，第 40-41，138 页。

[128]杨柏岭：《道、人、象：天人合一视阈下中国古代传播观念》，《安徽师范大学学报(人文社会科学版)》2021 年第 1 期，第 11-24 页。

[129]胡立新：《道家虚静人生观精义及其天人合一的生态文化价值》，《黄冈师范学院学报》2017 年第 37 期(2)，第 34-42 页。

[130]斯洪桥：《人生论视域下《淮南子》天人合一观及其价值意蕴》，《南昌大学学报(人文社会科学版)》2017 年第 48 期(4)，第 23-31 页。

[131]王海成：《儒、道"天人合一"的不同形态及其生态伦理意蕴》，《江汉大学学报(社会科学版)》2016 年第 33 期(4)，第 98-102 页。

[132]于盼盼，廖春阳：《儒家、道家及《易传》的"天人合一"思想》，《焦作大学学报》2019 年第 3 期，第 13-19 页。

[133]王虹：《庄子、"天人合一"与和谐社会》，《长江师范学院学报》2010 年第 26 期(6)，第 153-157 页。

[134]祝薇：《"天"、"人"如何"合一"——论儒家阐述"天人合一"思想的双向路径》，《上

海交通大学学报（哲学社会科学版）》2013 年第 2 期，第 44-50 页。

[135]李山峰，丁为祥：《从张载的"天人合一"到王重阳的"性命双修"——兼论"儒道互补"在关学与全真道之间的退守与坚持》，《陕西师范大学学报（哲学社会科学版）》2020 年第 49 期（5），第 145-154 页。

[136]任俊华，李朝辉：《儒家"天人合一"三才论的自然整体观》，《理论学刊》2006 年第 5 期，第 88-91 页。

[137]王丽娜：《儒家"天人合一"思想生态伦理智慧及其现代出路》，《人民论坛》2016 年第 5 期，第 213-215 页。

[138]李明：《儒家传统人生境界思想的基本理论形态——以天人合一观与人格超升论为中心》，《齐鲁学刊》2008 年第 3 期，第 5-10 页。

[139]孙丽娟：《先秦儒家"天人合一"生态伦理观及其现代价值》，《沈阳师范大学学报（社会科学版）》2011 年第 4 期，第 13-16 页。

[140]张圆圆：《张载"天人合一"思想及其伦理向度研究》，《黑龙江社会科学》2019 年第 4 期，第 48-53 页。

[141]贺文峰：《"两型社会"与"天人合一"》，《理论界》2009 年第 2 期，第 38-39 页。

[142]马传谊：《"天人合一"思想的三维解读、影响及现代价值——以思维方式为视角》，《重庆邮电大学学报（社会科学版）》2013 年第 25 期（5），第 45-50 页。

[143]蒲创国：《"天人合一"与环境保护关系的误读》，《兰州学刊》2011 年第 9 期，第 42-44 页。

[144]魏冉，黄志斌：《"天人合一"的生态哲学意蕴及致思理路》，《长春理工大学学报（社会科学版）》2018 年第 31 期（2），第 50-54 页。

[145]郑宏：《"天人合一"思想与马克思主义中国化的融合》，《学理论》2020 年第 5 期，第 28-33 页。

[146]严德强，张晓琴：《"天人合一"思想的生态价值及其现代重构》，《黑河学刊》2014 年第 8 期，第 20-22 页。

[147]郑高花：《"天人合一"生态伦理思想的理论建构》，《商业时代》2009 年第 16 期，第 126-127 页。

[148]张乃芳：《《论语》文本中隐含的"天人合一"思想的三重意蕴》，《河北大学学报（哲学社会科学版）》2021 年第 46 期（2），第 9-16 页。

[149]冯红：《《诗经》中'天人合一'观溯源》，《黑龙江教育学院学报》2005 年第 24 期（5），第 90-94 页。

[150]汪高鑫:《传统史学天人合一思维的形成与演变》,《史学史研究》2016 年第 4 期,第 1-13 页。

[151]谢涛、钟义源:《〈易经〉中的自然生态文明思想》,《四川建设》2013 年第 33 期(5),第 104-105 页。

[152]俞吾金:《人在天中,天由人成——对"天人关系"含义及其流变的新反思》,《学术月刊》2009 年第 41 期(1),第 45-51 页。

[153]袁玖林:《中国"天人关系"的当代建构路向——从天人二分到天人合一》,《鲁东大学学报(哲学社会科学版)》2020 年第 37 期(2),第 25-31 页。

[154]陆玉胜:《先秦哲学天人合一观综论》,《淮北师范大学学报(哲学社会科学版)》2018 年第 39 期(5),第 11-18 页。

[155]夏显泽:《建国以来关于"天人合一"及其与环境问题的研究综述》,《曲靖师范学院学报》2006 年第 25 期(4),第 68-72 页。

[156][美]W·H·墨迪:《一种现代的人类中心主义》,章建刚译,《哲学译丛》1999 年第 2 期,第 12-26 页。

[157] Bednar, Charles Sokol. *Transforming the Dream: Ecologism and the Shaping of an Alternative American Vision*[M]. State University of New York Press2003.

[158]Philip Clayton. *What Is Ecological Civilization*[M]. RiverHouse LLC1970.

[159]Umesao, Tadao. *An Ecological View of History: Japanese Civilization in the World Context*[M]. Trans Pacific Press1988.

[160]John Bellamy Foster, Richard York, Brett Clark, and Richard York. *The Ecological Rift: Capitalism's War on the Earth*[M]. Monthly Review Press2010.

[161]Marc A. Rosen: *Environment, Ecology and Exergy. Enhanced Approaches to Environmental and Ecological Management*[M]. Nova Science Publishers, Incorporated2012.

[162]Andrew Dobson. *Green Political Thought. An Introduction*[M]. Taylor & Francis Group2000.

[163]Timothy Forsyth. *Critical Political Ecology : The Politics of Environmental Science*[M]. Taylor & Francis Group2002.

[164] Andrew Dobson. *Citizenship and the Environment*[M]. Oxford University Press, Incorporated2004.

后 记

现在呈现在大家面前的这个文本，源于几年前我参与的一项江苏省和镇江市的重点课题—"社会主义核心价值观与生态文明建设统筹推进研究"。2016年上半年，由时任镇江市委书记的夏锦文同志为负责人，时任江苏科技大学副校长的黄进同志，以及江苏科技大学马克思主义学院院长洪波同志为副负责人，组成以江苏科技大学马克思主义学院和人文社科学院的老师为研究主体的课题研究组，开展了对社会主义核心价值观与生态文明建设统筹推进的理论和实践研究。作为这一课题的主要参与者之一，我参与了课题从课题名称的确定、研究计划的制定到写作提纲的拟定、修改和定稿的全过程，并担任了研究成果写作大纲的制定者和执笔者，为研究成果的最终呈现奠定了基础、确定了基本框架。当年课题成果以《社会主义核心价值观与生态文明建设统筹推进研究》为题出版了专著，由江苏人民出版社于2019年12月出版。其中，"导论"和第四至七章的内容由我负责并撰写。①

课题成果出版后，我们在这个问题上继续进行研究，并最终形成了本书的内容。本书内容与原课题研究成果之间的差别，主要表现在如下几个方面。首先，我们重新撰写了原研究中第一章的内容，使之对马克思主义中价值观与生态文明内在统一的理论和观点的发掘、论述更系统、更科学、更全面和更深刻，并由三节内容扩展到四节内容；其次，拓展了原研究的理论范围，

---

① 课题"社会主义核心价值观与生态文明建设统筹推进研究"的研究情况及其最终结论，以及本人在其中担任的角色和承担的任务，在《社会主义核心价值观与生态文明建设统筹推进研究》的"后记"中做了较为详细的说明。顺便说一句，那个"后记"也是本人执笔的。参见夏锦文：《社会主义核心价值观与生态文明建设统筹推进研究》，南京：江苏人民出版社，2019年。

撰写了中华文化"天人合一"理念和西方生态主义基本理论和观点。新加的这两部分内容，构成本书的第二章和第三章。第二章重点揭示了社会主义核心价值观与生态文明协同发展的文化底蕴或渊源，说明二者协同发展在理念上是对中华文化的继承与创新。第三章梳理了西方生态主义运动的历史及其基本的理论观点，指出在西方社会反思和解决生态危机的过程中，已经开始了对价值观与生态文明之间关系的反思，其结论和观点再次说明了价值观与生态文明之间具有内在的相互影响的辩证关系；再次，合并和重新撰写了原研究中的第二三章的内容，对应本书的第四章。这一章以历史发展为线索研究和论述了新中国成立以来党领导人民从社会主义价值观到核心价值观的建设过程与从环境保护到生态文明建设的实践过程，由此凸显社会主义核心价值观与生态文明协同发展的实践线索和最新理论成果。

　　本书前四章的内容虽然与原研究具有内在的关联性，但基本上是全新的内容。其中，即使与原研究联系最为密切的第一章，也完全是重新写作的，其逻辑构架和理论机理都做了全新的安排，内容也做了全新的论述。第二章和第三章是原研究中没有的内容，我们在前期研究时考虑过这两章的内容，但由于原研究的重点是对"镇江经验"的总结和论述，因此对这两个部分的研究只是停留在设想阶段，没有展开。本书的这两个部分可以说是对我们当时研究初衷的实现和贯彻。第四章是历史性回顾，与原研究的第二三章的角度完全不同。原研究主要是对新中国成立以来社会主义核心价值观与生态文明建设统筹推进理念上的总体梳理，而本书相应的内容是对二者发展的历史性线索的梳理和论述，并从中发现二者协同发展的实践机理，侧重点完全不同。

　　本书第五至八章的内容对应原研究的第四至七章的内容。这四章内容从总体上看变动比较小，但也进行了一定程度的改写。这些改写主要集中在以下几个方面：一，通过改写使内容更加丰富，论证更加充分，逻辑更加合理；二，对中国特色社会主义的新发展、社会主义核心价值观与生态文明新建设，以及二者之间协同发展的新情况、新问题进行新论述；三是，根据本书内容与原研究之间的不同，进行了逻辑结构上的调整和改进。总之，本书第五至八章相较于原研究的相关内容，在概念上更加准确，内容上更加详实，在逻辑上更加完整，论证上更加充分，也更切近新时代中国特色社会主义当前的建设和发展实际。

本书的写作分工如下："导论"和第一章由张金鹏撰写，第五至八章由张金鹏在原研究成果的基础上进行修订和改写；第二章、第三章和第四章的内容由张逸霄负责和撰写，并由张金鹏把关、修改和定稿。在本书即将付印之际，我们首先要感谢"社会主义核心价值观与生态文明建设统筹推进研究"课题组的老师们，是他们的研究为本书的写作打下了坚实的基础，提供了有益的启示和借鉴；其次要感谢吉林大学出版社的黄国彬老师，他对本书出版所提供的帮助，是本书顺利出版的主要原因之一。

最后，希望读者朋友们对本书中的不足或错谬之处提出中肯的批评意见，以便我们能够及时改正并因此得到提高。

张金鹏

于江苏科技大学梦溪校区

2022 年 7 月 25 日